文件系统
技术内幕

大数据时代海量数据存储之道

张书宁 著

电子工业出版社
Publishing House of Electronics Industry
北京·BEIJING

内 容 简 介

本书通过理论与实践相结合的方式，深入浅出地介绍了文件系统的概念、原理和具体实现。本书涵盖本地文件系统、网络文件系统、分布式文件系统和对象存储等内容，可以说涵盖了数据持久化文件系统的主要领域。为了使读者更加深入地理解文件系统的原理，本书不仅介绍了文件系统的原理和关键技术，还结合开源项目介绍了文件系统的实现细节。最后，本书介绍了在互联网领域广泛使用的对象存储、承载海量访问请求的原理及可存储海量数据的架构。希望读者通过阅读本书对文件系统有全面、深入的认识。

本书既可以作为文件系统及其他存储系统开发人员的指导用书，也可以作为软件架构师、程序员和 Linux 运维人员的参考用书。

图书在版编目（CIP）数据

文件系统技术内幕：大数据时代海量数据存储之道 / 张书宁著. —北京：电子工业出版社，2022.1

ISBN 978-7-121-42478-6

Ⅰ. ①文… Ⅱ. ①张… Ⅲ. ①数据管理 Ⅳ.①TP274

中国版本图书馆 CIP 数据核字（2021）第 257070 号

责任编辑：林瑞和　　　　　特约编辑：田学清
印　　刷：北京七彩京通数码快印有限公司
装　　订：北京七彩京通数码快印有限公司
出版发行：电子工业出版社
　　　　　北京市海淀区万寿路 173 信箱　　　　　邮编：100036
开　　本：720×1000　1/16　　印张：19.25　字数：367 千字
版　　次：2022 年 1 月第 1 版
印　　次：2023 年 5 月第 4 次印刷
定　　价：102.00 元

••••••• 推荐序

　　文件系统复杂而有趣。文件系统可以说是计算机软件系统中最复杂的子系统。登上文件系统这座高峰，可以一览众山小，俯视任何其他复杂的软件系统。

　　文件系统使用的数据结构，能够帮助用户解决各种类型的问题。文件系统的实现与计算资源管理、内存资源管理、网络资源管理相互作用，了解这些充满历史故事和智慧的技术方案是一个有趣的学习旅程。

　　作者任职于存储业界的翘楚企业，长期从事统一存储的研发，是负责文件系统研发的首席工程师。博观而约取，厚积而薄发。作者在长期知识的积累下撰写了本书。"知道"是一种本事，把"知道"讲得清楚是另一种本事。本书既包括丰富的文件系统最前沿知识，其内容讲解又通俗易懂。

　　在互联网与搜索引擎时代，知识的获取变得容易和便捷。在自媒体时代，信息的产生、信息的多样性和信息呈现的质量获得呈爆炸性增长。在视频博客时代，文字、图片、音频、视频的多媒体让知识的展现方式丰富多彩、形象生动。那么，是否有一本书可以让人们暂时放下其他事情，花时间来静静阅读呢？这必然是一本极易吸收，学习效率极高的书。阅读时能让人因似曾相识而会心一笑，时而让人因为新收获而喜悦无比。《文件系统技术内幕：大数据时代海量数据存储之道》就是带给你这种体验的一本书。本书讲解透彻，语言平实自然，从文件系统的初始问题出发，一个问题一个问题地深入，一个知识点一个知识点地介绍，这种剥洋葱式层层展开，通过层层台阶登山的方式，读者在闲庭信步之间不断积累所学的知识，轻松掌握文件系统的知识要点。

　　为了更好地做到知其然更知其所以然，本书除了适当地介绍了代码，还介绍了方便好用的实验工具和方法。例如，"第4章\4.1\4.1.1基于文件构建文件系统"主要介绍使用dd命令和loop设备方式，就可以不对自己的计算机做任何改动，模拟出一个文件系统进行实验。"第4章\4.1\4.1.2了解函数调用流程的利器"主要介绍使用ftrace跟踪文件系统的内部API调用情况，有助于读者理解代码调用的流程。

　　这些工具和方法类似《庖丁解牛》中庖丁的牛刀和秘诀，读者可以借此逐步学习文件系统的知识，了解文件系统的工作原理。相信读者通过学习本书，不仅可以掌握文件系统的理论知识，还能从工程实践中获取文件系统实现之精华。

Dell Technologies　中端存储部门高级经理　高雷

从最初的文件系统雏形到现在，文件系统已经发展了六七十年了。文件系统的特性变得越来越丰富，适用的场景也越来越多。目前，传统文件系统除个别互联网业务外，基本上能满足现有各种类型业务的需求。同时，很多应用也都直接构建在文件系统之上。特别是非结构化的数据，通常都是以文件的形式存储在文件系统中的，如音频、视频和日志等。

随着互联网技术的发展，互联网应用对传统文件系统提出了更高的要求，传统文件系统很难满足互联网业务的需求。很多互联网公司基于自身业务特性构建了自己的存储系统。互联网存储系统更多的是基于自己业务特点简化存储系统的某些方面，而增强另外一些方面的。比如，对文件系统附加特性进行弱化，而对性能和扩展性进行增强等。虽然互联网公司的存储系统都是一些私有化的存储系统，但核心技术并没有太大变化。

互联网领域有很多典型的存储系统，其中比较著名的有谷歌的 GFS、开源产品HDFS、Facebook 的 Haystack 及淘宝的 TFS 等。每一种存储系统都是针对其应用进行了特殊的优化，通常只能应用在某种特定的业务模式中。

以 Haystack 存储系统为例，其主要应用在 Facebook 社交软件的照片应用中。照片应用有一个非常典型的特征是一次写入、多次读取、不会修改。而该应用对文件系统的其他特性则没有要求，如扩展属性和快照等。

虽然文件系统具有非常广泛的应用，但是目前国内并没有一本系统介绍文件系统的书籍。作者在学习文件系统时曾经阅读了很多计算机书籍，发现它们大多只是对文件系统进行了比较简要的介绍。比如，一些操作系统类的书籍，其中某些章节对文件系统的概念和原理进行了介绍，但距离实践还有一些差距，特别是与现在互联网相关的技术相差甚远。

通过学习本书内容，希望读者能够对文件系统技术有一个全面深入的了解，并结合源代码进行实例解析。同时，本书对文件系统在互联网和云计算等领域的应用进行了进一步的介绍和原理分析，让读者对文件系统技术在最前沿的应用有所了解。

主要内容

本书分为 7 章，第 1 章和第 2 章主要介绍文件系统的概念、原理和基本使用，希望读者能够对文件系统有整体、感性的认识。第 3 章和第 4 章主要对本地文件系统的关键技术、原理进行介绍，并且结合实例进行代码分析。本地文件系统是学习其他文件系统的基础，因此这两章对其进行了详细的介绍。第 5 章主要对传统网络文件系统进行介绍，并结合 NFS 的代码介绍了实现细节。第 6 章主要对分布式网络文件系统进行介绍，并结合目前常用的分布式文件系统 CephFS 和 GlusterFS 介绍了具体实现。第 7 章主要介绍了文件系统的其他形态，对目前互联网应用最广的对象存储进行了深入的介绍。

读者对象

虽然本书是介绍文件系统知识的专业书籍，但是并非只针对存储系统开发人员。软件开发人员、运维人员和系统架构师等都可以从本书获得有用的知识。

- 软件开发人员：理解文件系统的原理对软件开发人员如何合理使用文件系统的相关 API 会非常有帮助。比如，软件开发人员不清楚文件系统缓存的存在，那么在使用 API 时可能就不知道如何保证掉电时数据不丢失。
- 运维人员：有一些系统参数是与文件系统相关的，如当进程打开时最大文件的数量。如果能够对文件系统的原理有所了解，相信可以帮助运维人员合理地设置系统参数。
- 系统架构师：文件系统中的很多技术是通用技术，了解这些技术可以帮助系统架构师进行其他系统的设计，还可以帮助系统架构师将文件系统中的一些技术迁移到其他软件设计中。

软件及代码版本

本书涉及的软件比较多，分别是 Linux 内核、Ceph、GlusterFS 和 NFS-Ganesha 等。本书涉及的 Linux 内核代码为 5.8 版本，涉及的 Ceph 相关代码为 13.2（Mimic）版本，涉及的 GlusterFS 相关代码为 release-8 版本，涉及的 NFS-Ganesha 的代码为 2.8.3 版本。

本书介绍了从本地文件系统到分布式文件系统等众多技术，涉及的技术点比较多。作者在阐述时尽量结合源代码和图示将相关内容解释清楚。由于作者水平有限，书中难免存在一些疏漏和不足，希望同行专家和广大读者给予批评与指正。

特别要感谢电子工业出版社的林瑞和编辑，没有他的鼓励和指导，就没有本书的问世。在撰写本书的过程中，林瑞和编辑给予了很多非常专业的建议。还要感谢我的好友刘占宁，他对整本书稿进行了很认真的阅读，无论是遣词造句，还是技术内容的准确性方面都提出了很多建议，使得本书的内容更加精准。

我在撰写本书时得到了家人，特别是我的妻子路欢欢的很大支持，她承担了很多的家务，让我有更多的时间专注写作。另外，还有很多其他朋友和同事对本书提了建议，在此一并表示感谢！

张书宁

2021 年 11 月于北京

读 者 服 务

微信扫码回复：42478

- 加入本书读者交流群，与作者互动
- 获取【百场业界大咖直播合集】（持续更新），仅需 1 元

目　录

第1章

从文件系统是什么说起

我们无时无刻不在使用文件系统,进行开发时在使用文件系统,浏览网页时在使用文件系统,玩手机时也在使用文件系统。

对于非专业人士来说,可能根本不知道文件系统为何物。因为,通常来说,我们在使用文件系统时一般不会感知到文件系统的存在。即使是程序开发人员,很多人对文件系统也是一知半解。

虽然文件系统经常不被感知,但是文件系统是非常重要的。在 Linux 中,文件系统是其内核的四大子系统之一;微软的 DOS(Disk Operating System,磁盘管理系统),核心就是一个管理磁盘的文件系统,由此可见文件系统的重要性。

1.1 什么是文件系统

想要更加深入地理解文件系统,先要弄明白什么是文件系统。业界并没有给文件系统下一个明确的定义,作者翻阅《操作系统概念》和《现代操作系统》等书籍,也没有找到关于文件系统的明确定义。在《微软英汉双解计算机百科辞典》[1]中有关于文件系统的如下描述。

> 在操作系统中,文件系统是指文件命名、存储和组织的总体结构。一个文件系统包括文件、目录,以及定位和访问这些文件与目录所必需的信息。文件系统也可以表示操作系统的一部分,它把应用程序对文件操作的要求翻译成低级的、面向扇区的并能被控制磁盘的驱动程序所理解的任务。

关于文件系统的定义,《微软英汉双解计算机百科辞典》给出的描述比较详细,但过于烦琐。《计算机科学技术名词》（第三版）[2]给出的定义如下。

> （1）存储、管理、控制、保护计算机系统中持久数据的软件模块。
>
> （2）存储在外存的具有某种组织结构的数据集合。

从前文对文件系统的描述可以知道，文件系统是一个控制数据存取的软件系统，它实现了文件的增、删、改、查。而通常我们所说的文件系统是构建在硬盘（SSD卡和SD卡等）中的。因此，文件系统其实就是一个对硬盘（或者说块设备）空间进行管理，实现数据存取的软件系统。

从狭义上来说，文件系统实现了对磁盘数据的存取。而从广义上来说，文件系统未必需要构建在磁盘中，它还可以构建在网络或内存中。无论构建在哪种设备上，最为核心的功能是实现对数据的存取。

除对数据的存取外，文件系统更重要的一个功能是抽象了一个更加容易访问存储空间的接口。这里所说的接口包括用于程序开发的 API 接口和普通用户的操作接口。为了便于理解，我们可以将文件系统对磁盘空间的管理用图 1-1 表示。

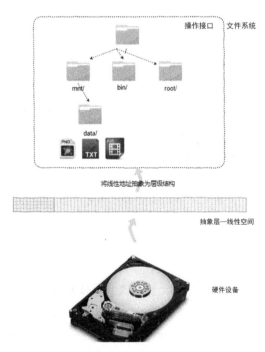

图 1-1　文件系统空间管理原理示意图

我们对图 1-1 进行简单的解释。底层是硬件设备，这里以硬盘为例。中间层是硬盘驱动器和操作系统把硬盘抽象为的一个连续的线性空间。顶层是文件系统，将线性空间进行管理和抽象，呈现给用户一个层级结构。这里的层级结构就是我们平常看到的目录、子目录和文件等元素的集合，即目录树。

1.1.1 普通用户角度的文件系统

大家对文件系统的了解可能还是比较抽象，我们看一个 Windows 中文件系统的实例。在 Windows 中，通常大家不太清楚文件系统为何物。因为，一般安装 Windows 时都是一键安装，安装完成后磁盘已经被格式化（格式化是对硬盘、优盘或其他块设备进行初始化的过程）。通过 Windows 的资源管理器，我们只需要移动鼠标就能实现文件的所有操作。所以，我们通常并不会感知到在 Windows 中还有文件系统的存在。

如图 1-2 所示，这些文件夹与文件都是存储在磁盘上的，但我们并不知道具体磁盘空间是什么样的，文件系统软件呈现出来一个非常清晰的表象，我们可以非常容易地创建、删除和复制文件夹与文件。而这些功能是通过一个软件实现的，这个软件就是文件系统。

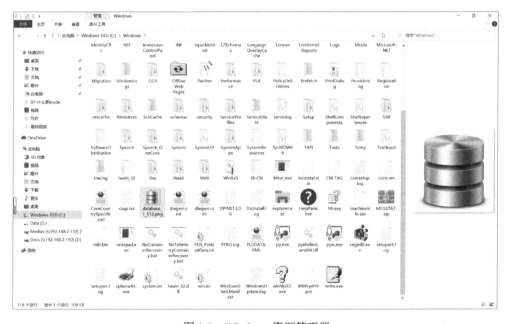

图 1-2　Windows 资源管理器

不仅在 Windows 中可以通过鼠标实现对文件系统的管理，而且在 Linux 中也可以通过鼠标实现对文件系统的管理。图 1-3 所示为 Ubuntu（一个以桌面应用为主的 Linux 操作系统）中的 GUI 管理界面，可以看出其管理方式与 Windows 非常类似。

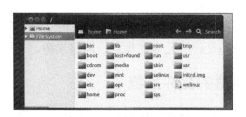

图 1-3 Ubuntu 中的 GUI 管理界面

目前，主流操作系统的文件系统数据组织形式大致都是这样的。在目录下面有子目录和文件，子目录下面又有子目录和文件，形成一个层级的树形结构。这种方式非常方便用户实现对文件的分类管理。以 Linux 为例，最终形成的层级目录树形结构如图 1-4 所示。

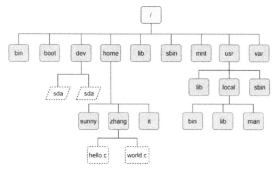

图 1-4 层级目录树形结构

这种树形结构的数据组织方式是非常实用的。通过目录可以实现对内容的分类管理，而主类又可以包含子类。这在现实中有很多类似的场景，如公司销售按照区域管理客户资料。如图 1-5 所示，在每个目录中存储不同省份的客户资料；而每个省份又划出为不同的地区。通过这种层级结构，非常便于用户管理资料。

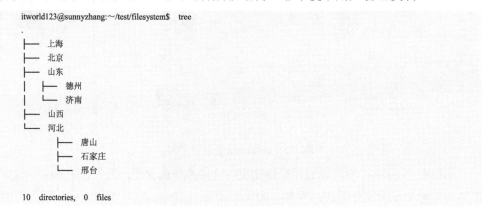

图 1-5 公司客户资料层级结构

同时还需要说明的是，文件系统对文件进行了抽象化处理，对文件系统而言，所有文件都是字节流，它并不关注文件的格式与内容。文件的格式是由具体的应用软件来负责的。例如，文本文件由文本编辑软件来处理（如 vim）；图片文件则由图片浏览工具或编辑工具来处理（如 Windows 中的画图工具）。只有具体的软件才会关注文件的格式和内容。

下面对文件系统常见的概念进行一些简要的介绍。

1.1.1.1　目录（Directory）的概念

前文已经提到过"目录"这个术语，但并没有解释。在文件系统中目录是一种容器，它可以容纳子目录和普通文件。目录就像日常生活中的文件夹一样，它可以容纳文件。在 GUI 终端中可以很容易地分辨出目录和普通文件的差别，目录的图标与日常生活中的文件夹也非常像。如图 1-6 所示，选中的 home 就是 Linux 下目录的图标。

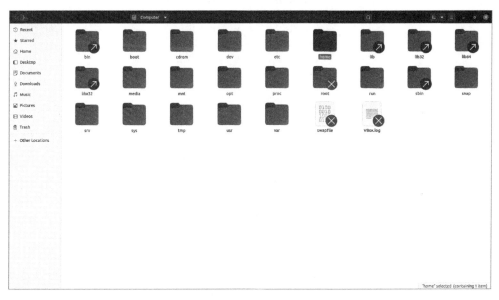

图 1-6　GUI 终端中的目录与普通文件

在命令行中区分目录和普通文件就不太直观了，但也并不太困难。有些 Shell 会将目录和文件显示成不同的颜色，以方便用户区分目录和文件。另外，在属性中会有标识，如图 1-7 所示，"唐山"这一目录最前面的字符为 d，这个 d 就是 directory 的缩写，因此我们可以通过第 1 个字符来区分目录和文件。

```
itworld123@sunnyzhang:/root/test/filesystem/河北$ ls -alh
total 24K
drwxr-xr-x 5 root root 4.0K Sep 12 01:32 .
drwxr-xr-x 8 root root 4.0K Sep 12 09:05 ..
drwxr-xr-x 2 root root 4.0K Sep 12 01:23 唐山
-rw-r--r-- 1 root root    4 Sep 12 01:32 投标.doc
drwxr-xr-x 2 root root 4.0K Sep 12 01:23 石家庄
drwxr-xr-x 2 root root 4.0K Sep 12 01:23 邢台
```

图 1-7　Shell 中的目录与普通文件

如果深入了解了目录的实现原理，就会知道其实目录本身也是一种文件。只不过目录中存储的数据是特殊的数据，这些数据就是关于文件名称等元数据（管理数据的数据）的信息。以"河北"目录为例，其中存储的数据其实是文件名与一个数字的对应关系，如图 1-8 所示，这个数字就是所谓的 inode ID。在文件系统层面中，普通用户通过文件名读取数据的过程需要这种映射关系。

图 1-8　目录中的数据格式示意图

1.1.1.2　文件（File）的概念

在文件系统中，最基本的概念是文件，文件是存储数据的实体。从用户的角度来看，文件是文件系统中最小粒度的单元。文件的大小不是固定的，最小可以是 0 字节，最大可以是几十太字节（根据具体文件系统而定）。

为了便于用户对文件进行识别和管理，文件系统为每个文件都分配了一个名称，称为文件名。文件名就好像人名一样，它是一个标识。比如，我们去学校找张三，让班主任帮忙把张三叫出来，此时班主任就能通过人名很容易找到张三。

文件系统也是这样，当普通用户想要访问某个文件时，告诉文件系统自己想要访问的文件名，此时文件系统就可以根据文件名找到该文件的数据。比如，在

Windows 中双击某个视频或图片文件，那么就有相应的软件将其打开。底层原理方面就涉及文件系统对文件数据查找的流程。

文件名通常包含两部分，并通过"."进行了分隔，但并非绝对。以图 1-9 中的 test1.jpg 文件为例，该文件名可以分为两部分：第一部分称为文件主名，它表示该文件的标识，就好像人名一样；第二部分称为扩展名，它的作用是标识文件的类型。这种命

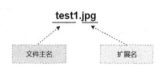

图 1-9　文件名的格式

名方式便于用户能够对文件有一个快速的整体认识。比如，我们可以一眼就能知道某个文件存储的是视频、音频还是图片。

下面进一步介绍文件的内部。从普通用户（开发人员）的角度来看，文件就是一个线性空间，这就好比程序开发中的数组一样。与数组不同的是文件的大小是可以变化的，当写入更多的数据时，文件的容量就会变大。虽然文件数据以普通用户角度来看是线性的、连续的，但是在文件系统层面并非如此。其真实位置可能在磁盘的任意位置。如图 1-10 所示，一个文件通常在逻辑上被划分为若干等份，每一份被称为一个逻辑块（Block）。文件的逻辑块在磁盘中的物理位置并不固定，逻辑块是连续的，物理块却可能散布在很多地方。

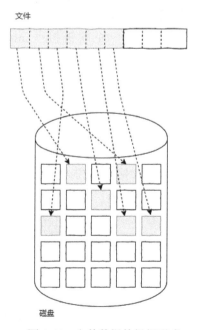

图 1-10　文件数据的组织形式

对文件系统而言，它并不关心文件是什么格式的，而是把所有文件看作字节流。但是在普通用户层面需要关心文件的格式。因为，不同格式的文件需要使用不同的工具访问。对 Windows 和桌面版的 Linux 而言，操作系统层面建立了文件格式与软件的关联，因此当双击文件的图标时就会自动使用对应的软件打开该文件。但也不一定，因为有时可能系统缺少相关的软件，或者关联关系被破坏，此时就无法打开该文件。

文件格式的种类非常多，如常见的.txt、.pptx、.docx 或.mp3 等，都由特定的工具软件打开。.mp3 格式的文件只有通过播放器软件打开才有意义，才可以播放音乐。如果使用文本编辑工具打开一个.mp3 格式的文件，看到的只能是一堆乱码。

1.1.1.3 链接（Link）的概念

链接是 Linux 文件系统的概念，在 Windows 和 macOS 中通常被称为快捷方式。Linux 中的链接分为软链接（Soft Link）和硬链接（Hard Link）两种。其中，软链接又被称为符号链接（Symbolic Link），它是文件的另外一种形态，其内容指向另外一个文件路径（相对路径或绝对路径）。硬链接则不同，它是一个已经存在文件的附加名称，也就是同一个文件的第 2 个或第 *N* 个名称。

为了更加直观地理解软链接和硬链接的概念，在 test 目录中创建一个源文件 src_file.txt。同时为该文件分别创建一个软链接（softlink.txt）和一个硬链接（hardlink.txt）。然后使用 ls 命令查看该目录的详细信息，如图 1-11 所示。

```
itworld123@sunnyzhang:/root/test/filesystem/link$ ls -alhi
total 16K
147848 drwxr-xr-x 2 root root 4.0K Sep 12 09:06 .
    99 drwxr-xr-x 8 root root 4.0K Sep 12 09:05 ..
147849 -rw-r--r-- 2 root root    7 Sep 12 09:05 hardlink.txt
147850 lrwxrwxrwx 1 root root   12 Sep 12 09:05 softlink.txt -> src_file.txt
147849 -rw-r--r-- 2 root root    7 Sep 12 09:05 src_file.txt
```

图 1-11　文件的软链接与硬链接

通过上面的结果可以看出，软链接有一个 "->" 符号，该符号指示了该链接所指向的目的文件。而硬链接并没有 "->" 符号，也就是我们无法明确地知道哪个是硬链接的目的文件。但是如果我们观察一下硬链接与源文件最前面的数字就会发现是一样的。这个数字是 inode ID，说明它们是指向同一个文件的。

从原理上来理解，硬链接其实是在目录中增加了一项，而该项的 inode ID 是源文件的 inode ID。因此硬链接与源文件的内容是完全一样的。

那么链接的作用是什么呢？主要是为了实现对源文件的快速访问，并且节省存储空间。在有些情况下，我们需要在 B 目录使用 A 目录中的某个文件。这时使用链接要比复制功能更加方便、合适。因为通过链接的方式，在源文件发生变化的情况下可以马上感知，不需要重新复制，同时又节省存储空间。

为了更加直观地理解链接的作用，通过图 1-12 的实例进行简要介绍。以培训机构教学为例。假设已经有一个教学素材库，有很多素材在目录 data 中。某学期需要开始一个新的课程，该课程要用到素材库中的一个视频文件。该课程的素材都在 course 目录中。此时就可以在 course 目录中建立一个到素材库的链接。这样 course 目录中既包含了该视频，又不会占用太多存储空间。另外，即使对素材库中的视频文件进行了修改，course 目录中也只是一个链接，因此其内容也会跟着修改，不会出现不一致的情况。

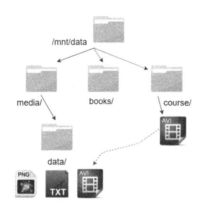

图 1-12　链接的使用示意图

1.1.2　操作系统层面的文件系统

上文从普通用户的角度介绍了文件系统。其目的是为用户提供一个方便管理文件（数据）的方式。而从操作系统角度来说，文件系统则主要实现对硬件资源的管理，也就是对磁盘资源的管理。

任何技术的出现都是为了解决问题，文件系统也是为了解决某些问题。那么文件系统是为了解决什么问题呢？

文件系统解决的是对磁盘空间使用的问题。通常一台计算机配置一个磁盘，而磁盘的空间就是一个线性空间，就好比一个非常大的数组。然而在一个操作系统上会运行很多软件，如视频软件、浏览器、音频软件和文本编辑软件等。这些软件通常都要使用磁盘空间。如果这些软件都直接使用磁盘空间则会有如下很多问题。

（1）磁盘空间的访问会存在冲突。由于没有软件统一管理磁盘空间，各个软件各自为政，那么在访问磁盘空间时就有可能存在冲突的情况。

（2）磁盘空间的管理会非常复杂。由于各种不同格式的文件，以及不同大小的文件，没有文件系统将导致磁盘空间很难管理。

在计算机领域中有一个非常有用的定律，任何复杂的问题都可以通过分层来解决。文件系统就是这样一种思路。操作系统实现了文件系统，而文件系统是应用程序与磁盘驱动程序之间的一层软件。

文件系统对下实现了对磁盘空间的管理，对上为用户（应用程序）呈现层级数据组织形式和统一的访问接口。

基于文件系统，用户（应用程序）只需要创建、删除或读取文件即可，他们并不需要关注磁盘空间的细节，所有磁盘空间管理相关的动作则由文件系统来处理。文件系统所处的位置如图 1-13 所示。

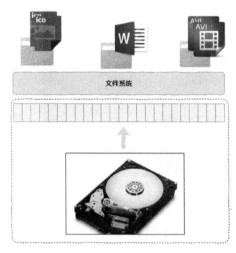

图 1-13　文件系统所处的位置

其实文件系统不仅可以构建在磁盘上，它还可以构建在任何块设备上，甚至网络上。在 Linux 中，最常见的块设备包括裸磁盘、分区、LVM 卷和 RAID 等。我们可以对上述任何块设备进行格式化，构建文件系统。Windows 中的文件系统也是可以构建在其卷组上的。

文件系统不仅仅可以构建在块设备上，甚至可以构建在一个普通的文件上。磁盘是一个线性空间，而文件也是一个线性空间。因此，在一个文件上构建文件系统是没有任何问题的。这也是我们在后面学习文件系统用到的一个便捷方法。

下面先简单看一下如何在一个文件上构建文件系统。首先要有一个内容全为 0 的文件。生成方法如下：

```
dd if=/dev/zero of=./img.bin bs=1M count=1
```

执行命令后，查看一下当前目录，可以看到生成了一个容量为 1.0MB 的新文件，如图 1-14 所示。

```
root@sunnyzhang:~/test/ext2# dd if=/dev/zero of=./img.bin bs=1M count=1
1+0 records in
1+0 records out
1048576 bytes (1.0 MB, 1.0 MiB) copied, 0.00275223 s, 381 MB/s
root@sunnyzhang:~/test/ext2# ll
total 1032
drwxr-xr-x 2 root root    4096 Jan 31 11:27 ./
drwxr-x 5 root root    4096 Jan 31 11:26 ../
-rw-r--r-- 1 root root 1048576 Jan 31 11:27 img.bin
```

图 1-14 生成的新文件信息

然后对该文件进行格式化。例如，构建一个 Ext2 文件系统，并对该文件系统进行格式化，具体方法及结果如图 1-15 所示。

```
root@sunnyzhang:~/test/ext2# mkfs.ext2 img.bin
mke2fs 1.44.1 (24-Mar-2018)
Discarding device blocks: done
Creating filesystem with 1024 1k blocks and 128 inodes

Allocating group tables: done
Writing inode tables: done
Writing superblocks and filesystem accounting information: done
```

图 1-15 Ext2 文件系统的格式化

从执行命令的结果可以看出，Ext2 文件系统已经完成格式化。如何验证一下呢？一个简单的方法是使用 dumpe2fs 命令，该命令可以获取文件系统的描述信息。另外一个复杂的方法是借助 Linux 的循环设备（回环设备）。通过该循环设备可以将一个文件虚拟成块设备，然后将该块设备挂载到目录树中。具体需要执行的命令如下：

```
losetup /dev/loop10 ./img.bin
mkdir /tmp/ext2
mount /dev/loop10 /tmp/ext2
```

执行完成上述命令后，如果没有出现错误，且可以看到如图 1-16 所示的目录内容，则说明 Ext2 文件系统格式化成功。当然，为了进一步的验证，可以向该目录拷贝文件。

```
root@sunnyzhang:~/test/ext2# ll /tmp/ext2/
total 17
drwxr-xr-x 3 root root  1024 Jan 31 11:32 ./
drwxrwxrwt 10 root root  4096 Jan 31 11:33 ../
drwx------ 2 root root 12288 Jan 31 11:32 lost+found/
```

图 1-16 Ext2 文件系统挂载后的目录

综上所述，文件系统实现了对线性存储空间的管理，这里的线性存储空间既可以是磁盘等块设备，还可以是一个文件。

1.1.3 文件系统的基本原理

前文从用户角度和操作系统角度分别对文件系统进行了介绍,可以知道文件系统实现了对磁盘空间的管理,并提供了便于使用的接口。本节介绍一下文件系统的基本原理。

要想理解文件系统,先要从磁盘说起,毕竟文件系统是构建在磁盘中的。虽然磁盘的内部非常复杂,但是磁盘厂商做了很多工作,将磁盘的复杂性掩盖起来。对于普通用户来说,磁盘就是一个线性空间,就好像 C 语言中的数组一样,通过偏移就可以访问其空间(读/写数据)。

如图 1-17 所示,一个包含多个盘片的磁盘,经过磁盘控制器和驱动程序之后,普通用户看到的是一个线性的存储空间。其地址空间从 0 开始,一直到磁盘的最大容量。

图 1-17 磁盘与空间的线性化

虽然这种线性空间已经极大地简化了对磁盘的访问,但是对普通用户而言还是非常难以使用的。因此,对操作系统而言,需要为用户提供一个更加直观和易用的使用接口。

文件系统正是操作系统中用于解决磁盘空间管理问题的软件,一方面文件系统对磁盘空间进行统一规划,另一方面文件系统提供给普通用户人性化的接口。就好比仓库中的货架,将空间进行规划和编排,这样根据编号就可以方便地找到具体的货物。而文件系统也有类似功能,将磁盘空间进行规划和编号处理。这样普通用户通过文件名就可以找到具体的数据,而不用关心数据到底是怎么存储的。

以 Ext4 文件系统为例,它将磁盘空间进行划分。首先将磁盘空间划分为若干个子空间（见图 1-18），这些子空间称为块组。然后将每个子空间划分为等份的逻辑块。这里逻辑块是最小的管理单元，逻辑块的大小可以是 1KB、2KB 或 4KB 等，由用户在格式化时确定。

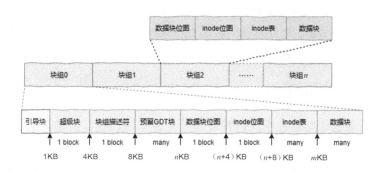

图 1-18　Ext4 文件系统的磁盘布局（Layout）

为了管理这些逻辑块，需要一些区域来记录哪些逻辑块已经被使用了，哪些还没有被使用。记录这些数据的数据通常在磁盘的特殊区域，我们称这些数据为文件系统的元数据（Metadata），如图 1-18 所示中的数据块位图和 inode 位图等。通过元数据，文件系统实现了对磁盘空间的管理，最终为用户提供了简单易用的接口。

这样，用户对文件的操作就转化为文件系统对磁盘空间的操作。比如，当用户向某个文件写入数据时，文件系统会将该请求转换为对磁盘的操作，包括分配磁盘空间、写入数据等。而对文件的读操作则转换为定位到磁盘的某个位置、从磁盘读取数据等。

至此，相信大家对文件系统的基本原理有了一个感性的认识，但是有可能还有一种云里雾里的感觉。不用太着急，作者在后续章节会进行更加详细的介绍。

1.2　常见文件系统及分类

目前，常见的文件系统有几十个。虽然文件系统的具体实现形式纷繁复杂，具体特性也各不相同，但是有一定规律可循。下面将介绍一下常见的文件系统都有哪些种类。

通过前文我们了解了基于磁盘的本地文件系统，对其基本原理也进行了简要的介绍。其实文件系统发展到现在，其种类也丰富多样。比如，基于磁盘的普通本地文件系统除了 Ext4，还包括 XFS、ZFS 和 Btrfs 等。其中 Btrfs 和 ZFS 不仅可以管理一块磁盘，还可以实现多块磁盘的管理。不仅如此，这两个文件系统实现了数据的冗余管理，这样可以避免磁盘故障导致的数据丢失。

除了对磁盘数据管理的文件系统，还有一些网络文件系统。也就是说，这些文件系统看似在本地，但其实数据是在远程的专门设备上。客户端通过一些网络协议实现数据的访问，如 NFS 和 GlusterFS 等文件系统。

经过几十年的发展，文件系统的种类非常多，我们没有办法逐一进行介绍。本节就对主要的文件系统进行介绍。

1.2.1 本地文件系统

本地文件系统是对磁盘空间进行管理的文件系统，也是最常见的文件系统形态。从呈现形态上来看，本地文件系统就是一个树形的目录结构。本地文件系统本质上就是实现对磁盘空间的管理，实现磁盘线性空间与目录层级结构的转换，如图 1-19 所示。

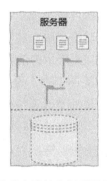

图 1-19　从磁盘线性空间到目录层级结构

从普通用户的角度来说，本地文件系统主要方便了对磁盘空间的使用，降低了使用难度，提高了利用效率。常见的本地文件系统有 Ext4、Btrfs、XFS 和 ZFS 等。

1.2.2 伪文件系统

伪文件系统是 Linux 中的概念，它是对传统文件系统的延伸。伪文件系统并不会持久化数据，而是内存中的文件系统。它是以文件系统的形态实现用户与内核数据交互的接口。常见的伪文件系统有 proc、sysfs 和 configfs 等。

在 Linux 中，伪文件系统主要实现内核与用户态的交互。比如，我们经常使用的 iostat 工具，其本质上是通过访问/proc/diskstats 文件获取信息的，如图 1-20 所示。而该文件正是伪文件系统中的一个文件，但其内容其实是内核中对磁盘访问的统计，它是内核某些数据结构的实例。

```
root@sunnyzhang:~/test/ext2# cat /proc/diskstats
   7    0 loop0 55 0 2140 536 0 0 0 0 0 84 336
   7    1 loop1 11034 0 24122 131908 0 0 0 0 0 2776 128364
   7    2 loop2 5 0 16 0 0 0 0 0 0 0 0
   7    3 loop3 0 0 0 0 0 0 0 0 0 0 0
   7    4 loop4 0 0 0 0 0 0 0 0 0 0 0
   7    5 loop5 0 0 0 0 0 0 0 0 0 0 0
   7    6 loop6 0 0 0 0 0 0 0 0 0 0 0
   7    7 loop7 0 0 0 0 0 0 0 0 0 0 0
  11    0 sr0 0 0 0 0 0 0 0 0 0 0 0
   8    0 sda 56551 2971 2720381 57112 58367 58100 3481896 70716 0 43688 127888
   8    1 sda1 228 0 12018 88 0 0 0 0 88 88
   8    2 sda2 55777 2971 2689156 56692 28706 58100 3481896 64740 0 37408 121492
   8   16 sdb 177 0 8396 100 0 0 0 0 44 100
   7   10 loop10 34 0 158 0 2 0 4 12 0 0
```

图 1-20 磁盘访问统计信息

1.2.3 网络文件系统

网络文件系统是基于 TCP/IP 协议（整个协议可能会跨层）的文件系统，允许一台计算机访问另一台计算机的文件系统，就如访问本地文件系统一样[2]。网络文件系统通常分为客户端和服务端，其中客户端类似本地文件系统，而服务端则是对数据进行管理的系统。网络文件系统的使用与本地文件系统的使用没有任何差别，只需要执行 mount 命令挂载即可。网络文件系统也有很多种类，如 NFS 和 SMB 等。

在用户层面，完成挂载后的网络文件系统与本地文件系统完全一样，看不出任何差异，对用户是透明的。网络文件系统就好像将远程的文件系统映射到了本地。如图 1-21 所示，左侧是客户端，右侧是文件系统服务端。

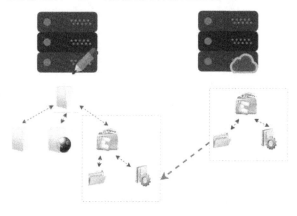

图 1-21 网络文件系统的映射

通过图 1-21 可以看到，当在客户端对服务端导出的文件系统进行挂载后，服务端的目录树就成为客户端目录树的一颗子树。这个子目录对普通用户来说是透明的，不会感知到这是一个远程目录，但实际上读/写请求需要通过网络转发到服务端进行处理。

1.2.4 集群文件系统

集群文件系统本质上也是一种本地文件系统，只不过它通常构建在基于网络的 SAN 设备上，且在多个节点中共享 SAN 磁盘。集群文件系统最大的特点是可以实现客户端节点对磁盘介质的共同访问，且视图具有一致性，如图 1-22 所示。

这种视图的一致性是指，如果在节点 0 创建一个文件，那么在节点 1 和节点 2 都可以马上看到。这个特性其实跟网络文件系统类似，网络文件系统也是可以在某个客户端看到其他客户端对文件系统的修改的。

但是两者是有差异的，集群文件系统本质上还是构建在客户端的，而网络文件系统则是构建在服务端的。

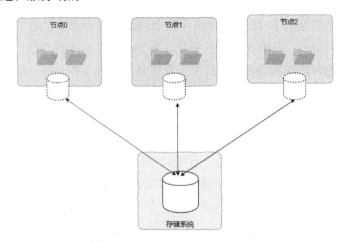

图 1-22 集群文件系统访问示意图

同时，对于集群文件系统来说，其最大的特点是多个节点可以同时为应用层提供文件系统服务，特别适合用于业务多活的场景，通过集群文件系统提供高可用集群机制，避免因为宕机造成服务失效。

1.2.5 分布式文件系统

从本质上来说，分布式文件系统其实也是一种网络文件系统。在《计算机科学技术名词》中给出的定义为"一种文件系统，所管理的数据资源存储在分布式网络节点上，提供统一的文件访问接口"[2]，可以看出，分布式文件系统与网络文件系统的差异在于服务端包含多个节点，也就是服务端是可以横向扩展的。从使用角度来说，分布式文件系统的使用与网络文件系统的使用没有太大的差异，也是通过执行 mount 命令挂载，客户端的数据通过网络传输到服务端进行处理。

第2章

知其然——如何使用文件系统

本章重点介绍一下如何使用文件系统，如果大家对文件系统的使用比较熟悉，则可以直接跳过本章。文件系统的使用分为两个不同的角度：一个是普通用户角度；另一个是程序员角度或开发者角度。需要注意的是，这里的开发是指应用级别的开发，而非内核文件系统的开发。

从普通用户角度来说，文件系统的使用是非常简单的。对于文件系统的使用无非四个字，即增、删、改、查。也就是创建文件（夹）、删除文件（夹）、修改或移动文件（夹）和检索文件（夹）。

从开发者角度来说，也主要集中在上面所述 4 项内容。另外，可能包含其他一些高级特性的使用，但差别不大。开发者除了基本使用，还需对文件系统有更深入的理解，如写数据时如何绕过缓存，如何创建一个稀疏文件，如何给文件加锁等。

由于从普通用户角度来说使用文件系统是非常简单的，特别是目前文件系统的管理都是通过 GUI（如 Windows 资源管理器）来完成的，这就更加降低了文件系统使用的门槛。因此，本节主要从开发者的角度介绍文件系统的使用。

2.1 巧妇之炊——准备开发环境

正所谓"巧妇难为无米之炊"，在开始工作之前需要先准备一下环境。主要指开发环境，该开发环境用于编译代码，实现对文件系统相关 API 的验证。这里以 Linux 为主，建议使用 Ubuntu 18.04 版本。当然，其他 Linux 开发环境问题也不大，毕竟 Linux 的文件系统 API 是遵循 POSIX 标准的。

以 Ubuntu 18.04 为例，需要安装一些用于开发的软件包。具体安装过程非常简单，可以通过如下命令安装软件包：

```
sudo apt-get install build-essential manpages manpages-dev manpages-posix manpages-posix-dev
```

上述软件包主要是开发（编译）工具和帮助文档。Linux 下的开发与 Windows 下的开发有着比较明显的差异，在 Linux 下开发通常不使用 IDE 环境。Linux 下的开发基本上是先通过文本编辑器编辑代码，再通过编译工具生成可执行文件。

2.2　文件内容的访问——读/写文件

对于普通用户来说，通过命令或单击鼠标就可以进行文件的操作。Linux 的桌面版、Windows 和 macOS（图 2-1 为 macOS 的 GUI）等都提供基于 GUI 的方式来访问文件系统。我们可以通过单击鼠标实现文件的基本操作。但是作为程序员，如果想通过程序实现文件操作又应该如何做呢？

图 2-1　macOS 的 GUI

本节的实例已经在 Ubuntu 18.04 下通过测试，理论上在 CentOS 等其他发行版也不会有问题。

2.2.1　文件系统的 API

程序员对文件系统的访问是通过系统 API 或系统调用来完成的。每种操作系统都有一套对文件系统进行访问的 API。在类 UNIX 中，这套 API 是遵循 POSIX 标准的。在 Windows 中，虽然 API 与 POSIX 不兼容，但用法基本一致。

表 2-1 所示为部分 Linux 和 Windows 中文件操作相关的 API。由于本书的重点

并非 API 介绍手册，因此这里列举的只是整个文件 API 集合中非常小的一个子集，其目的是让大家对文件系统的 API 有一个整体的认识。

表 2-1　部分 Linux 和 Windows 中文件操作相关的 API

功　能　描　述	Linux	Windows
打开文件	open	CreateFileA
向文件写数据	write	WriteFile
从文件读数据	read	ReadFile
关闭文件	close	FileClose
移动文件指针位置	lseek	SetFilePointer
删除文件	remove	DeleteFileA

通过表 2-1 可以看出，无论是 Windows 还是 Linux，其提供的 API 基本是一致的，而且可以从名称很容易猜出该 API 的具体作用。

操作系统为用户提供的 API 是经过简化的，主要是方便用户的使用。以 Linux 中的 open()函数为例，该函数用于打开一个文件，其语法格式如下：

```
int open(const char *pathname, int flags);
```

open()函数关键的输入参数为文件名称（路径），输出结果为一个整数。这个整数被称为文件描述符（File Descriptor）或句柄（Handle）。文件的读/写等操作通过文件描述符来确定具体的文件，不再关心文件名称。可以看出，文件系统的 API 是非常简洁的。但是，在文件系统内部，具体实现却是要复杂很多。

2.2.2　文件访问的一般流程

前文介绍了文件访问的几个主要的接口，现在主要介绍一下文件访问的一般流程。操作系统给用户提供了非常简洁和直观的文件访问接口，通常来说一个文件的访问（读或写）包含打开文件、访问（读或写）文件和关闭文件 3 个主要步骤。

以 Linux 的接口为例，文件访问的一般流程如图 2-2 所示。在该流程中通过文件名称打开文件，并返回一个文件描述符；之后通过该文件描述符向文件写数据；完成访问后关闭该文件。

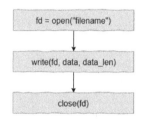

图 2-2　文件访问的一般流程

当然，这只是一个简单的实例。实际上操作系统提供的 API 和参数要丰富得多，而且用户的应用场景可能比较复杂，具体使用起来也多种多样。

虽然本文以 Linux 平台为例进行的说明，但其他文件系统（如 Windows 等）对文件的访问流程也都大致相同，没有本质的差异。

2.2.3　文件内容的读/写实例

前面我们介绍了访问文件的一般流程，可能大家感觉还会有点抽象。本节将通过一个实例来实际演示如何读/写一个文件。这个实例主要模拟 Linux 的 cp 命令，也就是实现文件的拷贝功能。

本实例主要用到了文件操作的 4 个函数，open()、read()、write()和 close()等。这些函数很简单，我们通过其名称就可以看出作用。下面看一下该实例的代码（见代码 2-1）。

代码 2-1　拷贝文件的实现

```
copy_file.c
1    /*===============================================================
2     * 文件名称: copy_file.c
3     * 作    者: SunnyZhang
4     * 功能描述: 拷贝一个文件，模拟 Linux 的 cp 命令
5     *===============================================================*/
6
7    #include <stdio.h>
8    #include <stdlib.h>
9    #include <fcntl.h>
10   #include <errno.h>
11   #include <sys/types.h>
12   #include <unistd.h>
13
14   #define BUF_LEN 4096
15   int main( int argc, char* argv[] )
16   {
17       int src_fd, dest_fd;          // 源文件和目标文件的文件描述符
18       char data_buf[BUF_LEN];       // 用于临时存储读取的数据
19       ssize_t read_count = 0;
20       ssize_t write_count = 0;
21       int ret = 0;
22
23       // 打开源文件，源文件只读模式
24       src_fd = open( argv [1], O_RDONLY );
25       if ( -1 == src_fd   ) {
26           printf( "open src file error!" );
27           goto ERR_OUT;
28       }
```

```
29
30        // 打开目标文件, 目标文件以写模式打开
31        dest_fd = open( argv[2], O_WRONLY | O_CREAT, 0644 );
32        if ( -1 == dest_fd  ) {
33            printf( "open dest file error!" );
34            /*注意这里跳到的位置, 需要将前面打开的文件关闭。在本实例中不关闭也没关系, 因进程
35             *退出时会自动关闭*/
36            goto OUT;
37        }
38        // 拷贝数据
39        while ( (read_count = read( src_fd, &data_buf, BUF_LEN  )) > 0  ) {
40            ssize_t data_remain = read_count;
41            // 我们无法保证读取的数据能否被一次性写完, 所以这里循环写入
42            while (data_remain > 0 ) {
43                write_count = write( dest_fd, &data_buf, data_remain);
44                if (write_count < 0){// 在写入失败的情况下退出
45                    printf( "copy data error!" );
46                    goto FIN_OUT;
47                }
48                data_remain -= write_count;
49            }
50        }
51
52        // 任何读取或写入失败都要提示用户
53        if (read_count < 0 || write_count < 0 ) {
54            printf("copy data error!");
55        }
56 FIN_OUT:
57        // 关闭文件
58        close(dest_fd);
59 OUT:
60        close(src_fd);
61 ERR_OUT:
62        return(0);
63 }
```

在该实例中, 分别打开两个文件 (第 24 行～第 31 行), 如果目标文件不存在则创建新文件。然后不断循环地从源文件读取数据并写入目标文件 (第 39 行～第 50 行), 直到读完源文件的数据为止。最后将两个文件关闭 (第 58 行～第 60 行)。

完成上述代码的编写后, 我们可以将其编译为一个可执行文件, 然后就可以使用该功能了。具体编译的方法如下:

```
gcc -o copy_file copy_file.c
```

如果编译没有问题, 就可以进行如下测试:

```
./copy_file copy_file.c dest.c
```

执行完成上述代码后，我们可以对比一下 copy_file.c 和 dest.c 文件的内容。比如使用 diff 命令，可以发现两者的内容是完全一样的，也就是我们实现了拷贝文件的功能。

2.2.4　关于 API 函数的进一步解释

前文只是给出一个实例，并没有对所用到的 API 做任何解释。本节将对所使用的 API 函数进行一个简单的解释。限于篇幅，本节无法解释所有内容，关于 API 的详细描述大家可以通过 man 命令查看帮助文件，或者阅读参考文献[3]。

2.2.4.1　open()函数

open()函数用于打开/创建一个文件。该函数的语法格式如下：

```
int open(const char *pathname, int flags, mode_t mode);
```

其中，包含 3 个参数，分别是文件路径、旗标和模式。

文件路径是文件位置和名称的描述。旗标是对该接口功能的精细化控制，如只读打开，读写打开等。模式是指文件的具体权限信息，也就是文件的 RWX-GUO 属性，该参数可以省略。

open()函数执行成功后会返回一个整型变量，这个返回值就是文件描述符。文件描述符用于标识一个文件，后续的操作都要依赖该文件描述符。

对于文件的访问特性，可以通过 open()函数的 flags 参数指定。比如，在打开文件时，如果 flags 包含 O_SYNC 时则表示同步写入，此时要求文件系统将数据写入持久化设备后再返回。而在默认情况下则是数据写入缓存后就会直接返回。

open()函数的功能特别丰富，限于篇幅，本节不再逐一介绍。大家可以通过 Linux 的 man 命令获得关于该函数的更多解释。可以在 Linux 命令行执行如下命令获得帮助信息：

```
man 2 open
```

执行上述命令后可以输出 open()函数的详细说明，如图 2-3 所示。在上述命令中数字用于选择具体的章节。这是因为在 Linux 的手册中可能同一个关键字会有多个不同的说明，如有些是 API 函数、有些是命令等。

```
OPEN(2)

NAME
       open, openat, creat - open and possibly create a file

SYNOPSIS
       #include <sys/types.h>
       #include <sys/stat.h>
       #include <fcntl.h>

       int open(const char *pathname, int flags);
       int open(const char *pathname, int flags, mode_t mode);

       int creat(const char *pathname, mode_t mode);

       int openat(int dirfd, const char *pathname, int flags);
       int openat(int dirfd, const char *pathname, int flags, mode_t mode);

   Feature Test Macro Requirements for glibc (see feature_test_macros(7)):

       openat():
           Since glibc 2.10:
               _POSIX_C_SOURCE >= 200809L
           Before glibc 2.10:
               _ATFILE_SOURCE
```

图 2-3　open()函数的详细说明

2.2.4.2　read()函数

打开文件之后就可以对文件进行读/写操作。先介绍一下读取操作，可以使用read()函数来实现，该函数的语法格式如下：

```
ssize_t read(int fd, void *buf, size_t count);
```

该函数有 3 个参数，第 1 个参数是文件描述符，用于确定从哪个文件读取数据；第 2 个参数是缓冲区，用于存储读取的数据，在使用前需要分配内存空间；第 3 个参数是读取的字节数。read()函数的返回值如果大于 0 则表示实际读取的字节数，小于 0 则表示该函数出错。

代码 2-1 就有 read()函数的应用，while 循环的条件是读取的字节数。如果实际读取了数据，则进入循环体，否则跳出循环。

2.2.4.3　write()函数

write()函数的用法与 read()函数的用法类似，也包含 3 个参数。其中，第 1 个参数是文件描述符，用于确定向哪个文件写入数据；第 2 个参数是缓冲区，用于存储待写入的数据；第 3 个参数是写入的字节数。该函数的语法格式如下：

```
ssize_t write(int fd, const void *buf, size_t count);
```

在通常情况下，write()函数的返回值与参数 count 的值相同，在某些情况下可能会出现返回值小于 count。因此，在一般情况下，通过一个循环来保证读取的数据被全部写入。在极端情况下会出现写入出错，如磁盘容量不足或磁盘出现故障等，此时返回值小于 0。

2.2.4.4　close()函数

close()函数的作用是将文件关闭，只有一个参数，就是之前打开的文件描述符。其语法格式如下：

```
int close(int fd);
```

本节主要介绍了 Linux 文件系统在程序员层面的 API 接口。主要集中在单个文件访问层面。其实文件系统的访问接口很多，除了文件访问，还有目录访问、文件锁和映射等，这些内容后续再做介绍。

读到这里，不知道大家是否有如下几个疑问。

（1）为什么这些 API 通过一个整数（文件描述符）来标识一个文件？

（2）当多个进程打开同一个文件时，文件描述符在不同进程中是怎样的？

要想解答上述问题，还得继续深入挖掘文件系统的实现细节，在后面章节对文件系统原理的介绍中我们会逐渐拨开疑云。

2.3　如何遍历目录中的文件

文件系统有一个常用的功能就是查看某个目录的文件列表。这个功能对应的命令行工具就是 ls 命令。而在 GUI 管理工具中，其实就是展示在我们面前的目录和文件列表等内容。

从本质上来说，目录与文件并没有太大的差异。我们也可以将目录理解为一个文件，其中的数据是一些此目录下的所有文件名相关的内容。关于目录内容的相关原理，会在后续章节进行详细介绍，本节不再赘述。

本节从程序员开发的角度介绍一下如何查看目录的内容，也就是遍历目录中的文件。Linux 有一个专门的 API 来实现目录的遍历，这个 API 就是 readdir。下面实现一个类似 ls 的命令，但是功能上要比 ls 命令弱很多，如代码 2-2 所示。

代码 2-2　遍历目录的实现

```
list_dir.c
1     /*===============================================================
2      * 文件名称: list_dir.c
3      * 作者: SunnyZhang
4      * 功能描述:本程序用于模拟 Linux 的 ls 命令
5      *===============================================================*/
6
7     #include <stdio.h>
8     #include <sys/types.h>
9     #include <dirent.h>
10    #include <unistd.h>
11
12    int main(void)
13    {
14        DIR * dir;
15        struct dirent * ptr;
16
17        // 打开当前目录，本实例只实现了遍历当前目录的功能
18        dir = opendir("./");
19        // 逐个读取目录项
20        while ((ptr = readdir(dir)）!= NULL）{
21            printf("%s ", ptr->d_name);// 输出目录项
22        }
23        printf("\n");
24        closedir(dir);
25        return 0;
26    }
```

这个程序的实现很简单，只是输出当前目录下的所有文件和子目录。编译上述代码后运行，可以得到如下结果。对比 readdir 命令的结果和 ls 命令的结果，可以看出没有太大的差异。差异在于我们实现的命令输出了当前目录（.）和父目录（..）。

```
root@sunnyzhang-VirtualBox:~/code/filesystem# ./list
list list_dir.c . . .
root@sunnyzhang-VirtualBox:~/code/filesystem# ls
list   list_dir.c
```

图 2-4　输出结果

通过阅读上述代码我们可以知道，这里目录项的内容是以结构体 dirent（directory entry 的缩写）存储的。我们可以看一下该结构体的定义（来自 glibc2.32），如代码 2-3 所示。

代码 2-3　目录项数据结构

```
linux/bits/dirent.h
22    struct dirent
23      {
24    #ifndef __USE_FILE_OFFSET64
```

25	__ino_t d_ino;	// inode ID
26	__off_t d_off;	// 在目录文件中的偏移
27	#else	
28	__ino64_t d_ino;	
29	__off64_t d_off;	
30	#endif	
31	unsigned short int d_reclen;	// 记录的长度
32	unsigned char d_type;	// 文件类型
33	char d_name[256];	// 文件名称
34	};	

通过观察该数据结构就会发现，这个数据结构只有 inode ID 和文件名称等信息与 ls 命令展示的相关。那么 ls 命令显示的文件的详细信息（如文件的创建时间、大小和权限等）又是如何获取的呢？

要想回答这个问题，就要看一下系统提供的一个 API 函数。这个 API 函数就是 stat() 函数，该函数的语法格式如下：

```
int stat(const char *path, struct stat *buf);
```

从 stat() 函数的语法格式可以看出，该函数最主要的功能是返回一个 stat 类型的结构体。该结构体的定义如代码 2-4 所示（来自 glibc 2.32）。从该结构体的定义我们可以看出，这里面包含文件非常详细的信息。通过这些信息，我们完全可以实现一个完整版的 ls 命令。

代码 2-4 文件属性数据结构

linux/bits/stat.h		
58	struct stat	
59	{	
60	__dev_t st_dev;	// 设备 ID
61	__field64(__ino_t, __ino64_t, st_ino);	// 文件序列号，也就是 inode ID
62	__mode_t st_mode;	// 文件模式
63	__nlink_t st_nlink;	// 链接数量
64	__uid_t st_uid;	// 文件所有者的用户 ID
65	__gid_t st_gid;	// 文件所属组的组 ID
66	__dev_t st_rdev;	// 文件是设备的情况下，此成员为设备号
67	__dev_t __pad1;	
68	__field64(__off_t, __off64_t, st_size);	// 以字节为单位的文件大小
69	__blksize_t st_blksize;	// I/O 最佳块大小
70	int __pad2;	
71	__field64(__blkcnt_t, __blkcnt64_t, st_blocks);	// 字节块
72	#ifdef __USE_XOPEN2K8	
73	/* 以纳秒为单位的时间戳采用与 "struct timespec" 结构体	
74	* 等效的格式存储。	
75	* 尽量使用该类型，但 UNIX 命名空间的规则不允许	
76	* 标识符 "timespec" 出现在 <sys/stat.h> 头文件中。	
77	* 因此，我们必须在严格兼容原始特殊性的标准下处理	
78	* 此头文件的使用 */	

79	struct timespec st_atim;	// 最后访问该文件的时间
80	struct timespec st_mtim;	// 最后修改该文件的时间
81	struct timespec st_ctim;	// 最后状态发生变化的时间
82	# define st_atime st_atim.tv_sec	
83	# define st_mtime st_mtim.tv_sec	
84	# define st_ctime st_ctim.tv_sec	
85	#else	
86	__time_t st_atime;	// 最后访问该文件的时间（单位是秒）
87	unsigned long int st_atimensec;	// 最后访问该文件的时间（单位是纳秒）
88	__time_t st_mtime;	// 最后修改该文件的时间（单位是秒）
89	unsigned long int st_mtimensec;	// 最后修改该文件的时间（单位是纳秒）
90	__time_t st_ctime;	// 最后状态发生变化的时间（单位是秒）
91	unsigned long int st_ctimensec;	// 最后状态发生变化的时间（单位是纳秒）
92	#endif	
93	int __glibc_reserved[2];	
94	};	

关于如何实现一个完整版的 ls 命令本书不再赘述，大家可以自己思考并试着实现。如果实在不知道怎么写，则可以参考 ls 命令的源代码实现。

2.4　格式化文件系统与挂载

实际上格式化与挂载（Windows 不需要手动挂载）文件系统才是文件系统使用的第一步。格式化文件系统相当于在块设备上创建一个文件系统，而挂载则是将该文件系统激活（在操作系统目录树呈现）的过程。

在安装操作系统时，安装程序已经对系统磁盘进行了格式化操作。所以，在通常情况下我们不太会感知到在使用磁盘之前需要格式化。但是，如果计算机配置了多块硬盘，则非系统硬盘在使用之前需要格式化才可以使用。

如果是 Windows，则格式化操作非常简单。只需要右击盘符弹出一个快捷菜单，然后选择"格式化"命令，如图 2-5 所示，打开"格式化"对话框，如图 2-6 所示。

在"格式化"对话框中，单击"开始"按钮，系统就可以帮我们完成磁盘整个格式化的过程。当然，在单击"开始"按钮之前可以根据需要调整文件系统的参数，如文件系统类型、分配单元的大小等。

当系统完成格式化之后，双击磁盘盘符进入该磁盘，然后我们就可以做一些具体的操作了，如拷贝文件或新建文件等。

图 2-5　选择"格式化"命令　　　　图 2-6　"格式化"对话框

在 Linux 操作系统进行格式化稍微有些门槛，但并没有太大的难度。Linux 命令行终端通过命令实现块设备的格式化操作。其语法格式如下：

```
mkfs.ext4 /dev/sdb
```

这里/dev/sdb 就是一个块设备，可以理解为磁盘。命令名称分为两部分，mkfs（make filesystem 的简写）表示格式化，而 ext4 则表示文件系统的类型。当然，该命令其实具有非常丰富的参数，如设置文件系统块大小等，大家可以通过 man 命令进一步了解，本文不再赘述。

但是在 Linux 操作系统中完成格式化后，我们并不能像 Windows 那样直接进入/dev/sdb 这个磁盘设备拷贝文件，或者进行其他文件操作。这里需要额外操作一步，也就是将该磁盘设备挂载到某个目录下面。

假设现在有一个目录（/mnt/ext4_test），执行如下命令就可以将刚才格式化的文件系统挂载了。

```
mount /dev/sdb /mnt/ext4_test
```

如果没有提示错误，那么这个格式化后的磁盘就挂载到 Linux 文件系统目录树的/mnt/ext4_test 目录下面了。此时，我们对该目录的访问就是对磁盘数据的访问。这个似乎是一个很神奇的动作，具体原理是什么呢？请参考后续章节的解释。

通过手动挂载的文件系统在操作系统重启后就不存在了，如果想要访问该磁盘的内容，则此时还需要重新执行 mount 命令进行挂载。有什么方法可以在操作系统启动过程中自动挂载？当然有，那就是通过 fstab 配置文件来实现，如图 2-7 所示，第 3 行代码是针对本实例增加的配置项。

```
1 UUID=574279fd-876c-4cd8-b30e-bf122fa069f3 / ext4 defaults 0 0
2 /swap.img          none    swap    sw      0       0
3 UUID=c0210506-564a-4236-86eb-9cb7757ba8d6 /mnt/ext4_test        ext4 defaults 0 0
```

图 2-7　fstab 配置文件实例

在上述配置项中每行分为 6 段。其中，第 1 个表示待挂载的设备，如磁盘，其实这里不仅可以是具体的设备，还可以是标签或文件系统 UUID；第 2 个是挂载点（挂载点是一个挂载了新文件系统的目录）；第 3 个是文件系统类型；第 4 个是挂载选项，本书选用默认值；第 5 个是被 dump 命令使用的选项；第 6 个是被 fsck 命令使用的选项。每个选项的详细含义可以通过执行 man fstab 命令获得。

2.5　文件系统与权限管理

现代操作系统通常支持多用户操作。也就是说同一个操作系统可以允许很多用户登录并操作其中的资源。这样多用户场景就存在一个资源隔离和保护的问题，也就是说在通常情况下 A 用户应该只能访问 A 用户的资源，B 用户只能访问 B 用户的资源，避免相互访问，造成资源使用的混乱和安全问题。

下面介绍文件系统的权限相关的内容。以 Windows 为例，右击文件，在弹出的快捷菜单中选择"属性"命令，打开"属性"对话框，在该对话框中可以查看某个用户对该文件的访问权限。

在"tmp.txt 属性"对话框中（见图 2-8），通过选择"安全"选项卡就可以看到系统的用户列表及权限信息。当选择某个用户时就可以看到该用户对本文件的访问权限情况。

除了可以查看文件的权限信息，在"tmp.txt 属性"对话框中还可以修改某个用户对当前文件的访问权限。

除了资源隔离的场景，还有一种资源共享的场景。比如，一个公司有多个部门。A 部门的所有用户应该都可以访问该部门下的资源，而不允许访问其他部门的资源。这些需求都与文件系统的权限管理有关系。

当然，Linux 也有权限相关的特性。只不过 Linux 中的操作大多是通过命令来完成的。接下来以 Linux 为例从实际操作和原理方面详细解释一下文件系统是如何进行权限控制的。

图 2-8 "tmp.txt 属性" 对话框

2.5.1 Linux 权限管理简介

Linux 最常用的权限管理就是 RWX-UGO 权限管理。其中，RWX 是 Read、Write 和 eXecute 的缩写。而 UGO 则是 User、Group 和 Other 的缩写。通过该机制建立用户和组实现对文件的不同的访问权限。

如果在 Linux 的某个目录下执行 ls -alh 命令，就可以看到如图 2-9 所示的结果。其中，就包含了文件的所属用户和组的信息，以及对应的权限信息。

图 2-9 Linux 文件的权限信息

权限描述信息是每行前面 rw-等字符描述的内容，而后面的 sunnyzhang 和 root 等字符则是文件所属用户和组的信息。通过两者的结合，在读/写等流程中就可以判定访问者是否有相应的权限。

2.5.2 设置文件的 RWX 权限

2.5.2.1 基于 API 的权限设置

在 Linux 中有相关的 API 来修改这个权限。修改权限的语法格式如下：

```
int chmod(const char *pathname, mode_t mode);
```

其中，第 1 个参数是文件名，第 2 个参数是目标权限。执行 chmod() 函数可以将文件设置为目标权限。

接下来看一下 chmod() 函数的用法。假设这里有一个测试文件，名称为 test.bin。该文件的初始权限信息如图 2-10 上半部分所示（-rw-r--r--）。通过代码 2-5，将文件的权限设置为 S_IRUSR，也就是所属用户可读。编译运行该代码后，发现文件的权限变成如图 2-10 下半部分所示的内容（-r--------）。

代码 2-5 文件的权限修改

```
change_mode.c
1      /*=======================================================
2       * 文件名称: change_mode.c
3       * 作   者: SunnyZhang
4       * 功能描述: 修改文件的权限信息
5
6       *=====================================================*/
7
8      #include <stdio.h>
9      #include <fcntl.h>
10     #include <errno.h>
11     #include <sys/types.h>
12     #include <sys/stat.h>
13
14     int main( int argc, char* argv[] )
15     {
16         int ret = 0;
17
18         ret = chmod("test.bin", S_IRUSR); //S_IRUSR 是一个宏定义，其值为 00400
19         if (ret < 0 ) {
20             printf("change mode failed");
21         }
22         return ret;
23     }
```

这种方法的缺点是将文件原始的权限都覆盖了。比如，想要为某个文件添加某一项权限，似乎并不太好实现。

```
root@sunnyzhang:~/code/chmod# ll
total 24
drwxr-xr-x 2 root root 4096 Oct 31 00:22 ./
drwxr-xr-x 6 root root 4096 Oct 31 00:12 ../
-rwxr-xr-x 1 root root 8352 Oct 31 00:22 change_mode*
-rw-r--r-- 1 root root  538 Oct 31 00:22 change_mode.c
-rw-r--r-- 1 root root    0 Oct 31 00:22 test.bin
root@sunnyzhang:~/code/chmod# ./change_mode
root@sunnyzhang:~/code/chmod# ll
total 24
drwxr-xr-x 2 root root 4096 Oct 31 00:22 ./
drwxr-xr-x 6 root root 4096 Oct 31 00:12 ../
-rwxr-xr-x 1 root root 8352 Oct 31 00:22 change_mode*
-rw-r--r-- 1 root root  538 Oct 31 00:22 change_mode.c
-r-------- 1 root root    0 Oct 31 00:22 test.bin
```

图 2-10　设置文件的权限

其实仍有实现的办法，就是先通过 stat 接口来获取文件的原始权限信息，添加期望的权限后再设置该文件的权限。这次给该文件增加执行权限，如代码 2-6 所示。

代码 2-6　文件的权限修改

change_mode.c	
1	/*==
2	* 文件名称: change_mode.c
3	* 作　　者: SunnyZhang
4	* 功能描述: 修改文件的权限信息
5	*==*/
6	
7	#include <stdio.h>
8	#include <fcntl.h>
9	#include <errno.h>
10	#include <sys/types.h>
11	#include <sys/stat.h>
12	#include <unistd.h>
13	
14	int main(int argc, char* argv[])
15	{
16	int ret = 0;
17	struct stat file_info;
18	int mode = 0;
19	
20	ret = stat("test.bin", &file_info);　　　　// 获取文件原始的权限信息
21	if (ret < 0) {
22	printf("get file info error!");
23	}
24	
25	mode = file_info.st_mode	S_IXUSR;　　// 为了区分，这里增加执行权限
26	ret = chmod("test.bin", mode);　　　　　// 设置文件的新权限
27	if (ret < 0) {
28	printf("change mode failed");
29	}
30	return ret;
31	}

重新编译并执行该代码可以看出，这次是在原始权限的基础上增加了执行权限，而不是把原来的权限都给覆盖了，执行结果如图 2-11 所示。

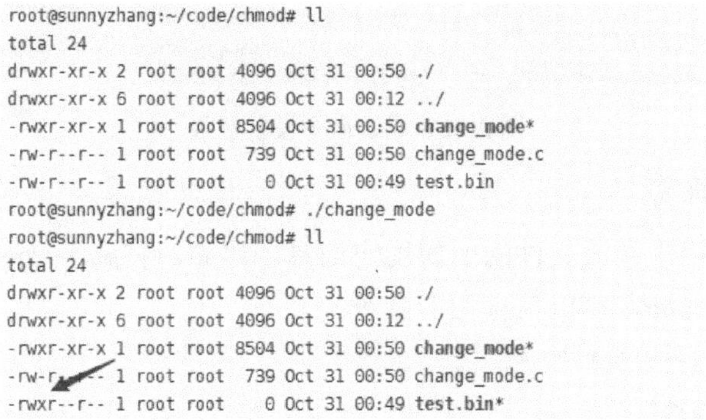

```
root@sunnyzhang:~/code/chmod# ll
total 24
drwxr-xr-x 2 root root 4096 Oct 31 00:50 ./
drwxr-xr-x 6 root root 4096 Oct 31 00:12 ../
-rwxr-xr-x 1 root root 8504 Oct 31 00:50 change_mode*
-rw-r--r-- 1 root root  739 Oct 31 00:50 change_mode.c
-rw-r--r-- 1 root root    0 Oct 31 00:49 test.bin
root@sunnyzhang:~/code/chmod# ./change_mode
root@sunnyzhang:~/code/chmod# ll
total 24
drwxr-xr-x 2 root root 4096 Oct 31 00:50 ./
drwxr-xr-x 6 root root 4096 Oct 31 00:12 ../
-rwxr-xr-x 1 root root 8504 Oct 31 00:50 change_mode*
-rw-r--r-- 1 root root  739 Oct 31 00:50 change_mode.c
-rwxr--r-- 1 root root    0 Oct 31 00:49 test.bin*
```

图 2-11　为文件增加执行权限

这个 API 只能修改文件的权限信息，无法修改文件的所属用户和组的信息。如果想要修改所属用户和组的信息，则可以使用 chown()函数，该函数的语法格式如下：

```
int chown(const char *pathname, uid_t owner, gid_t group);
```

如果想要设置文件的所属用户和组，只需要将用户 ID 和组 ID 传进去即可。由于比较简单，这里不再举例说明。

2.5.2.2　基于命令的权限设置

通过编程的方式可以实现文件的权限修改，但是在日常操作中非常不方便。不必着急，Linux 已经为我们提供了相关的命令行工具，这些命令行工具与函数同名，如 chmod 和 chown 等。

1．chmod 命令

还是以前面添加执行权限为例，可以在命令行中执行如下命令：

```
sudo chmod +x test.bin
```

执行上述命令后，就可以得到与前面程序一样的结果，如图 2-11 所示。可以看出，通过命令行的方式对文件的权限进行修改要简单快捷得多。

由于底层是采用二进制的方式存储的，chmod 命令也是支持通过数字的方式修改其权限属性的。比如，执行如下命令：

```
sudo chmod 777 test.bin
```

其中，777 就是使所有的 RWX 都设置为 1，即可以被任何用户和组访问。执行结果如图 2-12 所示。

```
root@sunnyzhang:~/code/chmod# ll
total 24
drwxr-xr-x 2 root root 4096 Oct 31 02:25 ./
drwxr-xr-x 6 root root 4096 Oct 31 00:12 ../
-rwxr-xr-x 1 root root 8504 Oct 31 00:50 change_mode*
-rw-r--r-- 1 root root  739 Oct 31 00:50 change_mode.c
-rwxrwxrwx 1 root root    0 Oct 31 00:49 test.bin*
```

图 2-12　通过命令设置权限

2. chown 命令

chown 命令用于修改文件的所属用户信息。比如，将属于 root 的文件 test.bin 改为属于 sunnyzhang，可以执行如下命令：

```
chown sunnyzhang:sunnyzhang test.bin
```

3. chgrp 命令

从名字上可以看出，chgrp 命令用于修改文件的所属组信息。使用方法很简单，本节不再赘述。

关于 RWX-UGO 的权限访问控制就先介绍到这里。其实除了 RWX-UGO 权限控制，还有其他类型的权限控制，如 ACL 权限控制。

2.5.3　设置文件的 ACL 权限

前文介绍了 RWX-UGO 的权限控制方法，但是这种方法过于简单，很多场景无法满足要求。为了让大家理解为什么有些问题无法通过 RWX-UGO 权限管理解决，列举一个大家都会遇到的实例。

假设有一个工资单目录，该工资单目录存储了公司所有人员的工资单文件。对于工资单目录中的文件，显然财务人员（可能是张三、张五等多个人）是可以读/写的，因为他们要生成这个工资单，并可以更正错误。例如，对于李四的工资单文件，李四可以读但不允许写。出于对工资的保密，其他人不允许读，也不允许写。为了让大家更加清楚地理解上述关系，通过图 2-13 进行表示。

这种权限的要求采用 RWX-UGO 的方式就很难实现。因为采用 RWX-UGO 进行权限控制只能包含文件所有者和其他人，而无法控制多个不同的具体人。为了解决这种复杂的权限管理问题，Linux 还有另外一套权限控制方法，也就是 ACL 权限控制方法。

图 2-13　工资单的权限设置

ACL（Access Control List，访问控制列表），一个针对文件/目录的访问控制列表。它在 RWX-UGO 权限管理的基础上为文件系统提供一个额外的、更灵活的权限管理机制。ACL 允许给任何用户或用户组设置任何文件/目录的访问权限，这样就能形成网状的交叉访问关系。

ACL 的原理很简单，就是在某个文件中增加一些描述用户名/组名与权限的"键-值"对。比如，用户 sunnyzhang 具有读/写权限（rw），可以为该文件添加 sunnyzhang:rw 信息。这样在内核中就可以根据该描述信息确定某个用户对该文件的权限。

Linux 有几个命令行工具来对文件/目录的 ACL 属性进行设置。使用起来也比较简单。接下来看一下如何获取一个文件的 ACL 属性，或者为一个文件设置 ACL 属性。

1. 获取文件的 ACL 属性

通过 getfacl 命令可以获取文件的 ACL 属性。比如 test.bin 文件，我们通过下面命令就可以获取该文件的 ACL 属性，如图 2-14 所示。由于 ACL 兼容 RWX，因此即使在没有做 ACL 设置的情况下也是可以获得相关内容的。我们对比一下图中箭头所指向的内容可以发现，ACL 属性与 RWX 属性是完全一致的。

图 2-14 ACL 属性与 RWX 属性对照

2. 设置文件的 ACL 属性

如何设置一个文件的 ACL 属性呢？可以通过 setfacl 命令用来设置文件或目录的 ACL 属性，该命令的语法格式如下：

```
setfacl [-bkRd] [{-m|-x} acl 参数] 文件/目录名
```

虽然选项比较多，但是常用的选项主要是-m 和-x，前者用于给文件/目录添加 ACL 参数，后者用于删除某个 ACL 参数。其他选项的作用请参考 man 手册，本节不再赘述。

下面列举一个简单的实例，test.bin 文件本来属于 root 用户，但是期望该文件被 zhangsan 用户读/写，代码如下：

```
setfacl -m u:zhangsan:rw test.bin
```

当设置完成后，再次通过 getfacl 命令获取该文件的 ACL 属性时会发现结果中多了一行代码 "user:zhangsan:rw-"，如图 2-15 所示。这一行代码就是我们添加的用户 zhangsan 对该文件的读写权限（rw）。

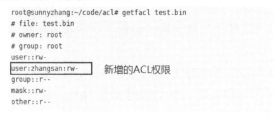

图 2-15 ACL 权限设置实例

ACL 除了拥有命令行工具，还拥有一套 API，以方便程序员通过编程的方式来修改文件的 ACL 属性。但是 ACL 中的 API 与 RWX 中的 API 相比，使用起来还是比较复杂的。如果想要通过编程的方式修改 ACL 属性，则首先需要安装一个 libacl 库，然后使用该库中的 API 来做相关的操作。关于 libacl 库中 API 的用法本章不再介绍，后续章节在原理介绍时会详述相关代码。

至此，大家应该对如何修改文件的权限有了一个整体的认识，但是对其实现原理可能还不太清楚。不过没关系，我们在后续章节将结合代码详细介绍 Linux 是如何实现权限管理的。

2.6　文件系统的锁机制

我们知道对于临界区的资源处理需要锁机制。比如，在多线程情况下，如果访问某些共享的数据结构，那么需要自旋锁或互斥锁来保护，防止并发读/写导致数据的不一致。对于文件系统的文件，同样存在多线程或进程同时访问的问题，如果没有锁机制，则可能导致文件数据的损坏或不一致。

本节将介绍文件系统中文件锁的相关内容，包括文件锁的类型、API 和基本用法。

2.6.1　文件锁的分类与模式

从大类上来分，文件锁分为劝告锁（Advisory Lock）和强制锁（Mandatory Lock）两种类型。

劝告锁是一种建议性的锁，通过该锁告诉访问者现在该文件被其他进程访问，但不强制阻止访问。这就好比我们去景区旅游，看到一个牌子写着"游客勿入"，但是门是开着的。如果我们不在乎警告，还是可以进去的。

强制锁则是在有进程对文件锁定的情况下，其他进程是无法访问该文件的。还以旅游为例，你走到一个地方，虽然没有牌子写着"游客勿入"，但是大门是紧锁的。在这种情况下即使你想冲进去，也是没办法进去的。

在使用模式上，无论是劝告锁还是强制锁都分为共享锁和排他锁两种。共享锁与排他锁的差异在于当进程 A 持有锁的情况下，其他进程试图持有该锁时产生的行为不同。

共享锁（Shared Lock）：在任意时间内，一个文件的共享锁可以被多个进程拥有，共享锁不会导致系统进程的阻塞。也就是说，当进程 A 持有共享锁的情况下，进程 B 试图持有该共享锁也是可以的，而且不会造成对进程 B 的阻塞。这非常适用于两个进程同时读取文件数据的场景，如图 2-16 所示。

排他锁（Exclusive Lock）：在任意时间内，一个文件的排他锁只能被一个进程拥有。也就是说，当一个进程 A 持有排他锁时，另外一个试图获取该锁的进程 B 将被阻塞，直到占用锁的进程释放后，进程 B 才能继续，如图 2-17 所示。

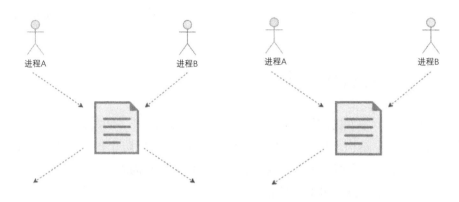

图 2-16　共享锁示意图　　　　　　图 2-17　排他锁示意图

为了让大家更加清晰地理解共享锁与排他锁的关系，下面通过表 2-2 进行一个比较全面的表述。其中第一列表示某个进程已经获取了某种类型的锁。后面两列则表示当另一个进程期望获取该类型的锁时是否可以获得。

表 2-2　共享锁与排他锁的互斥关系

存在的锁/请求类型	共　享　锁	排　他　锁
无	可获取	可获取
共享锁	可获取	拒绝
排他锁	拒绝	拒绝

例如，文件的读/写可以结合共享锁与排他锁来实现，写文件使用排他锁，读文件使用共享锁。当有进程在写文件时，其他所有进程都不允许写或读此文件。当没有进程在写文件时，多个进程可以同时读此文件。

本节主要对文件锁的概念和类型进行了介绍，下面以 Linux 中 API 为例介绍一下如何使用文件锁。

2.6.2　Linux 文件锁的使用

在 Linux 中，文件锁的特性是通过 flock()和 fcntl()两个函数对外提供的。这两个函数都可以实现文件加锁和解锁的流程，但是后者要比前者的特性更加丰富。

2.6.2.1　flock()函数的使用简析

下面先介绍一下 flock API 的使用，flock()函数的语法格式如下：

```
int flock(int fd, int operation)
```

可以看出，该函数有两个参数，一个是文件的句柄，另一个是具体的动作。

flock()函数行为的差异依赖于 operation 参数，该参数可以是如下几种情况。

- LOCK_SH：表示加共享锁（Shared Lock）。
- LOCK_EX：表示加排他锁（Exclusive Lock）。
- LOCK_UN：表示释放锁（Unlock）。

可以看出，文件锁的加锁和解锁都是由 flock()函数实现的。在了解了上述参数的含义之后，再使用该函数就不太难了，此处就不再举例说明。

2.6.2.2　fcntl()函数的使用简析

fcntl()函数实现的特性要更加丰富一些，它不仅可以用于锁操作，还可以用于其他操作，这主要依赖参数 cmd 的值。fcntl()函数的语法格式如下：

```
int fcntl(int fd, int cmd, ... // arg   );
```

可以看出，该函数有两个主要的参数，一个是 fd，表示目标文件描述符；另一个是 cmd，用于确定具体的操作，对于文件锁 cmd 来说，可以是 F_GETLK、F_SETLK 和 F_SETLKW。其实后面还有第 3 个参数，这个参数是可变参数。对于文件锁操作，第 3 个参数的类型为 struct flock。此时函数的语法格式如下：

```
int fcntl (int fd, int cmd, struct flock *lock);
```

lock 参数是文件锁的详细属性信息，它描述了我们想要添加什么类型的文件锁，以及其他一些描述信息。该结构体包含的内容如代码 2-7 所示。

代码 2-7　文件锁结构体

bits/fcntl.h
36　　　struct flock
37　　　　{
38　　　　　short int l_type;　　　// 类型包括 F_RDLCK、F_WRLCK 和 F_UNLCK
39　　　　　short int l_whence;
40　　　#if __WORDSIZE == 64 || !defined __USE_FILE_OFFSET64
41　　　　　__off_t l_start;
42　　　　　__off_t l_len;
43　　　#else
44　　　　　__off64_t l_start;　　// 文件锁的起始位置
45　　　　　__off64_t l_len;　　　// 锁定区间的长度，0 表示到文件尾
46　　　#endif
47　　　　　__pid_t l_pid;　　　　// 持有文件锁的进程 ID
48　　　　};

通过上述参数可以看出，该方法不仅可以实现各种文件锁类型，文件锁的粒度也会更细一些。其中，成员 l_start 与 l_len 用于描述锁定的文件的范围。

成员 l_type 描述了文件锁操作的具体类型，它的值可以是 F_RDLCK、F_WRLCK 和 F_UNLCK 等。其中，F_RDLCK 是加读（共享）锁，F_WRLCK 是写（排他）锁，而 F_UNLCK 是解锁操作。当对文件进行加锁或解锁操作时，只需要填充相应的参数，并调用该接口即可。

为了更加清楚地说明上述各个参数的用途，下面列举一个实例。在该实例中定义了一个排他锁。同时，通过 F_SETLKW 参数让 fcntl()函数添加一个需要等待（Wait）模式的锁（第 30 行），如代码 2-8 所示。

代码 2-8 文件锁使用实例

```
lock_file.c
1    /*=========================================================================
2     * 文件名称: lock_file.c
3     * 作    者: SunnyZhang
4     * 功能描述: 对一个文件进行加锁
5     *=======================================================================*/
6
7    #include <stdio.h>
8    #include <stdlib.h>
9    #include <fcntl.h>
10   #include <errno.h>
11   #include <sys/types.h>
12   #include <unistd.h>
13
14   #define BUF_LEN 4096
15   int main( int argc, char* argv[] )
16   {
17       int ret = 0;
18       struct flock test_lock = {
19           .l_whence = SEEK_SET,
20           .l_type = F_WRLCK                    // 排他锁
21       };
22
23       int fd = open("test.bin", O_RDWR);
24       if (fd < 0 ) {
25           printf("open file failed\n");
26           goto OUT;
27       }
28
29       printf("before lock file\n");
30       ret = fcntl(fd, F_SETLKW, &test_lock);   // 加锁操作, 如果已经被加锁则等待
31       if (ret < 0 ) {
32           printf("lock file failed\n");
33           goto OUT;
34       }
35       printf("after lock file\n");
36       sleep(150);                              // 休眠 150 秒, 用于模拟访问碰撞
37
38   OUT:
39       return(ret);
40   }
```

编译并执行上述代码，然后开启另一个窗口再次执行上述代码。我们会发现该程序被阻塞了。如果将第 30 行代码中的 F_SETLKW 修改为 F_SETLK，此时程序并不会被阻塞，而是会返回一个错误。

如果这时使用其他软件访问该文件，会出现什么结果呢？比如，使用 cat 命令读取文件数据。

结果是可以正常读取数据。这时大家可能会产生疑问。加锁不是实现对数据的排他保护吗？怎么还可以读取数据呢？这是因为在 Linux 中默认使用的是劝告锁。如果进程没有对锁的状态进行询问而直接访问数据，则锁并不会保护数据。

为了对某个特定文件施行强制性上锁，需要使用强制锁。使用强制锁需要满足如下几个条件。

（1）挂载文件系统时要指定 mand 选项（mount -o mand）。

（2）必须关闭文件的组成员执行位（chmod g-x file）。

（3）必须打开文件的 SGID 位（chmod g+s file）。这里 SGID（Set Group ID）是文件/目录的一种特殊权限，用于用户临时获得组权限。

完成上述操作后，如果在第 1 个窗口运行该程序，则在第 2 个窗口执行 cat 命令或 vim 命令查看文件数据时会被阻塞。

2.7 文件系统的扩展属性

在文件系统中，文件的基础属性比较有限，如文件的 inode ID、创建时间、大小和访问属性等。通用文件系统的用户往往有很多个性化的需求，因此文件系统通过扩展属性允许用户自定义一些功能。

文件的扩展属性（xattrs）通过"键-值"对（Key/Value）方式提供了一种存储附加信息的方式，扩展属性与文件或目录相关联。每个扩展属性可以通过唯一的键来区分，键的内容必须是有效的 UTF-8 编码，格式为 namespace.attribute，每个键采用完全限定的形式，也就是键必须有一个确定的前缀（如 user）。

在 Linux 中，对扩展属性的管理可以通过 setfattr 命令和 getfattr 命令完成。前者是设置文件的扩展属性，后者是获取文件的扩展属性。以设置文件的扩展属性为例，setfattr 命令的语法格式如下：

```
setfattr -n user.sunnyzhang -v itworld123 f1.txt
```

执行上述命令后就为文件 f1.txt 设置了扩展属性。需要注意的是，该扩展属性的数据并不在文件内容中，而是在其他地方。

在图 2-18 中，第 1 个命令用于设置文件的扩展属性或者修改文件的扩展属性。在设置扩展属性时，-n 后面是扩展属性的名称，而-v 后面则是扩展属性的值。

通过 getfattr 命令获取文件的扩展属性。在图 2-18 中，第 2 个命令可以获取该文件的所有扩展属性，当然也可以配合选项来获取某些特定名称的扩展属性。

```
root@sunnyzhang-VirtualBox:/mnt/ext2# setfattr -n user.sunnyzhang  -v itworld123 f1.txt
root@sunnyzhang-VirtualBox:/mnt/ext2# getfattr f1.txt
# file: f1.txt
user.sunnyzhang
```

图 2-18　文件扩展属性的设置与获取

这两个命令的功能很丰富，大家可以自行阅读 man 手册，此处不再赘述。除了可以使用上述命令来对扩展属性进行管理，还可以通过 API 来管理扩展属性，这更适合程序员使用。使用 API 设置和获取扩展属性的语法格式如下：

```
int setxattr(const char *path, const char *name, const void *value, size_t size, int flags);
ssize_t getxattr(const char *path, const char *name, void *value, size_t size);
```

这里需要说明的是，setxattr 中的 flags 参数用于指定 setxattr 的行为。该参数有两种可能的值，分别是 XATTR_CREATE 和 XATTR_REPLACE。如果参数的值是 XATTR_CREATE，在添加扩展属性时，遇到同名属性，则返回错误码 EEXIST。如果是 XATTR_REPLACE，则会用新值替换该属性的旧值。

扩展属性的具体应用要根据用户的用途而定。比如，在 Ceph 分布式存储中，使用本地文件系统的扩展属性来存储对象的一些属性信息。一些桌面应用使用扩展属性存储一些附属信息，如文档的作者和描述信息等。

2.8　文件的零拷贝

2.8.1　零拷贝的基本原理

Linux 包含内核态和用户态。如果学习过内核的相关知识就会了解到内核态的内存和用户态的内存是隔离的。当用户态的程序向文件写入数据时，需要将用户态的数据拷贝到内核态的内存中；当用户态的程序读取数据时，需要将内核态的内容拷贝到用户态的内存中。

读取文件的过程分为两个步骤，首先从磁盘中读取数据并将其保存到内核内存中，然后从内核内存中将数据拷贝到用户分配的 data_buf 中。在写入数据时，先将 data_buf 中的数据拷贝到内核内存中，然后写入磁盘。这种数据的拷贝过程其实是非常消耗内存资源的，如果能减少内存拷贝过程，则一方面可以提高性能，另一方面可以减少延时。

　　不仅文件系统存在类似的问题,网络也存在类似的文件。如果想要将一个文件通过网络发送到某个节点,则要经过两次用户态与内核态的内存拷贝。第一次将文件系统缓存中的数据拷贝到用户态缓冲区,第二次将用户缓冲区的内容拷贝到传输协议的缓冲区,如图 2-19 所示。除了用户态与内核态之间的内存拷贝,还有硬件与系统内存之间的数据传输(通常为 DMA 方式)。

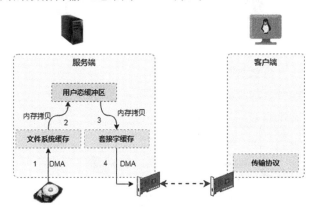

图 2-19　数据访问的内存拷贝

　　我们观察一下会发现,对于单纯地将文件数据发送到网络的场景(如 Web 服务端发送照片),其实没必要经过用户态缓冲区转发,完全可以直接将文件系统缓存的数据从内核中拷贝到传输协议的内核缓存中。这样本质上就减少了一次内核态与用户态之间的内存拷贝,如图 2-20 所示。其实如果在内核实现两个模块的内存拷贝不仅会减少内存拷贝的开销,而且也会减少内核态与用户态上下文切换的开销。

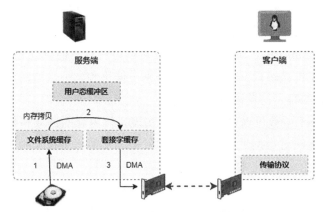

图 2-20　避免用户态拷贝的示意图

虽然使用上述方式消除了内核态与用户态之间的内存拷贝过程，但是在内核内部还是有一次拷贝的。后来 Linux 内核又做了进一步的优化，消除了内核内部的内存拷贝。在该优化中，当执行 2 时，并不是进行全内存拷贝，而是将一个描述数据位置的信息拷贝到套接字缓存中（图 2-21 中步骤 2），通过传输协议发送数据时根据描述信息利用 DMA 机制直接将数据发送出去（图 2-21 中的粗线）。

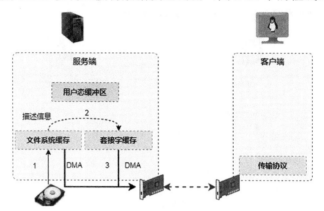

图 2-21　避免磁盘缓存与网络缓存拷贝的示意图

通过上面描述我们发现，其实所谓零拷贝技术并非没有任何内存拷贝，它主要是消除数据的拷贝，描述数据的拷贝是不可缺少的。

2.8.2　零拷贝的系统 API

Linux 通过 sendfile()函数来使用零拷贝，sendfile()函数的语法格式如下：

```
ssize_t sendfile(int out_fd, int in_fd, off_t * offset, size_t count );
```

在 sendfile()函数中，int out_fd 参数是输入数据的文件描述符，可以与前面的文件对应；int in_fd 参数是输出数据的文件描述符，可以与前面的套接字对应。实际上，在目前的 Linux 中，输出数据的位置可以是网络，也可以是文件。

off_t * offset 和 size_t count 两个参数分别是偏移和大小，这两个参数的组合用来确定从源文件的哪个位置读取多少数据。

虽然 sendfile()函数可以直接在内核中实现文件内容的读取和数据的发送（写入），但是我们无法对数据进行修改。这样就限制了零拷贝技术的使用，毕竟很多场景是需要对原始文件做一些处理的。

Linux 为了解决该问题实现了另一个 API，也就是 mmap()函数。通过 mmap()函数可以将一个文件中一定区域的数据直接映射到进程的虚拟地址空间，并返回内存空间的地址，mmap()函数的语法格式如下：

```
void *mmap(void *addr, size_t length, int prot, int flags, int fd, off_t offset);
int munmap(void *addr, size_t length);
```

在 mmap()函数中，addr 参数是期望返回的地址，其值可以为 NULL，此时系统会自动分配地址；fd 参数是对应的文件的文件描述符；offset 参数是对应的数据在文件的位置；length 参数是映射的长度；另外，还有两个确定附加特性的参数，prot 和 flags。

构建映射后，文件内容与用户态内存之间的关系如图 2-22 所示。这样我们就可以通过访问这个内存来访问文件数据，也就是当修改该内存的内容时，也就对文件的内容进行了修改。通过使用这种方式也就不需要使用 write()函数和 read()函数，避免内存拷贝和上下文切换的消耗。

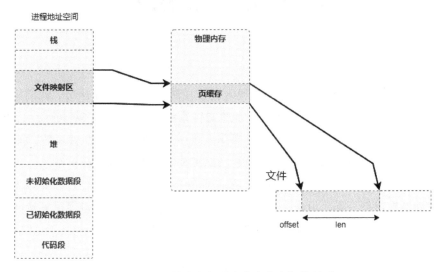

图 2-22　文件内容与用户态内存之间的关系

第 **3** 章

知其所以然——本地文件系统
原理及核心技术

我们知道文件系统最早是用来管理磁盘等存储设备的。为了区分，我们将直接管理磁盘等存储设备的文件系统称为本地文件系统（Local File System）。本地文件系统是最常用的文件系统，在不同的操作系统中往往有不同的文件系统，如 Linux 中的 Ext4 和 XFS、Windows 中的 NTFS、macOS 中的 HFS+和 AFS 等。

本地文件系统是最典型、最常用、最简单的文件系统。因此，这里先以本地文件系统为例来进行介绍。由于 Linux 中的文件系统是开源的，可以通过阅读代码实现，因此这里主要以 Linux 文件系统为例来进行介绍。

3.1 Linux 文件系统整体架构简介

文件系统是 Linux 内核四大子系统（进程管理、内存管理、文件系统和网络栈）之一，文件系统的地位可见不一般。为了便于理解具体的文件系统，下面先介绍一下 Linux 文件系统的整体架构，如图 3-1 所示，在具体文件系统（如 Ext2、Ext4 和 XFS 等）与应用程序之间有一层抽象层，称为虚拟文件系统（Virtual File System，VFS）。

由图 3-1 可以看出，该架构的核心是 VFS。VFS 提供了一个文件系统框架，本地文件系统可以基于 VFS 实现，其主要做了如下几方面的工作。

（1）VFS 作为抽象层为应用层提供了统一的接口（read、write 和 chmod 等）。

（2）在 VFS 中实现了一些公共的功能，如 inode 缓存（Inode Cache）和页缓存

（Page Cache）等。

（3）规范了具体文件系统应该实现的接口。

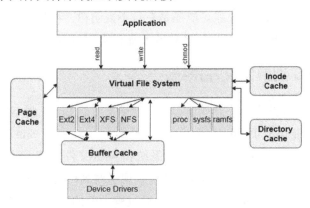

图 3-1　Linux 文件系统的整体架构

基于上述设定，其他具体的文件系统只需要按照 VFS 的约定实现相应的接口及内部逻辑，并注册在系统中，就可以完成文件系统的功能了。

在 Linux 中，在格式化磁盘后需要通过 mount 命令将其挂载到系统目录树的某个目录下面，这个目录被称为挂载点（mount point）。完成挂载后，我们就可以使用基于该文件系统格式化的磁盘空间了。在 Linux 中，挂载点几乎可以是任意目录，但为了规范化，挂载点通常是 mnt 目录下的子目录。

图 3-2 所示为一个相对比较复杂的 Linux 目录树。在该 Linux 目录树中，根文件系统为 Ext3 文件系统，而在 mnt 目录下又有 ext4_test 和 xfs_test 两个子目录，并且分别挂载了 Ext4 文件系统和 XFS 文件系统。

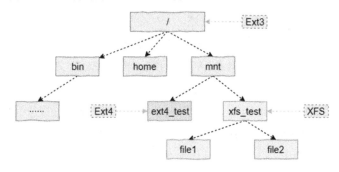

图 3-2　Linux 目录树

在 Linux 目录树中，多个文件系统的关系是由内核中的一些数据结构表示的。在进行文件系统挂载时会建立文件系统之间的关系，并且注册具体文件系统的

API。当用户态调用打开文件的 API 时，会找到对应的文件系统 API，并关联到文件相关的结构体（如 file 和 inode 等）。

上面的描述比较抽象，大家可能还是有点不太明白。不要着急，在后面的章节中，我们会结合代码更加详细地介绍 VFS 及如何实现对多种文件系统的支持。

3.1.1 从 VFS 到具体文件系统

Linux 中的 VFS 并不是一开始就有的，最早发布的 Linux 版本并没有 VFS。而且，最初 VFS 并非是基于 Linux 发明的，它最早于 1985 年由 Sun 公司在其 SunOS 2.0 中开发，主要目的是适配其本地文件系统和 NFS 文件系统。

VFS 通过一套公共的 API 和数据结构实现了对具体文件系统的抽象。当用户调用操作系统提供的文件系统 API 时，会通过软中断的方式调用内核 VFS 实现的函数。表 3-1 所示为部分文件系统 API 与内核函数的对应关系。

表 3-1　部分文件系统 API 与内核函数的对应关系

用户态 API	内 核 函 数	说　　明
open	ksys_open()	打开文件
close	ksys_close()	关闭文件
read	ksys_read()	读取数据
write	ksys_write()	写入数据
mount	do_mount()	挂载文件系统

由表 3-1 可以看出，每个用户态 API 都有一个内核函数与之对应。当应用程序调用文件系统的 API 时会触发与之对应的内核函数。这里列举的只是文件系统 API 中的一个比较小的子集，目的是说明 API 与 VFS 的关系。如果大家想了解其他 API 则自行阅读内核源代码，此处不再赘述。

为了让大家能够对 VFS 与具体文件系统的关系有一个基本的认识，本节以 Ext2 的写接口为例来展示一下从 API 到 VFS 函数，再到 Ext2 文件系统函数的调用关系。如图 3-3 所示，API 函数 write()通过软中断触发内核 ksys_write()函数，该函数经过若干处理后最终会通过函数指针（file->f_op->wirte_iter）的方式调用 Ext2 文件系统中的 ext2_file_write_iter()函数。

看上去很简单，VFS 只要调用具体文件系统注册的函数指针即可。但是这里有个问题没有解决，VFS 中的函数指针是什么时候被注册的呢？

Ext2 文件系统中的函数指针是在打开文件时被初始化的（具体细节请参考 3.1.2.2 节）。大家都知道，用户态的程序在打开一个文件时返回的是一个文件描述符，在内核中表示文件的结构体 file 与之对应。在这个结构体中有几个比较重要的成员，包括 f_inode、f_ops 和 f_mapping 等，如图 3-4 所示。

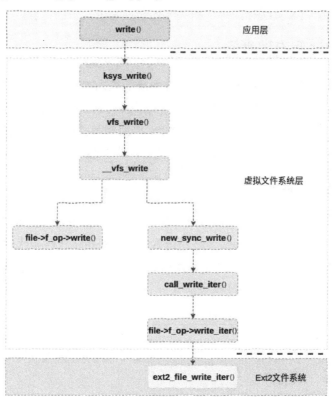

图 3-3　Linux 文件系统写入数据函数调用流程

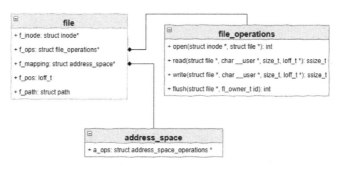

图 3-4　文件访问的核心数据结构

在图 3-4 中，f_inode 是该文件对应的 inode 节点。f_ops 是具体文件系统（如 Ext2）文件操作的函数指针集合，它是在打开文件时被初始化的。VFS 正是通过该函数指针集合来实现对具体文件系统访问的。

至此，大家应该对 VFS 与具体文件系统交互有了一个大致的了解。但是还有很多细节有待层层剥开。比如，在打开文件时函数指针是如何被注册的，具体文件系统是如何使用 VFS 页缓存的等，相关实现请参考下一节的内容。

3.1.2　关键处理流程举例

为了更加清楚地理解 VFS 与具体文件系统的关系，本节以 Ext2 文件系统的挂载、打开文件与写入数据为例介绍一下用户态接口、VFS 和 Ext2 接口之间的调用关系。通过上述流程的分析，我们会对 VFS 的架构及关键数据结构和流程有比较清晰的认识。基于这个基础，在学习其他流程时也就相对轻车熟路了。

3.1.2.1　文件系统的注册

在 Linux 中，具体文件系统通常是一个内核模块。在内核模块被加载（初始化）时完成文件系统的注册。以 Ext2 文件系统为例，其初始化代码如代码 3-1 所示，调用 register_filesystem()函数将 Ext2 文件系统注册到系统中。这个函数其实就是 Linux 中模块初始化的代码，任何内核模块都有一个类似的初始化函数。

代码 3-1　Ext2 文件系统初始化

ext2/super.c	
1637	static int __init init_ext2_fs(void)
1638	{
1639	int err;
1640	
1641	err = init_inodecache();　　　　　　// 初始化 inode 缓存
1642	
1643	if (err)
1644	return err;
1645	err = register_filesystem(&ext2_fs_type);　// 注册文件系统
1646	
1647	if (err)
1648	goto out;
1649	return 0;
1650	out:
1651	destroy_inodecache();
1652	return err;
1653	}

register_filesystem()函数调用了两个主要的函数，一个是初始化 inode 缓存（第 1641 行）；另一个是调用文件系统注册函数（第 1645 行）。文件系统的注册很简单，该流程就是将表示某种类型的文件系统的结构体（file_system_type）实例添加到一个全局的链表中。这个结构体实例主要实现的函数是 mount()。以 Ext2 文件系统为例，该结构体如代码 3-2 所示。

代码 3-2　Ext2 文件系统的结构体

ext2/super.c		
1628	static struct file_system_type ext2_fs_type = {	
1629	.owner	= THIS_MODULE,
1630	.name	= "ext2",
1631	.mount	= ext2_mount,
1632	.kill_sb	= kill_block_super,
1633	.fs_flags	= FS_REQUIRES_DEV,
1634	};	

由于文件系统实例被添加到一个全局链表中，当用户态执行挂载命令时就可以调用这里的 mount()函数指针（对于 Ext2 文件系统，其具体实现为 ext2_mount）。mount()函数的主要作用是从存储介质读取超级块信息，并创建该文件系统根目录的 dentry 实例。这个 dentry 实例在后面挂载流程中将被用到。

大家在这里只需要知道文件系统注册了一个 mount()函数即可，关于挂载的更多细节会在后面章节再详细介绍。

3.1.2.2　打开文件的流程

按理说应该先介绍一下文件系统的挂载流程，毕竟文件系统的挂载才是一个从无到有的过程。但是直接介绍挂载流程，大家理解上有点困难，因此先介绍打开文件的流程。

当打开一个文件时，调用的是 open()函数，其语法格式如下：

int fd = open（const char *pathname,int flags,mode_t mode）;

open()函数传入一个字符串的路径参数（如/mnt/data/dir1/file.log），然后返回一个文件描述符。返回的文件描述符就是一个整数，后续用该整数表示一个文件。这样就可以通过这个文件描述符进行访问，如读/写数据相关接口。

本节将介绍打开文件的流程，重点解释清楚如下几个问题。

（1）如何通过一个字符串路径来打开一个文件？

（2）为什么通过一个文件描述符就可以实现文件的访问？

要回答上述问题，需要更加深入地分析内核打开文件的流程。在内核中，打开的文件是通过 file 结构体表示的，而且该结构体与进程关联。因此，使用进程打开的所有文件都保存在表示进程结构体（task_struct）的 files 成员中。进程结构体（task_struct）与 file 的关系比较复杂，如图 3-5 所示。其中，fdtable 是一个文件描述符表，fd 成员以数组的形式存储 file 结构体中的指针，而上文所述的文件描述符其实就是该数组的索引。

在 3.1.1 节提到 file 结构体中最重要的是函数指针。正是通过这些函数指针，当读/写该文件时就可以访问具体文件系统的函数。接下来介绍一下这些函数指针是如何被初始化的。

首先，从整体上看一下打开文件的流程，如图 3-6 所示。该流程忽略了缓存情况，只展示了核心流程。该流程有两个主要分支，分支 1 用来对文件路径进行解析，并逐级构建每级目录名/文件名对应的 inode 和 dentry；分支 2 则进行文件打开必要的设置工作，具体内容根据不同的文件系统而定。

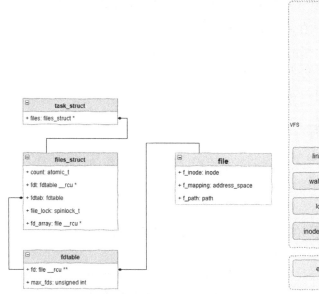

图 3-5　进程结构体（task_struct）与 files 的关系　　　图 3-6　打开文件的流程

图 3-6 中的核心函数是 do_sys_openat2()，如代码 3-3 所示。在 do_sys_openat2() 函数中，首先调用 get_unused_fd_flags()函数（第 1177 行）分配一个可用的文件描述符；然后调用 do_flip_open 函数（第 1179 行）打开文件，返回 file 指针；最后调用 fd_install()函数（第 1185 行）将 file 指针关联到进程结构体（task_struct）中文件描述符所在的数据项。

完成上述关联操作后，后续对文件进行读/写等操作，就可以通过文件描述符找到对应的 file 结构体指针。

代码 3-3　do_sys_openat2()函数

fs/open.c	ksys_open->do_sys_open->do_sys_openat2
1163	static long do_sys_openat2(int dfd, const char __user *filename,
1164	struct open_how *how)

```
1165    {
1166        struct open_flags op;
1167        int fd = build_open_flags(how, &op);
1168        struct filename *tmp;
1169
1170        if (fd)
1171            return fd;
1172
1173        tmp = getname(filename);
1174        if (IS_ERR(tmp))
1175            return PTR_ERR(tmp);
1176
1177        fd = get_unused_fd_flags(how->flags);            // 获取一个可以使用的文件描述符
1178        if (fd >= 0 ) {
1179            struct file *f = do_filp_open(dfd, tmp, &op);    // 打开文件, file 在其中分配
1180            if (IS_ERR(f) ) {
1181                put_unused_fd(fd);
1182                fd = PTR_ERR(f);
1183            } else {
1184                fsnotify_open(f);
1185                fd_install(fd, f);                        // 将 file 指针关联到进程的文件描述符中
1186            }
1187        }
1188        putname(tmp);
1189        return fd;
1190    }
```

更进一步，我们看一下 do_filp_open()函数是如何分配并初始化 file 结构体指针的。在图 3-6 中，分支 1 通过 link_path_walk()函数实现字符串路径的解析，该函数的语法格式如下：

```
int link_path_walk(const char *name, struct nameidata *nd)
```

其中，name 参数是字符串表示的路径；nd 参数类似一个迭代器，用于存储中间结果和最终结果。

路径（Path）字符串被"/"拆分为若干部分，每一部分称为一个组件（Component），如图 3-7 所示。在打开文件时，link_path_walk()函数正是通过逐个组件遍历的方式最终打开文件的。

组件的遍历就是逐渐实例化该组件对应的 inode 和 dentry 的过程。在没有任何缓存的情况下，dentry 会先被初始化，在 dentry 中包含文件/目录名字符串。在具体某一级目录中，会调用该目录 inode 的 lookup()函数查找该目录中的对应子项（子目录或子文件），然后完成子项 dentry 和 inode 的初始化。

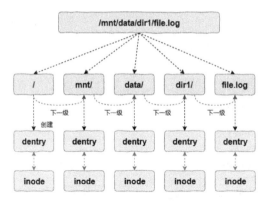

图 3-7　路径与组件

以 Ext4 文件系统中的 lookup()函数为例，通过其关键代码（见代码 3-4）可以看出共有 3 个关键步骤。

（1）从目录中查找对应子项：根据 dentry 存储的名称字符串从目录中查找是否有对应的项目。如果有该名称对应的文件/目录，则返回目录项数据结构 de。同时，dentry 会被插入到哈希表中。

（2）创建并初始化 inode：根据 de 中保存的 inode ID 信息从磁盘查找 inode 数据，并初始化内存数据结构 inode。该 inode 与具体文件系统相关。

（3）关联 inode 与 dentry：在 dentry 中有一个成员用于存储 inode 信息，这一步骤会建立两者之间的关系。

代码 3-4　ext4_lookup()函数

fs/ext4/namei.c	
1682	static struct dentry *ext4_lookup(struct inode *dir, struct dentry *dentry, unsigned int flags)
1683	{
1684	struct inode *inode;
1685	struct ext4_dir_entry_2 *de;
1686	struct buffer_head *bh;
1691	bh = ext4_lookup_entry(dir, dentry, &de);　　　　// 从目录中查找对应项
	...... // 删除部分代码
1707	inode = ext4_iget(dir->i_sb, ino, EXT4_IGET_NORMAL);　　// 创建并初始化 inode
	...... // 删除部分代码
1735	return d_splice_alias(inode, dentry);　　　　// 关联 inode 与 dentry
1736	}

在分支 1 完成路径解析，获得 inode 和 dentry 之后，分支 2 负责 file 指针的设置。主要代码在 do_dentry_open()函数中，将该函数中无关代码删除，只保留核心代码，如代码 3-5 所示。

代码 3-5　do_dentry_open()函数

fs/open.c　do_open->vfs_open->do_dentry_open
768	static int do_dentry_open(struct file *f,
769	struct inode *inode,
770	int (*open)(struct inode *, struct file *))
771	{
772	static const struct file_operations empty_fops = {};
773	int error;
774	
775	path_get(&f->f_path);
776	f->f_inode = inode;
777	f->f_mapping = inode->i_mapping;
778	f->f_wb_err = filemap_sample_wb_err(f->f_mapping);
779	f->f_sb_err = file_sample_sb_err(f);
	...... // 删除部分代码
809	f->f_op = fops_get(inode->i_fop); // 这里是函数指针的初始化
876	}

通过上述代码可以看出，这里完成了 file 指针的主要初始化工作，特别是函数指针的初始化（第 809 行）。通过上文介绍的打开文件的流程，我们对如何从一个路径字符串打开一个具体的文件，最终生成 file 指针和文件描述符的过程有了一定的了解。

上面介绍的打开文件的流程是缓存中没有期望内容的情况。如果在缓存中已经有 dentry 和 inode，那么就不用调用 lookup()函数，而是可以直接从缓存中获得 dentry 和 inode，因此打开文件的流程会简单一些。

接下来再看一看用户态的文件描述符为什么可以表示一个文件。其实前面已经提及，在 Linux 中，打开文件必须要与进程（线程）关联。也就是说，一个打开的文件必须隶属于某个进程。在 Linux 内核中一个进程通过 task_struct 结构体描述，而打开的文件则用 file 结构体描述。

通过图 3-5 可知，file 指针其实就是 task_struct 结构体中的一个数组项。而用户态的文件描述符其实就是数组的下标。这样通过文件描述符就可以很容易到找到 file 结构体指针，然后通过其中的函数指针访问数据。

接下来看一下具体的代码。以写入数据流程为例，在内核中是 ksys_write()函数。如代码 3-6 所示，其中，第 622 行中的 fdget_pos()函数根据 fd 返回 fd 类型的结构体，而该结构体中包含 file 结构体指针。后续的操作则是以该指针来表示这个文件的。

代码 3-6　ksys_write()函数

fs/read_write.c
620	ssize_t ksys_write(unsigned int fd, const char __user *buf, size_t count)
621	{
622	struct fd f = fdget_pos(fd); 　　　　　　// 从进程结构体中找到 fd 对应的 file 结构体指针

```
623        ssize_t ret = -EBADF;
624
625        if (f.file) {
626            loff_t pos, *ppos = file_ppos(f.file);
627            if (ppos) {
628                pos = *ppos;
629                ppos = &pos;
630            }
631            ret = vfs_write(f.file, buf, count, ppos); // f.file 就是 file 结构体指针
632            if (ret >= 0 && ppos)
633                f.file->f_pos = pos;
634            fdput_pos(f);
635        }
636
637        return ret;
638    }
```

完成本节阅读后，大家应该对字符串路径与 dentry 和 inode 结构体的关系，以及 file 结构体中指针的内容有所了解。基于这个基础，我们再学习挂载的过程就要简单一些。

3.1.2.3　挂载文件系统

挂载是用户态发起的命令，也就是大家都知道的 mount 命令。当执行该命令时需要指定文件系统的类型（本文假设为 XFS）、文件系统数据的位置（也就是设备）及希望挂载到的位置（挂载点）。通过这些关键信息，VFS 就可以完成具体文件系统的初始化，并将其关联到当前已经存在的文件系统中。假设操作系统使用的是 Ext4 文件系统，有一个磁盘（sdc）并格式化为 XFS 文件系统。我们期望将磁盘 sdc 挂载到/mnt/xfs_test 目录下，命令如下：

```
mount -t xfs /dev/sdc /mnt/xfs_test
```

执行上述命令后，XFS 文件系统就被挂载到 xfs_test 目录了。这样，当访问 xfs_test 目录时就是访问的 XFS 根目录，而不是原 Ext4 文件系统的目录了。

为了更加清楚地说明该问题，给出一个实例，如图 3-8 所示。假设有一个磁盘并格式化为 XFS 文件系统，在根目录有 xfs_file1 和 xfs_file2 两个文件。此时，期望以 xfs_test 作为挂载点对 XFS 进行挂载。在挂载之前该目录中有 file1 和 file2 两个文件，上述文件是 Ext4 中的数据（见图 3-8 上半部分）。如果执行上面挂载命令后，则该目录的内容就变成 XFS 根目录中的内容，也就是 xfs_file1 和 xfs_file2（见图 3-8 下半部分）。

结合前文，我们知道文件/目录名是与 dentry 相关联的，而 dentry 又和 inode 相关联。因此，无论是访问文件还是目录中的内容，关键是找到对应的元数据并初始

化为 inode。其中，比较重要的是对 inode 中操作函数的初始化。

由此我们可以猜测，对于挂载操作，应该是将 dentry 中的 d_inode 成员由 Ext4 的 inode 替换为 XFS 的 inode。这样在打开文件流程中遍历路径时，获取的就是已挂载文件系统的 inode，访问的数据自然就是已挂载文件系统的数据。是否如猜想的那样？我们接下来具体分析一下文件系统挂载的代码。

mount 命令本质上调用的是 mount API，其函数原型如下：

```
int mount (const char *source, const char *target, const char *filesystemtype,
unsigned long mountflags, const void *data);
```

从参数可以看出，主要包括设备路径、挂载点和文件系统类型等参数。

以文件系统 API 为入口，挂载操作的核心流程如图 3-9 所示。由于 Linux 的挂载命令支持的特性比较多，所以代码的各种分支流程很多。限于篇幅，本节以基本挂载流程为例进行介绍，其他流程大同小异，大家可以自行阅读内核相关代码。

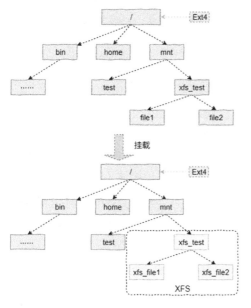

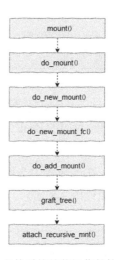

图 3-8　文件系统挂载示意图　　　　图 3-9　文件系统挂载操作的核心流程

在上述核心流程中，涉及挂载的关键信息的初始化是在 do_new_mount()函数中完成的，包括获取待挂载的文件系统类型数据结构、创建文件系统上下文数据结构体和获取待挂载文件系统的根目录等，如代码 3-7 所示。

代码 3-7　do_new_mount()函数

fs/namespace.c	
2834	static int do_new_mount(struct path *path, const char *fstype, int sb_flags,
2835	int mnt_flags, const char *name, void *data)

2836	{
2837	struct file_system_type *type;
2838	struct fs_context *fc; //文件系统上下文结构体
2839	const char *subtype = NULL;
2840	int err = 0;
2841	
2842	if (!fstype)
2843	return -EINVAL;
2844	// 获取待挂载的文件系统类型数据结构，它是在文件系统模块初始化时注册的
2845	type = get_fs_type(fstype);
2846	if (!type)
2847	return -ENODEV;
2848	
	...... // 删除部分代码
	// 创建文件系统上下文数据结构体，该结构体用于存储挂载流程中需要的一些参数
2860	fc = fs_context_for_mount(type, sb_flags);
	...... // 删除部分代码
2874	
2875	if (!err)
2876	err = vfs_get_tree(fc); // 获取待挂载文件系统的根目录，根目录会填充到 fc 中
2877	if (!err)
2878	err = do_new_mount_fc(fc, path, mnt_flags); // 完成后续挂载动作
2879	
2880	put_fs_context(fc);
2881	return err;
	}

其中，文件系统上下文数据结构体包含了挂载文件系统必需的信息，最主要的是在调用 vfs_get_tree()函数时会调用具体文件系统中的 mount()函数，然后将该函数返回的根目录对应的 dentry 填充到文件系统上下文数据结构体（以下简称为 fc）中。

有了上述信息的准备后，接下来就调用 do_new_mount_fc()函数来完成后续的挂载动作。在该函数中会根据 fc 中的信息创建一个 vfsmount 的实例，vfsmount 结构体定义如代码 3-8 所示。

代码 3-8   vfsmount 结构体定义

fs/ mount.h	
70	struct vfsmount {
71	struct dentry *mnt_root; // 文件系统的根目录
72	struct super_block *mnt_sb; // 超级块数据
73	int mnt_flags;
74	} __randomize_layout;

在 vfsmount 结构体中有两个非常重要的成员：一个是 mnt_root，它是文件系统根目录的 dentry；另一个是 mnt_sb，它是文件系统的超级块数据。

另一个与 vfsmount 关联的结构体是 mount，前者是后者的一个成员，两者关系如图 3-10 所示。mount 结构体有很多成员，我们这里不再逐一介绍，比较重要的成员包括 mnt_mountpoint（挂载点目录项）、mnt（挂载文件系统的信息）和 mnt_mp（挂载点）。

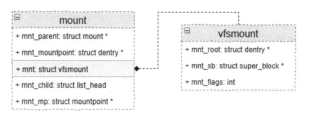

图 3-10　挂载相关数据结构

除了上面成员，mount 结构体还有 mnt_parent 和 mnt_child 成员，通过上述成员将 mount 构成一个树形结构。另外，在 mount 结构体中还有一个用于哈希表的成员，用于将 mount 结构体添加到哈希表中。

了解了上述数据结构，接下来看一下挂载流程中几个比较重要的函数。其中，一个是 d_set_mounted() 函数，该函数的实现如代码 3-9 所示。d_set_mounted() 函数最主要的语句是第 1459 行，用于为 dentry 增加 DCACHE_MOUNTED 旗标。通过该旗标标识该子目录是一个特殊的子目录，也就是挂载了文件系统的子目录，这个旗标在打开文件时会用到。

代码 3-9　d_set_mounted() 函数

fs/dcache.c	do_new_mount_fc->lock_mount->get_mountpoint->d_set_mounted
1441	int d_set_mounted(struct dentry *dentry)
1442	{
1443	struct dentry *p;
1444	int ret = -ENOENT;
1445	write_seqlock(&rename_lock);
1446	for (p = dentry->d_parent; !IS_ROOT(p); p = p->d_parent) {
1447	
1448	spin_lock(&p->d_lock);
1449	if (unlikely(d_unhashed(p))) {
1450	spin_unlock(&p->d_lock);
1451	goto out;
1452	}
1453	spin_unlock(&p->d_lock);
1454	}
1455	spin_lock(&dentry->d_lock);
1456	if (!d_unlinked(dentry)) {
1457	ret = -EBUSY;
1458	if (!d_mountpoint(dentry)) {
1459	dentry->d_flags |= DCACHE_MOUNTED;//设置为挂载状态
1460	ret = 0;
1461	}
1462	}

1463	spin_unlock(&dentry->d_lock);
1464	out:
1465	write_sequnlock(&rename_lock);
1466	return ret;
1467	}

另外两个比较重要的函数是 mnt_set_mountpoint()和 commit_tree()（这两个函数通过 do_new_mount_fc->do_add_mount->graft_tree->attach_recursive_mnt 路径被先后调用），通过这两个函数建立了父子 mount 之间的关联，并且将待挂载的 mount 添加到哈希表中。当完成上述函数的处理流程后，文件系统也就挂载成功了。

由于 dentry 在 mount 中，因此父子 mount 关联之后，在文件系统层面也就建立了挂载点 dentry 和待挂载设备根目录 dentry 之间的关联。也就是说，通过挂载点中的 dentry，我们就能找到挂载设备中的 dentry。

返回打开文件遍历路径的流程，看一看对挂载点有什么特殊的处理。当每次遍历路径中的一个组件时，最后都会调用 step_into()函数，该函数最终会调用 __traverse_mounts()函数进行挂载点的处理。__traverse_mounts()函数与挂载点相关的代码如代码 3-10 所示。

代码 3-10　__traverse_mounts()函数

fs/namei.c	step_into->handle_mounts->traverse_mounts->__traverse_mounts
1207	static int __traverse_mounts(struct path *path, unsigned flags, bool *jumped,
1208	int *count, unsigned lookup_flags)
1209	{
1210	struct vfsmount *mnt = path->mnt;
1211	bool need_mntput = false;
1212	int ret = 0;
1213	
1214	while (flags & DCACHE_MANAGED_DENTRY) {
	...... // 省略部分代码
1223	
1224	if (flags & DCACHE_MOUNTED) { // 确认是否有挂载的文件系统
1225	struct vfsmount *mounted = lookup_mnt(path); // 查找哈希表
1226	if (mounted) { // 命令空间
1227	dput(path->dentry);
1228	if (need_mntput)
1229	mntput(path->mnt);
1230	path->mnt = mounted;
1231	path->dentry = dget(mounted->mnt_root);
	// 前面语句更新为该目录下已挂载文件系统根目录对应的目录项
1232	flags = path->dentry->d_flags;
1233	need_mntput = true;
1234	continue;
1235	}
1236	}

| 1237 | ...... // 省略部分代码 |
| | } |

通过代码 3-10 可以看出，第 1224 行代码判断该组件是否为挂载点。如果是挂载点，则通过调用 lookup_mnt()函数来找到对应的 vfsmount 实例。由于该实例保存着已挂载文件系统的根目录 dentry，因此，可以使用该 dentry 更新 path 中的 dentry，而忽略原始的 dentry。

有了 dentry 之后，也就相当于找到了该文件系统根目录对应的 inode。从而使用该 inode 的函数指针就可以访问已挂载文件系统的数据。

通过上述分析，我们对挂载流程如何实现将一个具体文件系统挂载到当前目录树的一个子目录有了比较清晰的认识。可以看出上述流程主要是在 VFS 中完成的，而具体文件系统方面主要是调用了其实现的 mount()函数来创建一个根目录的 dentry。

3.1.2.4　读/写数据流程

打开文件的知识，理解文件系统操作 VFS 与具体文件系统的关系就简单多了。由于文件的绝大部分操作都是通过在 inode 注册的函数指针完成的，而在打开文件时，函数指针会被赋值给 file 结构体中的成员 f_op。因此，对于文件的读/写等访问，经过 VFS 后都可以找到对应的具体文件系统的函数指针进行具体文件系统的操作。

3.2　本地文件系统的关键技术与特性

文件系统应该是存储领域最复杂的领域之一，其原因在于文件系统需要实现的特性太多，支持的场景太多。涉及文件系统相关的技术非常多，很难一一介绍，本节主要介绍一下本地文件系统的关键技术与特性。这些几乎是所有文件系统都要考虑的内容。

另外，本节更偏重于理论层面，更多实际代码层面的内容会在第 4 章进行详细讲解。

3.2.1　磁盘空间布局（Layout）

文件系统的核心功能是实现对磁盘空间的管理。对磁盘空间的管理是指要知道哪些空间被使用了，哪些空间没有被使用。这样，在用户层需要使用磁盘空间时，文件系统就可以从未使用的区域分配磁盘空间。

为了对磁盘空间进行管理,文件系统往往将磁盘划分为不同的功能区域。简单来说,磁盘空间通常被划分为元数据区与数据区两个区域,如图 3-11 所示。其中,数据区就是存储数据的地方,用户在文件中的数据都会存储在该区域;而元数据区则是对数据区进行管理的地方。前文提到,文件系统需要知道磁盘的哪些区域已经被分配出去了。所以,必须要有一个地方进行记录,这个地方就是元数据区。

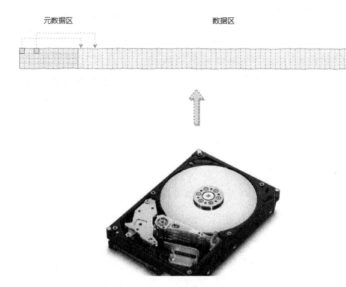

图 3-11　磁盘空间管理的基本原理

当然,实际文件系统的区域划分要复杂很多,这里主要是让大家容易理解一些。接下来结合实例来介绍一下关于文件系统磁盘空间布局与空间管理的相关内容。

3.2.1.1　基于固定功能区的磁盘空间布局

基于固定功能区的磁盘空间布局是指将磁盘的空间按照功能划分为不同的子空间。每种子空间有具体的功能,以 Linux 中的 ExtX 文件系统为例,其空间被划分为数据区和元数据区,而元数据区又被划分为数据块位图、inode 位图和 inode 表等区域,如图 3-12 所示。

这里 ExtX 是 Ext、Ext2、Ext3 和 Ext4 文件系统的总称,该系列文件系统是 Linux 原生的文件系统。

但在实际实现时,ExtX 并不是将整个磁盘划分为如图 3-12 所示的功能区,而是先将磁盘划分为等份(最后一份的空间可能会小一些)的若干个区域,这个区域被称为块组(Block Group)。磁盘空间的管理是以块组为单位进行管理的,在所有块组中第 1 个块组（块组 0）是最复杂的。

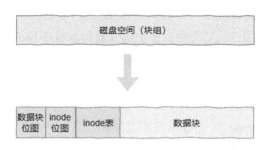

图 3-12   基于固定功能区的磁盘空间布局

图 3-13 所示为 Ext2 文件系统的磁盘空间布局及块组 0 的细节（以 4KB 逻辑块大小为例，如果是其他逻辑块大小则略有差异）。块组 0 最前面空间是引导块，这个是预留给操作系统使用的，接下来分别是超级块、块组描述符、预留 GDT 块、数据块位图、inode 位图、inode 表和数据块。除块组 0 及一些备份超级块的块组外，其他块组并没有这么复杂，大多数块组只有数据块位图、inode 位图、inode 表和数据块等关键的信息。

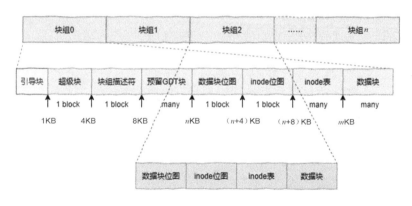

图 3-13   Ext2 文件系统的磁盘空间布局及块组 0 的细节

超级块（SuperBlock）：也就是不一般的块，这是相对文件系统的其他块来说的。超级块存储了文件系统级别的信息，如文件系统的逻辑块大小、挂载点等，它是文件系统的起点。

inode（index node，索引节点），所谓索引节点也就是索引数据的节点。在 Linux 文件系统中一个 inode 对应着一个文件，它是文件数据的起点。在 ExtX 文件系统中，inode 是放在一个固定的区域的，通常在每个块组中都有若干个 inode，称为 inode 表，类似数组。由于 inode 数量固定，且存储形式固定，因此可以根据 inode

偏移给予编号，称为 inode ID（或者 inode number）。反过来，也可以根据该 inode ID 快速定位 inode 的具体位置，进而读到 inode 的内容。

位图（Bitmap）：在 ExtX 文件系统中包含数据块位图和 inode 位图，用来描述对应资源的使用情况。位图通过 1 个位（bit）的数据来描述对应资源的使用情况，0 表示没有被使用，1 表示已经被使用。

为了能够更加直观地理解 ExtX 文件系统的布局情况，我们可以格式化一个文件系统，然后通过 dumpe2fs 命令来获取其描述信息。对于实验验证，我们不必在一个磁盘上来进行文件系统的格式化。其实在一个空白文件即可进行文件系统的格式化。比如，这里格式化一个 30MB 的 Ext2 文件系统，并且指定文件系统块大小是 1KB，当使用 dumpe2fs 命令查看时可以看到一共有 4 个块组，如图 3-14 所示。

图 3-14　Ext2 文件系统元数据信息（1KB 逻辑块）

可以看到该文件系统中的第 1 个块组包含超级块及 GDT 保留信息，第 2 个块组包含一个备份（Backup）超级块和 GDT 保留信息，而第 3 个块组则不包含超级块的信息。正如前文所述，如果块设备的存储空间充足，其实大部分块组是不包含超级块信息的。

对比图 3-13 中的磁盘空间布局和图 3-14 格式化的实例，如超级块的位置、位图的位置等，我们可以更加直观地了解磁盘空间布局的细节。通过这种方式可以加深我们对文件系统相关原理的理解。

如果在格式化时选择文件系统块的大小是 4KB，则此时我们可以看到文件系统中只有一个块组，如图 3-15 所示。为什么文件系统块大小不同，块组的数量会有变化呢？

```
Group 0: (Blocks 0-7679)
    Primary superblock at 0, Group descriptors at 1-1
    Reserved GDT blocks at 2-2
    Block bitmap at 3 (+3)
    Inode bitmap at 4 (+4)
    Inode table at 5-244 (+5)
    7429 free blocks, 7669 free inodes, 2 directories
    Free blocks: 251-7679
    Free inodes: 12-7680
```

图 3-15　Ext2 文件系统元数据信息（4KB 逻辑块）

原因很简单，因为 ExtX 文件系统通过一个逻辑块来存储数据块位图，如果将文件系统格式化为 1KB 的块大小，那么对应的数据块位图可以管理 8192（1024×8）个数据块，也就是 8MB（1024×1024×8）空间。因此 30MB 的存储空间被划分为 4个块组。

而对于 4KB 大小逻辑块的文件系统，一个块可以管理 32768（4×1024×8）个数据块，也就是 128MB（32768×4KB）。因此 30MB 的存储空间只需要划分为一个块组。

不仅块组的大小受限于此，在 ExtX 文件系统中 inode 的数量也受限于此。表 3-2 所示为官网给出的不同块大小情况下相关数据。由于上述限制，在使用时也就随之会有限制。比如，对于 1KB 大小逻辑块的文件系统，由于一个块组中最大只有 8192个 inode，因此也就最多只能创建 8192 个文件，超过该规格则无法继续创建新的文件。

表 3-2　官网给出的不同块大小情况下相关数据

上限\块大小	1KB	2KB	4KB	8KB
文件系统块数	2,147,483,647 个	2,147,483,647 个	2,147,483,647 个	2,147,483,647 个
每块组块数	8,192 个	16,384 个	32,768 个	65,536 个
每块组 inode 数	8,192 个	16,384 个	32,768 个	65,536 个
每块组字节数	8MB	32MB	128MB	512MB
文件系统大小	2TB	8TB	16TB	32TB
单文件最大块数	16,843,020 个	134,217,728 个	1,074,791,436 个	8,594,130,956 个
文件大小	16GB	256GB	2TB	2TB

3.2.1.2　基于非固定功能区的磁盘空间布局

基于功能分区的磁盘空间布局空间职能清晰，便于手动进行丢失数据的恢复。但是由于元数据功能区大小固定，因此容易出现资源不足的情况。比如，在海量小文件的应用场景下，有可能会出现磁盘剩余空间充足，但 inode 不够用的情况。

在磁盘空间管理中有一种非固定功能区的磁盘空间管理方法。这种方法也分为元数据和数据，但是元数据和数据的区域并非固定的，而是随着文件系统对资源的需求而动态分配的，比较典型的有 XFS 和 NTFS 等。本节将以 XFS 为例介绍一下 XFS 的磁盘布局情况及管理磁盘空间的方法。

XFS 文件系统先将磁盘划分为等份的区域，称为分配组（Allocate Group，简称 AG）。XFS 对每个分配组进行独立管理，这样可以避免在分配空间时产生碰撞，影响性能。不同于 ExtX 文件系统，XFS 文件系统的 AG 容量可以很大，最大可以达到 1TB。

如图 3-16 所示，每个 AG 包含的信息有超级块（xfs_sb_t）、剩余空间管理信息（xfs_agf_t）和 inode 管理信息（xfs_agi_t）。在 XFS 文件系统中，AG 中的磁盘空间管理不同于 ExtX 文件系统中的磁盘空间管理，它不是通过固定的位图区域来管理磁盘空间的，而是通过 B+树管理磁盘空间的。xfs_agf_t 和 xfs_agi_t 则是用来磁盘空间 B+树和 inode B+树的树根和统计信息等内容的数据结构。

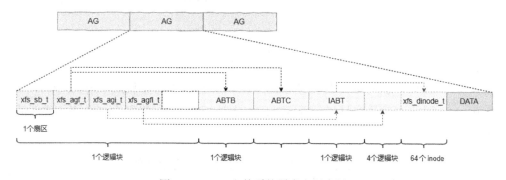

图 3-16　XFS 文件系统磁盘空间布局

剩余空间的管理通过两个 B+树来实现。其中，一个 B+树通过块的编号来管理剩余空间；另一个 B+树通过剩余块的大小来管理。通过两个不同的 B+树可以实现对剩余空间的快速查找。

同样，在 XFS 文件系统中 inode 也是通过一个 B+树来管理的，这一点与 ExtX 文件系统不同。在 XFS 文件系统中，将 64 个 inode（默认大小是 256 字节）打包为一个块（chunk），而该块作为 B+树的一个叶子节点。

XFS 文件系统中的 inode 通过 B+管理，位置并不确定。因此 XFS 文件系统无法像 ExtX 文件系统那个根据 inode 的偏移来确定编号。XFS 文件系统通过另外一种方式确定 inode 编号，从而方便根据 inode 编号查找 inode 节点中的数据。

inode 编号分为相对 inode 编号和绝对 inode 编号两种。相对 inode 编号是指针对 AG 的编号，也就是 AG 中的编号；绝对 inode 编号则是在整个文件系统中的编号。

相对 inode 编号格式分为两部分，高位部分是该 inode 所在的逻辑块在 AG 中的偏移，而低位部分则是该 inode 在该块中的偏移。这样文件系统根据 inode 编号就可以在 AG 中定位具体的 inode。

绝对 inode 编号格式就比较好理解了，它是在高位增加了 AG 的编号。这样在文件系统级别根据 AG 编号就可以定位 AG，然后根据 AG 内块偏移定位具体的块，进而可以知道具体的 inode 信息。图 3-17 是两种模式 inode 编号格式示意图。

图 3-17　XFS 文件系统的 inode 编号格式示意图

为了容易理解，列举一个具体的实例。我们知道 XFS 文件系统默认 inode 大小是 256B，假设文件系统逻辑块大小是 1KB，那么一个块可以包含 4 个 inode。假设存储 inode 的块在 AG 偏移为 100 的地方，而 inode 在该逻辑块的第 3 个位置，相对 inode 编号示意图如图 3-18 所示。

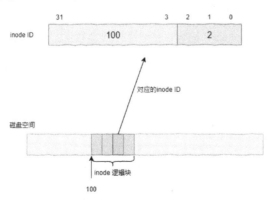

图 3-18　相对 inode 编号示意图

根据上述信息可以得到，该 inode 的 ID 为 100<<3 + 2，也就是 802。绝对 inode 编号相对于相对 inode 编号只是在高位增加了一个 AG 编号。

3.2.1.3　基于数据追加的磁盘空间布局

前文介绍的磁盘空间布局方式对于数据的变化都是原地修改的,也就是对于已经分配的逻辑块,当对应的文件数据改动时都是在该逻辑块进行修改的。在文件随机 I/O 比较多的情况下,不太适合使用 SSD 设备,这主要由 SSD 设备的修改和擦写特性所决定。

有一种基于数据追加的磁盘空间布局方式,也被称为基于日志(Log-structured)的磁盘空间布局方式。这种磁盘空间布局方式对数据的变更并非在原地修改,而是以追加写的方式写到后面的剩余空间。这样,所有的随机写都转化为顺序写,非常适合用于 SSD 设备。

Linux 也有基于日志的文件系统实现,这就是 NILFS2。为了便于磁盘空间的管理和回收,NILFS2 文件系统将磁盘划分为若干个 Segment,Segment 默认大小是 8MB。这里第 1 个 Segment 的大小略有差异,由于前面引导扇区和超级块占用了 4KB 的空间,因此第 1 个 Segment 的大小是 4KB～8MB。

如图 3-19 所示,每一个 Segment 包含若干个日志(log)。每一个日志由摘要块(Summary Blocks)、有效载荷块(Payload Blocks)和可选的超级根块(SR)组成。这里有效载荷块就是存储实际数据的单元。

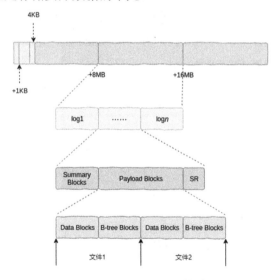

图 3-19　NILFS2 文件系统磁盘空间布局

如图 3-19 所示,有效载荷块以文件为单位进行组织,每个文件包含数据块和 B 树块。其中,B 树块是元数据,实现对数据块的管理。但是实际情况可能要比图示的格式复杂一些，因为随着文件的修改，数据块和 B 树块会发生很大的变化。

在 NILFS2 文件系统中，文件分为若干类，分别是常规文件、目录文件、链接文件和元数据文件。元数据文件是用于维护文件系统元数据的文件。目前，Linux内核版本中的 NILFS2 文件系统的元数据文件如下。

（1）inode 文件（ifile）：用于存储 inode。

（2）检查点文件（Checkpoint file，简称 cpfile）：存储检查点。

（3）段使用文件（Segment usage file，简称 sufile）：用于存储段（segment）的使用状态。

（4）数据地址转换文件（DAT）：进行虚拟块号与常规块号的映射。

图 3-20 所示为 NILFS2 文件系统中各种类型的文件在磁盘的布局情况，这里的文件包括内部文件和常规文件。

图 3-20　NILFS2 文件系统中各种类型的文件在磁盘的布局情况

通过图 3-20 可以看出，NILFS2 文件系统中的元数据都是在段的尾部，而数据则是在段的开始位置。这个与实际使用是相关的，因为段数据的分配是从头到尾追加的。这种布局模式便于数据和元数据的管理。

上面介绍的都是单磁盘文件系统。除了单磁盘文件系统，目前还有很多文件系统可以管理多个磁盘。也就是一个文件系统可以构建在多个磁盘之上，并且实现数据的冗余保护，如 ZFS 和 Btrfs 等。

3.2.2　文件的数据管理

本节主要介绍在文件系统中文件（目录）中的数据是如何被管理的。前文已经介绍了磁盘空间的管理方式，知道磁盘会被划分为多个文件块，文件块的大小可以是 1KB、2KB 或 4KB 等。但是一个文件可能会大于这些文件块的大小，如一个电影的大小约为 1GB。这就涉及文件数据管理的问题。

对于文件系统来说，无论文件是什么格式，存储的是什么内容，它都不关心。文件就是一个线性空间，类似一个大数组。而且文件的空间被文件系统划分为与文件系统块一样大小的若干个逻辑块。文件系统要做的事情就是将文件的逻辑块与磁盘的物理块建立关系。这样当应用访问文件的数据时，文件系统可以找到具体的位置，进行相应的操作。

文件数据的位置通过文件的元数据进行描述，这些元数据描述了文件逻辑地址与磁盘物理地址的对应关系，如图 3-21 所示为文件逻辑块与磁盘数据的对应关系。

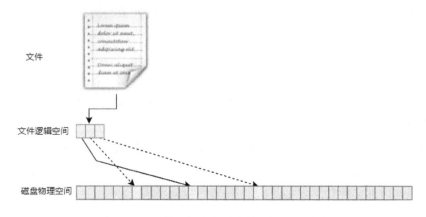

图 3-21　文件逻辑块与磁盘数据的对应关系

以 Linux 为例，文件的起点是 inode，文件数据的位置信息是存储在 inode 中的。这样就可以根据 inode 存储的关于文件数据的位置信息找到具体的数据。我们能想到的最直观的方式就是在 inode 中存储每一个块的位置信息。比如，在逻辑块大小为 1KB 的文件系统中有一个 3KB 的文件。那么在 inode 中有一个数组，前 3 项的值分别存储磁盘的地址信息，这样就可以根据数组的内容找到磁盘上存储的文件数据。

实际上，文件的数据管理方式大致如此，但又不完全是这样。不同的文件系统采用了不同的管理方式，下面就介绍一下文件数据的管理方式。

3.2.2.1　基于连续区域的文件数据管理

基于连续区域的文件数据管理方式是一次性为文件分配其所需要的空间，且空间在磁盘上是连续的。由于文件数据在磁盘上是连续存储的，因此只要知道文件的起始位置所对应的磁盘位置和文件的长度就可以知道文件数据在磁盘上是如何存储的。

举例说明，如图 3-22 所示，假设某个目录有 3 个文件，分别是 test1、test2 和 test3，其中，每个文件数据在磁盘的位置及长度如图 3-22 所示（左侧）。每个文件的数据如图 3-22 所示（箭头的指向及深色方块处）。

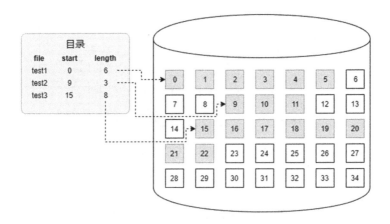

图 3-22 基于连续区域的文件数据管理

假设要访问 test2 文件，根据目录中记录的数据，可以知道文件起始位置对应磁盘第 9 个逻辑块，因此根据该信息和文件内部偏移就可以很容易地计算出文件任意偏移的数据在磁盘上的位置。

这种文件数据管理方式的最大缺点是不够灵活，特别是对文件进行追加写操作非常困难。如果该文件后面没有剩余磁盘空间，那么需要先将该文件移动到新的位置，然后才能追加写操作。如果整个磁盘的可用空间没有能够满足要求的空间，那么会导致写入失败。

除了追加写操作不够灵活，该文件数据管理方式还有另一个缺点就是容易形成碎片空间。由于文件需要占用连续的空间，因此很多小的可用空间就可能无法被使用，从而降低磁盘空间利用率。

鉴于上述缺点，在磁盘等需要经常修改数据的存储介质的文件系统通常都不采用基于连续区域的文件数据管理方式。该方式目前主要应用在光盘等存储介质的文件系统中，如 ISOFS。

3.2.2.2 基于链表的文件数据管理

基于链表的文件数据管理方式将磁盘空间划分为大小相等的逻辑块。在目录项中包含文件名、数据的起始位置和终止位置。在每个数据块的后面用一个指针来指向下一个数据块，如图 3-23 所示。

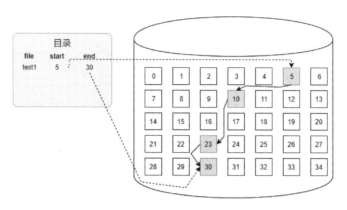

图 3-23　基于链表的文件数据管理

　　这种方式可以有效地解决连续区域的碎片问题，但是对文件的随机读/写却无能为力。这主要是因为在文件的元数据中没有足够的信息描述每块数据的位置。为了实现随机读/写，一些文件系统在具体实现时做了一些调整。

　　以 FAT12 文件系统为例，该文件系统其实使用的就是链表方式，但是 FAT12 又不完全使用的是链表方式。为了支持对文件的随机读/写，FAT12 将文件的元数据抽取出来，而不是存储在数据块的结尾部分。这样，文件的元数据可以一次性加载到内存中，从而实现对随机访问的支持。

　　为了便于理解 FAT12 的原理，列举一个具体的实例，如图 3-24 所示。假设有一个 file1.txt 文件，我们根据目录文件项知道其起始的簇地址是 0x05，这个是 file1.txt 文件第 1 个簇的位置，然后根据簇地址就能从文件分配表（FAT）中找到对应的表项，两者是一一对应的（图 3-24 中双向箭头处）。根据表项内容，我们可以知道下一个簇的位置，以此类推，就可以找到该文件的所有数据。

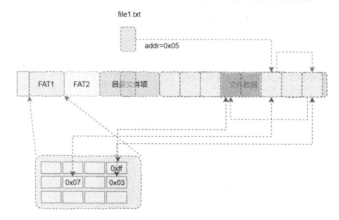

图 3-24　FAT12 文件数据管理示意图

如果简化一下这个结构，则整个关系就是一个单向链表的关系。我们可以将 FAT 表项理解为 next 指针，簇是 data 数据。只不过 FAT 表项和簇是通过地址偏移建立了两者之间的关系的。图 3-24 可以简化为图 3-25。

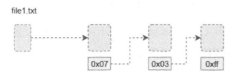

图 3-25　FAT12 文件数据管理方式简化图

通过对比可以看出，FAT12 本质上是基于链表数据管理方式的，但是由于文件分配表本身比较小，可以一次性加载到内存中，因此也是可以满足随机访问需求的。但是这种方式对随机访问的支持度还是不够的，毕竟内存中的链表访问也是相当低效的，特别是针对链表项比较多的情况。

3.2.2.3　基于索引的文件数据管理

索引方式的数据管理是指通过索引项来实现对文件内数据的管理。如图 3-26 所示，与文件名称对应的是索引块在磁盘的位置，索引块中存储的并非用户数据，而是索引列表。当读/写数据时，根据文件名可以找到索引块的位置，然后根据索引块中记录的索引项可以找到数据块的位置，并访问数据。

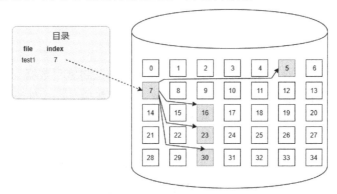

图 3-26　基于索引的文件数据管理

上文只是对索引方式进行了非常简单的说明。在实际工程实现时会有各种差异，但本质上是一样的。接下来介绍两种常见的索引方式：一种是基于间接块的文件数据管理方式；另一种是基于 Extent 的文件数据管理方式。

1. 基于间接块的文件数据管理

在索引方式中，最为直观、简单的就是对文件的每个逻辑块都有一个对应的索引项，并将索引项用一个数组进行管理，如图 3-27 所示。通过这种方式，文件的逻辑地址与上述数组的索引就会有一一对应的关系。因此，当想要访问文件某个位置的数据时，就可以根据该文件逻辑偏移计算出数组的索引值，然后根据数组的索引值找到索引项，进而找到磁盘上的数据。

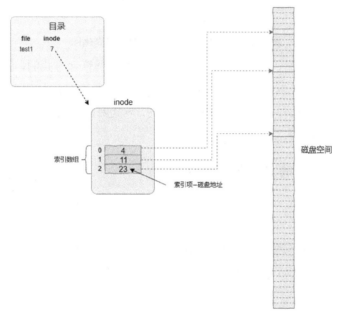

图 3-27　直接索引示意图

但是这种方式有个问题，就是对于大文件来说无法将索引数据一次性加载到内存中，形成索引用的数组。假设以 32 位数来表示位置信息，文件块大小是 1KB，那么一个 1GB 的文件需要 4MB 的数组数据。因此，虽然这种实现方式非常直观、简单，但是并不实用。

在实际工程中通常会做一些变通。以 Ext2 文件系统为例，在实现索引时通过多级索引的方式实现对数据的管理，最终形成一个索引树。在索引树中，只有叶子节点存储的是用户数据，而中间节点存储的是索引数据。

Ext2 文件系统在实现这个索引树时做了很多变通，这种变通可以对很多场景有优化的作用。对于 Ext2 文件系统，在 inode 中存储一个索引数组，该索引数组前 12 项存储着文件数据的物理地址，称为直接索引。这样对于小文件来说，可以实现一次检索就能找到数据。

当文件太大，超出直接索引的范围时会通过间接索引来管理。间接索引通过 3 棵独立的树来实现，分别是 1 级间接索引树、2 级间接索引树和 3 级间接索引树。这里级数的含义是该树中中间节点的层数。

为了能够更清楚地理解 Ext2 文件系统是如何管理文件数据的，这里给出如图 3-28 所示的示意图。在图 3-28 中，block0～block11 是直接索引，存储的是用户数据的物理地址。而 block12～block14 则是间接索引，存储的是索引块（或间接块，简写为 IB）的物理地址，索引块中的数据并非用户数据，而是索引数据，是用于管理用户数据的。

以 block13 形成的索引树为例，这里会形成一个 2 级间接索引树，可以将 block13 理解为该索引树的树根。如果文件数据的逻辑地址在该树管理范围内，则需要经过 2 级检索才能找到用户数据。

当然，我们也可以将整个索引数组理解为一个树根，不同的逻辑地址由不同的子树进行管理。

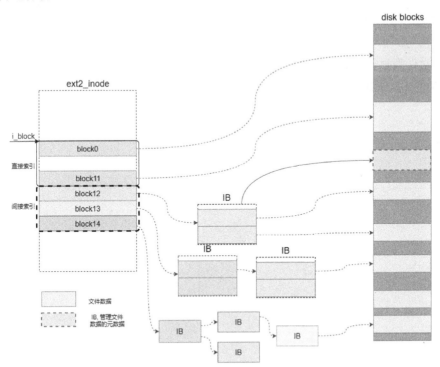

图 3-28   Ext2 文件系统间接块数组组织形式

2. 基于 Extent 的文件数据管理

使用间接块可以很好地管理文件的数据，但是其最大的缺点在于元数据与数据有一个固定的对应关系，也就是数据越多，需要的元数据越多。这种方式在某些场景下其实并不划算，如视频文件场景。

简单地表述上述问题，就是每个数据块都要有一个元数据指针来记录其位置。以 32 位指针，逻辑块大小为 1KB 的文件系统为例，在 1 级间接块中每 1KB 的数据都需要 4 字节的指针。而 2 级间接块除了每 1KB 的数据需要 4 字节的指针，每个 2 级间接块本身还需要指针来记录。

但是某些场景并不需要记录每个逻辑块的位置，最常见的就是视频文件或音频文件。以视频文件为例，通常文件比较大，而且是一次存入，基本不会出现修改。如果使用间接块的方式，则必须要有一定量的元数据。我们回忆一下前面介绍连续区域的文件数据管理方式就会发现这种方式非常适合此场景。

但是连续区域的文件数据管理方式最大的缺点是对追加写操作处理不好，容易形成存储空间的碎片化。于是，结合连续区域的文件数据管理方式和间接块的文件数据管理方式的优点就有了现在这种方式，也就是 Extent 文件数据管理的方式。在 Extent 文件数据管理方式中，每一个索引项记录的值不是一个数据块的地址，而是数据块的起始地址和长度，如图 3-29 所示。

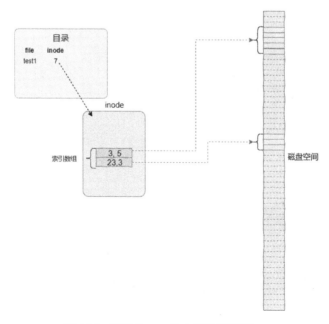

图 3-29　基于 Extent 的文件数据管理

在图 3-29 中，实例文件有两块数据，前一块数据存储在磁盘偏移为 3 的位置，大小是 5 个逻辑块；后一块数据存储在磁盘偏移为 23 的位置，大小是 3 个逻辑块。对比间接块的文件数据管理方式可以看出，使用 Extent 的文件数据管理方式可以有效减少元数据的相对数量。

对于 Extent 的文件数据管理方式，如果出现追加写数据的场景，则文件系统只需要分配一个新的 Extent。因此该种方式并没有前文介绍的连续区域的文件数据管理方式的缺点。

虽然本书实例描述数据位置的信息在内存中，但实际情况是并不会全部在内存中。通常 Extent 是通过 B+树的方式组织的，B+树的树根在 inode 初始化时被加载到内存中。而该树的中间节点则在磁盘上，会按需加载到内存中。由于 B+树是一个有序的多叉树，因此基于 B+树实现从文件逻辑地址到磁盘物理地址的映射还是比较快的。

3.2.3　缓存技术

文件系统的缓存（Cache）的作用主要用来解决磁盘访问速度慢的问题。缓存技术是指在内存中存储文件系统的部分数据和元数据而提升文件系统性能的技术。由于内存的访问延时是机械硬盘访问延时的十万分之一（见图 3-30，以寄存器为基准单位 1s），因此采用缓存技术可以大幅提升文件系统的性能。文件系统缓存从读和写两个角度来解决问题，并且应用在多个领域。

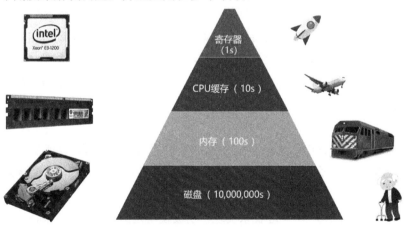

图 3-30　存储性能金字塔

文件系统缓存的原理主要还是基于数据访问的时间局部性和空间局部性特性。时间局部性和空间局部性是应用访问数据非常常见的特性。所谓时间局部性就是如果一块数据之前被访问过，那么最近很有可能会被再次访问。具体的实例就是文本编辑器，在写代码或写文档的过程中，通常会对一个某一个区域进行不断的修改。空间局部性则是指在访问某一个区域之后，通常会访问临近的区域。比如，视频文件通常是连续播放的，当前访问某一个区域后，紧接着就是访问后面区域的内容。

以 Linux 文件系统为例，在文件系统初始化时会创建一个非常大的用于管理 inode 的哈希表。哈希表的大小与系统内存的大小相关，对于 2GB 左右的内存，哈希表的大小有百万个，对于服务器等大内存的计算机，该哈希表的大小可达千万个甚至上亿个。因此，当打开文件之后，文件对应的 inode 就会缓存在该哈希表中。这样，当再次访问该文件时就不需要从磁盘读取 inode 的数据，而是直接从内存读取 inode 的数据，其访问性能得到大幅提升。

还有一个应用是对用户数据的缓存，这里包含读缓存和写缓存。划分为读/写缓存主要是在读/写的不同路径实现的功能特性不同。读缓存更多是实现对磁盘数据的预读，而写缓存则主要是对写入数据的延迟。虽然读/写缓存的特性有所差异，但本质是减少对磁盘的访问。

3.2.3.1 缓存的替换算法

由于内存的容量要比磁盘的容量小得多，因此文件系统的缓存自然也不会太大，这样缓存只能存储文件系统数据的一个子集。当用户持续写入数据时就会面临缓存不足的情况，此时就涉及如何将缓存数据刷写到磁盘，然后存储新数据的问题。

这里将缓存数据刷写到磁盘，并且存储新数据的过程称为缓存替换。缓存替换有很多种算法，每种算法用于解决不同的问题。接下来介绍几种常见的缓存替换算法。

1. LRU 算法

LRU（Least Recently Used）算法依据的是时间局部性原理，也就是如果一个数据最近被使用过，那么接下来有很大的概率还会被使用。因此该算法会将最近没有使用过的缓存释放。

LRU 算法通常使用一个链表来实现，刚被使用过的缓存会被插到表头的位置，而经常没有被使用过的数据则慢慢被挤到链表的尾部。为了更加清晰地理解 LRU 算法的原理，结合图 3-31 进行说明。

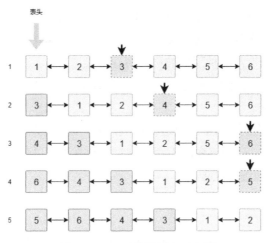

图 3-31　LRU 算法原理示意图

本实例以全命中进行介绍。假设缓存中有 6 个数据块，在第 1 行，方块中的数字表示该数据块的编号。假设第一次访问（可以是读或写）的是 3 号数据块，由于 3 号数据块被访问过，因此将其移动到链表头。

第二次访问的是 4 号数据块，按照相同的原则，该数据块也被移动到链表头。

以此类推，当经过 4 轮访问后，被访问过的数据块都被前移了，而没有被访问过的数据块（如 1 号数据块和 2 号数据块）则被慢慢挤到了链表的后面。这在一定程度上预示着这两个数据块在后面被访问的可能性也比较小。

如果是全命中也就不存在缓存被替换的情况。实际情况是会经常出现缓存空间不足，而需要将其中的数据释放（视情况确定是否需要刷新到磁盘）来存储新的数据。此时，LRU 算法就派上用场了，该算法将尾部的数据块拿来存储新数据，然后放到链表头，如图 3-32 所示。如果这个数据块里面是脏数据则需要刷写到磁盘，否则直接释放即可。

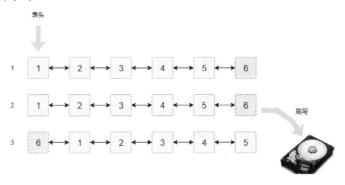

图 3-32　LRU 算法缓存替换流程示意图

LRU 算法原理和实现都比较简单，用途却非常广泛。但是 LRU 算法有一个缺点，就是当突然有大量连续数据写入时会替换所有的缓存块，从而导致之前统计的缓存使用情况全部失效，这种现象被称为缓存污染。

为了解决缓存污染问题，有很多改进的 LRU 算法，比较常见的有 LRU-K[4]、2Q[5]和 LIRS[6]等算法。

以 LRU-K 算法为例，为了避免缓存污染问题，该算法将原来的 LRU 链表由一个拆分为两个。其中，一个链表用于存储临时的数据，可以理解为辅助缓存；另一个链表采用 LRU 算法进行维护。

2. LFU 算法

LFU（Least Frequently Used）算法是根据数据被访问的频度来决定释放哪一个缓存块的。访问频度最低的缓存块会被最先释放。

图 3-33 所示为 LFU 算法缓存替换流程示意图。其中，第 1 行是原始状态，方块中的数字表示该缓存块被访问的次数。新数据的加入和缓存块的淘汰都是从尾部进行的。假设某一个数据（虚线框）被访问了 4 次，则其访问次数从 12 变成 16，因此需要移动到新的位置，也就是第 2 行。

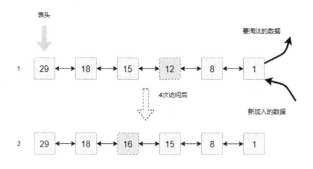

图 3-33　LFU 算法缓存替换流程示意图

本节以链表为例说明 LFU 算法的原理以便于大家理解，但是在工程实现时是绝对不会用链表来实现的。因为当数据块的访问次数变化时需要找到新的位置，链表查找操作是非常耗时的。为了能够实现快速查找，一般采用搜索树来实现。

LFU 算法也有其缺点，如果某个数据块在很久之前的某个时间段被高频访问，而以后不再被访问，那么该数据会一直停留在缓存中。但是由于该数据块不会被访问了，所以减少了缓存的有效容量。也就是说，LFU 算法没有考虑最近的情况。

本节主要介绍了 LRU 和 LFU 两种非常基础的替换算法。除了上述替换算法，还有很多替换算法，大多以 LRU 算法和 LFU 算法的理论为基础，如 2Q、MQ、LRFU[7]、TinyLFU 和 ARC[8]等算法。限于篇幅，本节不再赘述，大家可以自行阅读相关的书籍。

3.2.3.2　预读算法

预读算法是针对读数据的一种缓存算法。预读算法通过识别 I/O 模式方式来提前将数据从磁盘读到缓存中。这样，应用读取数据时就可以直接从缓存读取数据，从而极大地提高读数据的性能。

预读算法最为重要的是触发条件，也就是在什么情况下触发预读操作。通常有两种情况会触发预读操作：一种是当有多个地址连续地读请求时会触发预读操作；另一种是当应用访问到有预读标记的缓存时会触发预读操作。这里，预读标记的缓存是在预读操作完成时在缓存页做的标记，当应用读到有该标记的缓存时会触发下一次的预读，从而省略对 I/O 模式的识别。

为了更加清晰地解释预读算法，我们通过图 3-34 来介绍一下缓存预读操作流程。当文件系统识别 I/O 模式需要预读时，会多读出一部分内容（称为同步预读），如时间点 1（第 1 行）所示。同时，对于同步预读的数据，文件系统会在其中某个缓存块上打上标记。这个标记是为了在缓存结束前能够尽早触发下一次的预读。

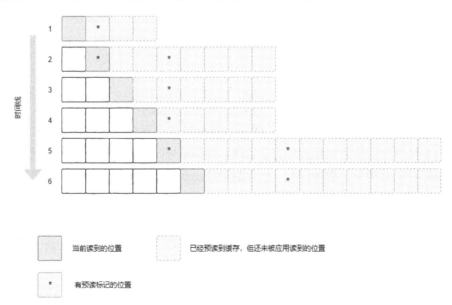

图 3-34　缓存预读操作流程

在时间点 2 中，当应用继续读取数据时，由于读到了有标记的缓存块，因此会同时触发下一次的预读。此时数据会被从磁盘上读取，缓存空间增加。

在时间点 3 和时间点 4 中，应用可以直接从缓存读取数据。由于没有读到有标记的缓存块，因此也不会触发下一次的预读。在时间点 5 中，由于有预读标记，因此又会触发预读的流程。

通过上述分析可以看出，由于预读特性将数据提前读到缓存中。应用可以直接从缓存读取数据，而不用再访问磁盘，因此整个访问性能将得到大幅提升。

3.2.4 快照与克隆技术

快照（Snapshot）和克隆（Clone）技术可以应用于整个文件系统或单个文件，本节以文件为例进行介绍。快照技术可以实现文件的可读备份，而克隆技术则可以实现文件的可写备份。针对文件，用的更多的是克隆技术。

文件的克隆技术用途非常广泛，最常见的是对一个虚拟机打快照。在给一个虚拟机打快照时，其实就是对所有的虚拟磁盘做克隆。而对桌面版的虚拟机而言，虚拟磁盘其实就是宿主机中的一个文件。因此虚拟磁盘的快照其实就是文件的克隆。

很多文件系统具有快照或克隆的功能，如 Linux 中的 Btrfs 可以实现文件系统级的快照，OCFS2 可以实现单个文件的克隆（又被称为链接克隆）。Solaris 中的 ZFS（目前已经移植到 Linux）可以实现对快照和克隆的完整支持。并非所有的文件系统都支持克隆功能，如 ExtX 和 XFS 等文件系统是没有克隆功能的。

3.2.4.1 快照技术原理简析

接下来介绍一下快照技术的基本原理。目前快照技术有两种实现方式：一种是写时拷贝（Copy-On-Write，简称 COW），这种技术是对做过快照的原始文件写数据时会将原始数据拷贝到新的地方。当然，并不是每次写数据都会拷贝，只是第一次写数据时才会拷贝。通常会有一个位图记录已经拷贝过的数据，如果已经拷贝过数据，则下次写数据时将不会再拷贝。

图 3-35 所示为 COW 原理示意图。当刚开始创建快照时原始文件和快照文件指向相同的存储区域（图 A）。当原始文件被修改时，如某个地方写入新的数据，此时需要将该位置的原始数据拷贝到新的位置，并且更新快照文件中的地址信息（图 B）。这样，虽然原始文件发生了变化，而快照文件的内容却没有发生变化。

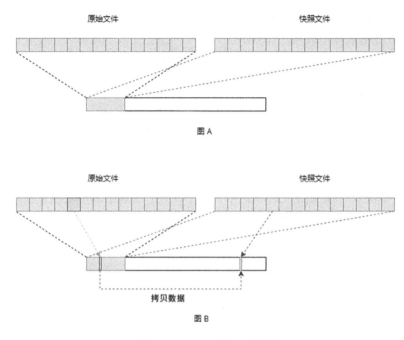

图 3-35 COW 原理示意图

另一种实现方式为写时重定向（Redirect-On-Write，简称 ROW），这种实现方式的基本原理是当原始文件写数据时并不在原始位置写入数据，而是分配一个新的位置。在这种情况下更新文件逻辑地址与实际数据位置的对应关系即可。图 3-36 所示为 ROW 原理示意图。

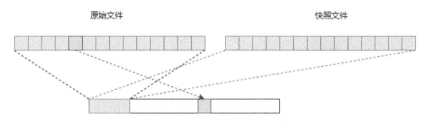

图 3-36 ROW 原理示意图

3.2.4.2 克隆技术原理简析

克隆技术的原理与快照技术的原理类似，其相同点在于其实现方式依然是 ROW 或 COW，而差异点则主要表现在两个方面：一个方面，克隆生成的克隆文件是可以写的；另一个方面，克隆的数据最终会与原始文件的数据完全隔离。

对文件系统而言，用得最多的是 ROW 方式。我们知道，每个 inode 本身包含一个指针信息用于记录文件中每个逻辑块对应的物理块。当打快照时，我们只需要拷贝该部分数据就可以表示一个快照文件。而当原始文件的数据发生变化时，只需要将数据写入新的位置，并将原始文件中的地址信息进行变更即可。

3.2.4.3　应用实例

文件的快照技术与克隆技术在云计算和虚拟化方面有着非常普遍的应用，使用最多的是基于模板镜像的虚拟机快速发放和虚拟机的整体快照等相关特性。

以克隆技术在虚拟机快速发放中的应用为例，某公司有云模板镜像（如 CentOS或 Ubuntu 镜像），其实就是文件系统中的一个文件。而基于该模板镜像创建虚拟机其实就是基于该镜像创建系统盘的过程，如图 3-37 所示。

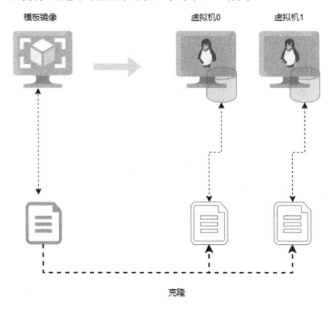

图 3-37　克隆技术在虚拟机发放中的应用

这里系统盘使用的其实就是模板镜像文件所生成的克隆文件。由于克隆可以瞬间完成，为虚拟机提供与模板镜像一致的数据，因此虚拟机可以基于该镜像完成虚拟机启动的过程。在后续，文件系统通过其内部的克隆模块完成原始文件到克隆文件数据的拷贝，最终完成数据的隔离。

3.2.5　日志技术

文件的一个写操作会涉及很多地方的修改。以 Ext4 文件系统为例，当创建一个文件时涉及向目录中添加一项，分配 inode，更新 inode 位图等。如果在创建文件的中间环节出现系统宕机或掉电，则会导致数据的不一致，甚至导致文件系统的不可用。

在文件系统中，通过日志（Journal）技术可以解决上述问题，该技术最早应用在数据库中，后来被 IBM 引入 JFS 文件系统中。目前，许多文件系统都具备日志技术，如 Ext4、JFS 和 XFS 等。凡事没有绝对，并非所有的文件系统都采用日志技术，如 Btrfs。

日志技术的原理并不复杂，复杂的地方是工程实现。下面介绍一下文件系统的日志是如何工作的。文件系统中的日志需要一块独立的空间，整个空间类似一个环形缓冲区。当进行文件修改操作时，相关数据块会被打包成一组操作写入日志空间，再更新实际数据。这里的一组操作被称为一个事务。一个完整的事务包括一个日志起始标记、若干个 inode 的块、若干个位图的块、若干个数据块和一个日志完成标记，如图 3-38 所示。

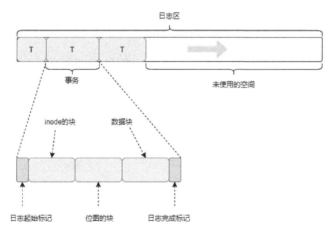

图 3-38　文件系统中的日志原理示意图

由于实际数据的更新在日志之后，如果在数据更新过程中出现了系统崩溃，那么通过日志可以重新进行更新。这样就能保证数据是我们所期望的数据。还有一种异常场景是日志数据刷写过程中。由于此时日志完成标记还没有置位，而且实际数据还没有更新，那么只需要放弃该条日志即可。

3.2.6　权限管理

无论是 Linux 还是 Windows，都是多用户操作系统。由于多个用户的存在，就必须实现用户之间资源访问的隔离。也就是说，用户 A 的资源（主要是文件）不应该让用户 B 访问，或者需要授权后才可以访问。这种管理用户可访问资源的特性就是权限管理。

3.2.6.1　RWX 权限控制的原理

Linux 最常见的访问控制方法被称为 RWX 访问控制。当通过 ls 命令获取文件的详细信息时，其前面的 rwx 字符串就是对文件权限的标示，而后面的两个 root 则是其所属用户和组的信息。图 3-39 所示为 RWX 权限实例。

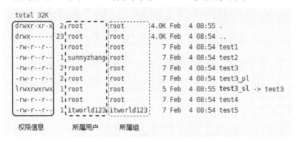

图 3-39　RWX 权限实例

那么 RWX 是什么意思呢？RWX 是 Read、Write 和 eXecute 的缩写，它描述了用户和组对该文件的不同的访问权限。RWX 权限属性含义如图 3-40 所示。整个权限描述分为 4 段，第 1 段用于描述该文件的类型，可以是常规文件（-）、目录（d）、块设备（b）、链接（l）和字符设备（c）等。

图 3-40　RWX 权限属性含义

后面 3 段是文件具体的权限描述信息，分别是文件主权限、组用户权限和其他用户权限。通过上述 3 段的组合就可以实现比较复杂的权限控制。比如，允许某个用户的文件可以被其他用户读取，但是不可以改写和执行等。

上述权限控制信息包含 r、w、x、-共 4 种字符，具体含义如下。

（1）r 表示对于该用户可读。对于文件来说，r 表示允许用户读取内容；对于目录来说，r 表示允许用户读取其中的文件。

（2）w 表示对于该用户可写。对于文件来说，w 表示允许用户修改其内容；对于目录来说，w 表示允许用户将信息写到目录中，即可以创建文件、删除文件、移动文件等。

（3）x 表示对于该用户可执行。对于文件来说，x 表示允许用户执行该文件；对于目录来说，x 表示允许用户进入目录搜索目录内容（能用该目录名称作为路径名去访问它所包含的文件和子目录）。

（4）-表示对于该用户没有对应位的权限。具体禁用的功能请参考 r、w 和 x 的含义理解。以读权限为例，如果用户没有该权限，则对应位置不是"r"，而是"-"。

文件的访问权限是通过文件的 RWX 属性和所属属性共同来控制的。RWX 属性描述了不同的用户和组的访问权限，而所属属性则描述了该文件所属用户和组的信息。

以 test5 文件为例，其主用户是 itworld123，组是 itworld123。而文件的 RWX 属性如图 3-41 所示。这样，主用户 itworld123 是可以读/写的，而其他用户则只能读，不可以写。当然，我们可以修改属性，让 itworld123 组内的所有用户都可以写。

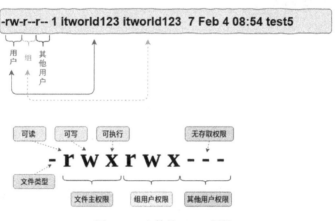

图 3-41　文件的 RWX 属性

RWX 权限控制的入口是打开文件，在打开文件流程中会调用 inode_permission() 函数，该函数判断进程对文件的访问权限。其判断的依据就是 RWX 属性（inode->i_mode 中的内容）和进程的用户信息。

需要注意的是，目录中的文件对目录属性的继承性。也就是说，如果目录属于用户 itworld123，则其中的文件属于 itworld123t1。如果用户 itworld123 对该文件没有写权限，则在强制写数据的情况下该文件的所属用户会变为 itworld123。

3.2.6.2　ACL 权限控制的原理

ACL 也是一种对资源进行访问控制的方式，第 2 章已经介绍过 ACL 的场景和用法。我们可以手动设置文件或目录的 ACL 以实现对文件或目录的访问控制。同时 ACL 还有一个特性是实现对父目录 ACL 属性的继承。根据是否继承，ACL 分为以下两类。

（1）access ACL：每一个对象（文件/目录）都可以关联一个 ACL 来控制其访问权限，这样的 ACL 被称为 access ACL。

（2）default ACL：目录关联的一种 ACL。当目录具备该属性时，在该目录中创建的对象（文件或子目录）默认具有相同的 ACL。

通过 ACL 可以实现比较复杂的访问权限组合，权限的设置通过一个 ACL 条目实现。一个 ACL 条目指定一个用户或一组用户对所关联对象的读、写、执行权限。图 3-42 展示了 ACL 条目的类型。

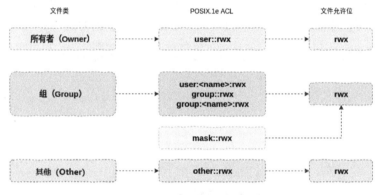

图 3-42　ACL 条目的类型

例如，user::rwx 指定了文件的所有者对该文件的访问权限，user:<name>:rwx 指定了某个特定的用户对该文件的访问权限，mask::rwx 表示该文件最大的允许权限，other::rwx 表示没有在规则列表中的用户所具备的权限。

ACL 在操作系统内部是通过文件的扩展属性实现的。当用户为文件添加一个 ACL 规则时，其实就是为该文件添加一个扩展属性。这样，当后续有某个用户访问该文件时，文件系统根据规则就可以确定访问权限。一个文件可以添加很多扩展属性，因此 ACL 的规则自然也可以有很多，这就保证了 ACL 的灵活性。

需要注意的是，ACL 的数据与文件的普通扩展属性数据存储在相同的位置，只不过通过特殊的标记进行了区分。这样，当普通用户查询扩展属性时 ACL 的数据是可以被文件系统屏蔽的。

本节不再赘述关于 Linux 中 ACL 的实现细节，我们将在第 4 章介绍 Ext2 具体实现时再来分析 ACL 在代码实现层面的内容。

3.2.6.3　SELinux 权限管理

SELinux（Security-Enhanced Linux，安全增强式）是一个在内核中实现的强制存取控制（MAC）安全性机制。SELinux 与 RWX、ACL 最大的区别是基于访问者（应用程序）与资源的规则，而不是用户与资源的规则，因此其安全性更高。这里基于应用程序与资源的规则是指规定了哪些应用程序可以访问哪些资源，而与运行该应用程序的用户无关。

为什么说 SELinux 这种方式更安全呢？前面基于用户的安全策略，如果某个应用程序被黑客攻破，那么黑客可以基于运行该应用程序的用户启动其他应用程序实现对该用户所属其他资源的访问。而 SELinux 限定了应用程序可以访问的资源，即使黑客攻破了该应用程序，也只能访问被限定的资源，而不会扩散到其他地方。

SELinux 的原理架构如图 3-43 所示，最左侧是访问者，也就是服务、进程或用户等。最右侧是被访问者，也就是具体的资源，如文件、目录或套接字等。

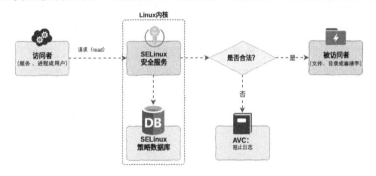

图 3-43　SELinux 的原理架构

当访问者访问被访问者（资源）时，需要调用内核的接口。以读取某个目录的文件为例，需要读取接口 read。此时会经过 SELinux 内核的判断逻辑，该判断逻辑根据策略数据库的内容确定访问者是否有权访问被访问者，如果允许访问则放行，否则拒绝该请求并记录审计日志。

通过图 3-43 可以看出，SELinux 的基本原理是比较简单的，关键是 SELinux 策略数据库的建立。由于应用繁多，资源也很多，因此规则数据库就比较繁杂。在实际使用过程中经常会出现缺少规则而出现访问异常的情况，这时就需要手动添加规则。

3.2.7　配额管理

在多用户环境中，不仅要防止用户对其他用户数据的非法访问，还要确保某些用户所使用的存储空间不能太多。在这种情况下，就需要一种配额（Quota）管理技术。

配额管理是一种对使用空间进行限制的技术，其主要包括针对用户（或组）的限制和针对目录的限制两种方式。针对用户（或组）的限制是指某一个用户（或组）对该文件系统的空间使用不能超过设置的上限，如果超过上限则无法写入新的数据。针对目录的限制是指该目录中的内容总量不能超过设置的上限。

在配额管理中，通常涉及 3 个基本概念，分别是软上限（Soft Limit）、硬上限（Hard Limit）和宽限期（Grace Period）。这里简单介绍一下上述概念。

（1）软上限：指数据总量可以超过该上限。如果超过该上限则会有一个告警信息。

（2）硬上限：指数据总量不可以超过该上限，如果超过该上限则无法写入新的数据。

（3）宽限期：宽限期通常是针对软上限而言的。如果设置了该值（如 3 天），则在 3 天内允许数据量超过软上限，当超过 3 天后，无法写入新的数据。

配额管理是文件系统的一个特性，并非一种特殊的技术，在实现层面上也不需要什么特殊的技术。以用户配额为例，当有新的写请求时，配额子系统会对该请求进行分析。如果需要计入配额管理中，则进行配额上限的检查，在小于上限的情况下会更新配额管理数据，否则将阻止新的数据写入，并发出告警信息。

Windows 中的 NTFS 文件系统实现了配额管理。在"Data（D:）的配额设置"对话框中可以进行配额的基本设置。单击"配额项"按钮，可以进行更加详细的设置，如图 3-44 所示。

图 3-44 "Data（D:）的配额设置"对话框

Linux 也实现了对配额的支持。以 XFS 为例，当挂载文件系统时使用配额选项就可以实现对配额的支持。以启用用户配额为例，可以执行如下挂载命令：

```
mount -o quota xfs_bak /tmp/xfs/
```

然后通过如下命令实现对 sunnyzhang 用户的配额的设置，这里将软上限和硬上限分别设置为 5MB 和 6MB。当然，这里只是一个实例，大家应该根据自己的需要设置。

```
xfs_quota -x -c 'limit -u bsoft=5m bhard=6m sunnyzhang' /tmp/xfs/
```

上面以数据量为例，实际工程实现包含的特性可能会更多。比如，针对文件数量、子目录数量等都可以实现配额管理。

3.2.8　文件锁的原理

第 2 章已经介绍过 Linux 中文件锁的基本用法，并且给出了具体的实例。文件锁的基本作用就是保证多个进程对某个文件并发访问时数据的一致性。如果没有文件锁，就有可能出现多个进程同时访问文件相同位置数据的问题，从而导致文件数据的不一致性。

文件锁的原理并不复杂，主要是要有一个地方记录目前文件的加锁情况，然后当有新的加锁请求时可以基于记录的信息进行对比判断，如图 3-45 所示。新的锁请求会与已有的锁信息进行逐一对比，确定是否存在锁冲突的情况。然后根据锁冲突的情况来进一步确定后续的动作。

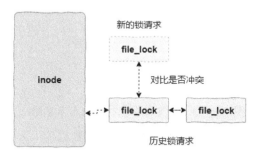

图 3-45　文件锁的基本原理

如果没有任何冲突，则说明该进程是第 1 个加锁的，因此可以将锁信息加入链表后返回；如果有冲突，则说明前面已经有进程对该段数据加锁。文件锁的后续动作与调用函数的参数相关，如果在调用函数时参数指定需要休眠，则该进程进行休眠状态，否则返回一个错误码指示存在锁冲突，具体由应用程序决策后续如何访问该文件。

3.2.9 扩展属性与 ADS

前文已经对 Linux 文件系统的扩展属性进行了介绍。Linux 文件系统的扩展属性以"键-值"对的形式在文件外存储。

Linux 中的扩展属性被划分为不同的空间，具体包含如下几种。

（1）system：用于实现利用扩展属性的内核功能，如访问控制表 ACL。

（2）security：用于实现内核安全模块，如 SELinux。

（3）trusted：把受限制的信息存入用户空间。

（4）user：用于为文件或目录添加一些附加信息，如文件的 MIME、文件编码和字符集等信息。

Windows 中的 NTFS 文件系统并没有类似扩展属性的特性，但是有一个 ADS（Alternate Data Streams）的特性。在 NTFS 文件系统中，将数据流（Data Stream）分为主数据流和备数据流。其中，主数据流就是用户可以看到的文件内容；备数据流则是文件内容之外的数据，通常用户是看不到的。比如，在某个 Word 文档中，我们创建了两个 ADS，分别用于存储字符串和脚本代码，如图 3-46 所示。

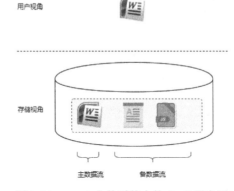

图 3-46　NTFS 文件系统中的 ADS 示意图

在图 3-46 中，我们看到的 Word 文档本身是主数据流（又被称为匿名数据流），而与之关联的字符串数据和代码则是备数据流（又被称为命名数据流）。如果通过资源管理器浏览文件，那么只能看到 Word 文档，却看不到备数据流。

备数据流被称为命名数据流的原因是在创建该数据流时需要给定一个名称，名称命名规则与 Windows 中文件名的命名规则一致。而文件主数据流则不需要特意去命名，实际上它根本就没有名字，因此称为匿名数据流。

为了能够对 ADS 有一个更加形象直观的认识，下面列举一个实例介绍 ADS。以 Windows 10 为例，在 cmd 命令行中可以进行 ADS 的操作。这里有一个大小为 0

字节的 Word 文档，通过 echo 命令可以向该文档写入一个名称为 test_stream 的备数据流。备数据流的内容为 streamdata，大小为 10 字节。

执行 ADS 操作的整个流程如图 3-47 所示，可以看到向该文档写入命名数据流后，该文档的大小并没有发生变化。

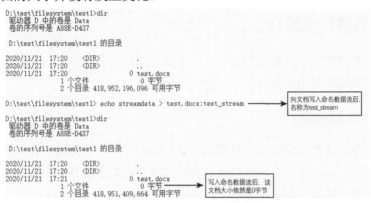

图 3-47　ADS 设置操作演示

ADS 不仅可以存储字符串，它还可以存储任何类型、任意大小的数据。比如，可以通过 type 命令将本目录下一个名为 ceph.jpg 图片文件存储到 ADS 中，代码如下：

```
type ceph.jpg >test.docx:image_stream
```

如果使用 PowerShell，则有另一套工具可以实现对 ADS 的管理。上面创建的两个 ADS，可以在 PowerShell 中通过 Get-Item 命令获取相关的描述信息，如图 3-47 所示。

```
PS D:\test\filesystem\test1> Get-Item -path test.docx -stream *

PSPath         : Microsoft.PowerShell.Core\FileSystem::D:\test\filesystem\test1\test.docx::$DATA
PSParentPath   : Microsoft.PowerShell.Core\FileSystem::D:\test\filesystem\test1
PSChildName    : test.docx::$DATA
PSDrive        : D
PSProvider     : Microsoft.PowerShell.Core\FileSystem
PSIsContainer  : False
FileName       : D:\test\filesystem\test1\test.docx
Stream         : :$DATA
Length         : 0

PSPath         : Microsoft.PowerShell.Core\FileSystem::D:\test\filesystem\test1\test.docx:image_stream
PSParentPath   : Microsoft.PowerShell.Core\FileSystem::D:\test\filesystem\test1
PSChildName    : test.docx:image_stream
PSDrive        : D
PSProvider     : Microsoft.PowerShell.Core\FileSystem
PSIsContainer  : False
FileName       : D:\test\filesystem\test1\test.docx
Stream         : image_stream
Length         : 16991

PSPath         : Microsoft.PowerShell.Core\FileSystem::D:\test\filesystem\test1\test.docx:test_stream
PSParentPath   : Microsoft.PowerShell.Core\FileSystem::D:\test\filesystem\test1
PSChildName    : test.docx:test_stream
PSDrive        : D
PSProvider     : Microsoft.PowerShell.Core\FileSystem
PSIsContainer  : False
FileName       : D:\test\filesystem\test1\test.docx
Stream         : test_stream
Length         : 13
```

图 3-48　Get-Item 命令的使用

如何访问文件中的备数据流呢？通常来说，某些特殊的应用程序可以调用操作系统的 API 来访问。另外，可以通过 Windows 一些程序访问，如前文我们创建的图片格式的备数据流，可以通过如下命令来打开这个图片：

```
mspaint D:\test\filesystem\test1\test.docx:image_stream
```

3.2.10   其他技术简介

除了上面介绍的一些通用的技术，很多文件系统还有一些自己特色的技术。本节再介绍一些比较常用的技术。

3.2.10.1   数据加密

我们在使用计算机时应该有这样的经历，如忘记了操作系统密码，但是又想将里面的数据导出。这时我们可以将硬盘拆卸下来，然后安装到另一台计算机上，通过该计算机来访问这个硬盘的数据。

显然，对于数据安全来说，这是一个安全隐患。因为，任何人都可以将你的硬盘拆卸下来，然后读取其中的数据。为了解决上述问题，文件系统的加密技术应运而生。

文件系统的数据加密又被称为透明数据加密，因为文件系统的数据加密对用户来说是感知不到的、透明的。当用户向文件系统写入数据时，文件系统的加密模块会通过加密算法将加密后的数据写入磁盘。而当用户读取某个文件的数据时，文件系统的加密模块会首先对该数据进行解密，然后将数据返回给应用。

可以看出，这里面的关键是磁盘上的数据是经过加密的。因此，经过加密的磁盘，即使将该磁盘拆卸下来安装到其他计算机上，也是没有办法将数据读取出来的。

3.2.10.2   数据压缩

文件系统的数据压缩技术是通过对文件系统内的数据块进行压缩来提升空间使用率的。文件系统中的数据压缩对用户也是透明的。当用户向该文件系统写入数据时，文件系统的压缩模块会将数据压缩后存储在磁盘上，在读取数据时，该模块会先进行解压，然后返回给应用。

数据压缩技术主要是为了节省用户存储空间的使用。因为有些文件其实有很多重复的数据，通过数据压缩，其冗余的数据将会大大减少。

目前，很多文件系统都支持数据压缩技术，比较常见的有 Windows 中的 NTFS、Solaris 中的 ZFS 和 Linux 中的 Btrfs 等。

3.3　常见本地文件系统简介

3.3.1　ExtX 文件系统

前文已经对 ExtX 文件系统做过不少介绍，本节简单介绍一下 ExtX 文件系统的历史和特性。如果能了解一下 ExtX 文件系统的发展历史，也能对该文件系统的发展有一个更加全面的认识。

Linux 最早是参考 Minix 实现的，其文件系统也是参考 Minix 实现的。Linux 的第 1 个版本并没有自己的文件系统。

Minix 毕竟只是一个用来教学的文件系统，其最大支持的磁盘的容量只有64MB。而且对文件名也有长度限制，最大为 14 个字符。这些限制导致该文件系统很难在实际生产环境中使用。

针对上述问题，1992 年 Rémy Card 设计并实现了 Ext 文件系统，即扩展文件系统。其寓意也是实现了对 Minix 的扩展。为了同时支持 Minix 和 Ext，同时实现了 VFS，并在 Linux 内核的 0.96c 版本中集成发布。

1993 年 Rémy Card 开发出了 Ext2 文件系统，该版本对 Ext 文件系统又做了很多扩展。这个版本是第 1 个商业级的文件系统，应用时间也非常长。但是 Ext2 文件系统没有日志特性，因此无法解决系统崩溃导致数据不一致的问题。

针对没有日志的问题，2001 年 Stephen Tweedie 主导开发了 Ext3 文件系统。该文件系统主要是在 Ext2 文件系统的基础上增加了日志（Journal）特性。通过日志特性，在系统出现崩溃的情况下可以通过扫描日志快速实现对文件系统的修复。

2008 年，Ext4 文件系统出现，该版本引入了很多新特性，如 Extent、预分配、延迟分配和加密等。作者认为 Extent 是所有特性中最突出的特性，它提供了一种新的管理文件数据的方法，使得某些场景下文件的元数据大幅减少。

可以看出来，ExtX 文件系统也是经过几十年的发展才慢慢壮大的，才有了特性丰富的 Ext4 文件系统。

3.3.2　XFS 文件系统

XFS 文件系统于 1994 年由 SGI 开发，运行在 IRIX 操作系统中[9]。1999 年 SGI 将 XFS 文件系统开源，并移植到 Linux 中。此后，XFS 作为一个可选文件系统一直存储在 Linux 内核中。

XFS 是一个 64 位的文件系统，因此其可以管理非常大的空间，并且支持非常大的文件。XFS 文件系统最大可以支持 18EB 的存储空间,并且可以创建最大为 9EB 的文件,这是 Linux 原生文件系统 ExtX 所无法企及的。由于 XFS 没有 ExtX 文件系统中的 inode 表,它可以随意创建 inode,因此 XFS 文件系统没有文件数量 的限制。

3.3.3 ZFS 文件系统

ZFS 是由 Sun(已被 Oracle 收购)开发的高级文件系统。2001 年由 Matthew Ahrens 和 Jeff Bonwick 领导开发,并于 2005 年随 OpenSolaris 一起发布。ZFS 是一 个 128 位的文件系统,因此可以支持非常大的存储空间,被称为下一代文件系统。 在 ZFS 文件系统上可以创建 16EB 的文件,并且该文件系统最大可以支持 256 千万 亿 ZB(1ZB=1000EB)。

ZFS 不仅实现了文件系统,还实现了卷管理的功能。也就是说,ZFS 文件系统 实现了对多个磁盘的管理,并基于多个磁盘构建软 RAID。如图 3-49 所示,ZFS 文 件系统可以基于多个设备构建存储池,然后在存储池中创建文件系统或卷。

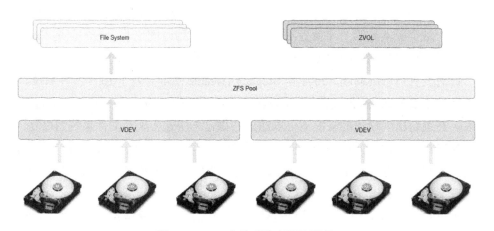

图 3-49　ZFS 文件系统存储池原理

虽然 ZFS 文件系统是基于 Solaris 开发的,但目前已经可以移植到 Linux。遗憾 的是 ZFS 文件系统无法直接集成到 Linux 内核中,因此我们在 Linux 内核中看不到 ZFS 文件系统的身影。无法集成到 Linux 内核的主要原因是 ZFS 文件系统遵循的 是 CDDL 协议,与 GPL 协议有冲突。无论如何,我们还是可以在 Linux 中试用一 下 ZFS 文件系统的。

3.3.4　Btrfs 文件系统

Btrfs 的开发其实是为了有一个 Linux 版本的 ZFS 文件系统，因此其大部分特性与 ZFS 文件系统相同。前文在介绍 ZFS 时，由于 ZFS 文件系统的协议的问题无法直接集成到 Linux 内核中。在 Oracle 收购 Sun 之后，看到了 ZFS 文件系统的诸多优点，于 2007 年着手在 Oracle Linux 中开发一个类似 ZFS 的文件系统，由于其采用 B+树来管理数据，因此命名为 Btrfs（B-Tree-FS）文件系统。

Btrfs 文件系统实现了 ZFS 文件系统的很多特性，如对多磁盘的管理、文件系统快照和写时拷贝等。其中，写时拷贝是 Btrfs 文件系统最大的特性。由于该特性的存在，Btrfs 文件系统通过 COW 日志保证系统崩溃时文件系统的数据一致性。Btrfs 文件系统写时拷贝的原理很简单，当数据被修改时，新数据并不会覆盖旧数据，而是写到新的地方。同时，与该数据相关的元数据也不会原地修改，而是在新位置重新写一份。

如图 3-50 所示，左侧树是一个管理文件数据的 B+树。如果用户修改其中的某数据块，那么该树上相关的中间节点的数据并非在原地修改，而是分配新的空间来存储修改后的数据。由于分配新的空间，所以中间节点存储的地址信息需要同时进行修改，采用相同规则，该中间节点也需要重新分配空间。以此类推，从根节点到待修改数据块的所有节点都需要分配新的空间，因此修改该数据块所影响的所有节点如右侧树虚线框所示。

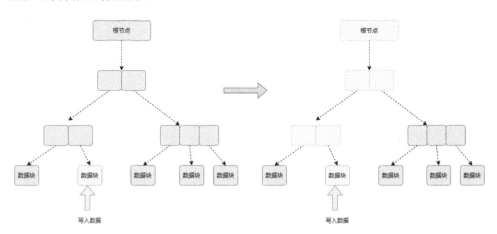

图 3-50　Btrfs 文件系统写时拷贝原理

Btrfs 文件系统有很多优点，但是其性能和稳定性相比 Ext4 文件系统和 XFS 文件系统还是要差一些，因此在实际生产环境的应用比较少一些。

3.3.5　FAT 文件系统

　　FAT（File Allocation Table，文件分配表）是 1977 年微软为 DOS 开发的管理软盘的文件系统。FAT 文件系统的最早版本是 FAT12，由于其管理的容量非常有限，后来又陆续开发了 FAT16 文件系统和 FAT32 文件系统。这里的阿拉伯数字表示数据地址的位数，位数越大，可以表示的空间也就越大。

　　FAT32 文件系统最大可以创建 4GB 的文件，所管理的空间最大为 8TB。虽然 FAT32 文件系统已经做得比较大了，但是跟 Linux 下的几个动辄 EB 级的文件系统相比还是差很多。

　　后来微软又开发了一套新的文件系统，即 exFAT 文件系统。该文件系统主要是为了适应闪存介质而开发的，并且突破了 FAT32 文件系统对容量管理的限制，可以实现 EB 级容量管理。

3.3.6　NTFS 文件系统

　　NTFS（New Technology File System）是微软用于代替 FAT 文件系统的第二代文件系统，于 1993 年首次被引入操作系统中。

　　NTFS 在容量方面有了很大的突破，整个文件系统可以管理 16EB 的空间，而单个文件大小可以达到 256TB。除了容量的突破，NTFS 还有很多现代文件系统的高级特性，如日志、压缩和加密等。

第 4 章

从理论到实战——Ext2 文件系统代码详解

前文主要介绍文件系统的理论，大家应该对文件系统的原理有了基本的认识。接下来以一个具体的文件系统为例来介绍一下文件系统原理的更多细节和具体实现，这样大家能够更加具体地理解文件系统的原理。

对于文件系统代码，本章主要以 Linux 下的 Ext2 文件系统为例进行介绍。选择 Ext2 的原因是它是 Linux 原生的文件系统，并且具备文件系统的主要特性，另外该文件系统又不过于复杂（约 1 万行代码）。正所谓"麻雀虽小，五脏俱全"，非常适合入门者学习。

Ext2 是一个非常有历史的文件系统。1997 年就应用在了 RedHat 的发行版中。Ext2 文件系统的前身是 Ext 文件系统，Ext 是为了克服 Minix 的诸多缺点，由 Rémy Card 开发的基于虚拟文件系统的第一代扩展文件系统。

4.1 本地文件系统的分析方法与工具

虽然 Ext2 文件系统的代码量并不多，但是直接阅读代码，理解整个流程还是有一定难度的。Linux 内核程序的最大问题就是不太好调试。虽然不好调试，但是 Linux 提供了其他工具来窥探其内部。同时，Linux 也提供了很多其他工具来帮助我们学习文件系统。

正所谓"欲善其事，必先利其器"，在真正进入 Ext2 文件系统的学习之前，先了解一些可以帮助我们学习 Ext2 文件系统的工具。

4.1.1　基于文件构建文件系统

构建文件系统并不一定需要磁盘或其他类型的块设备，我们可以直接在一个文件上构建一个文件系统。在 Linux 中基于文件构建文件系统非常方便，而且也便于我们对文件系统的内容进行分析。接下来看一下如何基于文件构建一个文件系统，总体来说分为以下几个步骤。

（1）生成一个全 0 的二进制文件。

可以通过 dd 命令来生成一个全 0 的二进制文件。下面生成一个 100MB 的文件，采用 100MB 的文件足够构建一个 Ext2 文件系统，而且便于后面分析，命令如下：

```
dd if=/dev/zero of=./ext2.bin bs=1M count=100
```

（2）格式化 Ext2 文件系统。

有了 100MB 文件之后就可以在该文件上格式化文件系统。方法很简单，采用平时格式化磁盘的命令即可，命令如下：

```
mkfs.ext2 ext2.bin
```

（3）使用 loop 设备，仿真块设备。

虽然可以格式化文件系统，但是无法像块设备一样挂载到目录树中。通过 Linux 的 loop 设备，可以将一个文件模拟成一个设备，这样就可以挂载访问了，命令如下：

```
losetup /dev/loop10 ./ext2.bin
```

（4）挂载文件系统。

完成上述过程后就已经有一个块设备了（名称为/dev/loop10），然后就可以挂载该文件系统，命令如下：

```
mount /dev/loop10 /tmp/ext2/
```

完成挂载后就可以访问文件系统，如在里面创建文件和目录等。当然，我们也可以向文件系统的根目录拷贝文件。所有操作的数据都会更新到创建的 ext2.bin 文件中。然后我们可以通过查看 ext2.bin 文件的内容学习 Ext2 文件系统磁盘空间布局的相关内容。

4.1.2　了解函数调用流程的利器

在 Linux 中有一个可以非常方便地跟踪内核 API 调用的工具——ftrace。我们可以通过该工具跟踪某些模块的函数调用，这样有助于理解代码调用流程。

ftrace 的使用并不复杂，我们只需要执行以下几个步骤（基于 Ubuntu 20.04，其他发行版本可能略有不同）即可。

（1）切换到 debug 目录。

为了方便操作，先切换到 ftrace 的工作目录，具体路径为：

/sys/kernel/debug/tracing

（2）启用图形化函数跟踪。

ftrace 的功能非常强大，这里选择其图形化跟踪函数调用的功能。具体设置方式是执行如下命令：

echo function_graph > current_tracer

（3）设置过滤参数。

在默认情况下会跟踪所有函数调用，瞬间可能就有几万条记录，不方便我们分析。ftrace 支持过滤设置，可以只跟踪某些函数或不跟踪某些函数。例如，下面设置只跟踪 xfs_ 开头的函数，命令如下：

echo "xfs_*" > set_ftrace_filter

（4）查看跟踪到的内容。

以上就完成了设置。然后制造一些函数调用。比如，在一个 XFS 文件系统的目录中执行 ls 命令，然后打开 ftrace 目录下的 trace 文件，可以看到如图 4-1 所示的内容。这个函数调用栈就是 XFS 文件系统遍历目录时涉及的函数。

```
5650  0)              | xfs_file_readdir [xfs]() {
5651  0)              |   xfs_readdir [xfs]() {
5652  0)              |     xfs_dir2_isblock [xfs]() {
5653  0)              |       xfs_bmap_last_offset [xfs]() {
5654  0)              |         xfs_bmap_last_extent [xfs]() {
5655  0)  0.239 us    |           xfs_iext_last [xfs]();
5656  0)  0.163 us    |           xfs_iext_get_extent [xfs]();
5657  0)  0.908 us    |         }
5658  0)  1.210 us    |       }
5659  0)  1.585 us    |     }
5660  0)              |     xfs_dir2_leaf_getdents [xfs]() {
5661  0)              |       xfs_ilock_data_map_shared [xfs]() {
5662  0)  0.178 us    |         xfs_ilock [xfs]();
5663  0)  0.471 us    |       }
5664  0)              |       xfs_dir2_leaf_readbuf [xfs]() {
5665  0)  0.177 us    |         xfs_iext_lookup_extent [xfs]();
5666  0)  0.480 us    |       }
5667  0)  0.155 us    |       xfs_iunlock [xfs]();
5668  0)  1.762 us    |     }
5669  0)  3.929 us    |   }
5670  0)  4.253 us    | }
```

图 4-1　ftrace 捕获结果

这里只是一个简要的介绍。ftrace 的功能非常强大，可跟踪的内容也非常多。更多的介绍不在本书的范围内，请参考相关书籍，这里就不再赘述。

4.2 从 Ext2 文件系统磁盘布局说起

前文已经介绍过关于 Ext2 文件系统磁盘空间布局的相关内容，但是介绍的内容相对比较概要。本节将更加深入地介绍 Ext2 文件系统磁盘布局的相关内容。理解文件系统的磁盘布局是阅读代码的基础，因此有必要详细介绍一下这部分的内容。

4.2.1 Ext2 文件系统整体布局概述

Ext2 文件系统将磁盘划分为大小相等的逻辑块（Block）进行管理。在格式化时，mkfs.ext2 命令会根据块设备大小自行选择逻辑块大小。Ext2 文件系统逻辑块的大小也可以在格式化时手动设置，可以是 1KB、2KB 和 4KB 等。Ext2 文件系统将磁盘划分为逻辑块，就好像将一栋大厦划分为若干个房间，或者将超市划分为若干个货架区一样，主要是为了方便管理。

同时为了便于管理和避免访问冲突，将若干个逻辑块组成一个大的逻辑块，称为块组（Block Group）。块组是 Ext2 文件系统对磁盘管理的一个子空间。通常来说，Ext2 文件系统是以块组作为一个相对独立的空间来进行管理的。块组的数据被划分为两部分，一部分是元数据区；另一部分是数据区。

元数据区存储的是文件系统的元数据，元数据是文件系统的管理数据，用于对数据区的数据进行管理。数据区中的内容则是用户文件中的实际数据。为了更加直观地理解上述概念的关系，图 4-2 展示了磁盘的块组与数据管理。

通过图 4-2 可以看出，一个磁盘的线性空间被划分为相等大小的块组（最后一个块组的容量可能要小一些）。每个块组都包含元数据区和数据区两个区域。

如果还是不太清楚，我们可以将磁盘理解为一个大厦。大厦整个空间好比磁盘的整个存储空间；而房间是对大厦规划后的结果，好比对磁盘的格式化；大厦每层的布局图好比元数据。我们可以通过楼层和每层的布局图很容易地找到房间。文件系统与此类似，它通过元数据查找和管理逻辑块，也就是数据。

每个块组内部都有相关的元数据对该块组的空间进行管理。实际上 Ext2 文件系统块组的内部结构还要复杂得多。以第 1 个块组（块组 0）为例，元数据包括超级块、块组描述符、数据块位图、inode 位图、inode 表和其他数据块。

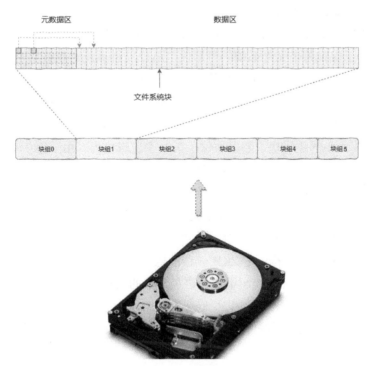

图 4-2　磁盘的块组与数据管理

当然，并非每个块组都这么复杂。如果磁盘的存储空间充足，除第 1 个块组和另外几个对超级块进行备份的块组外，大部分块组只有数据块位图、inode 位图和 inode 表等元数据信息。也就是说，块组其实分为两种类型：一种是有超级块的，比较复杂的块组；另一种是没有超级块的，比较简单的块组。

还有一个需要说明的地方是引导块。引导块并非文件系统中的一部分，而是预留给引导操作系统用的。在操作系统加电启动时，其内容由 BIOS 自动装载到内存并执行。它包含一个启动装载程序，用于从计算机安装的操作系统中选择一个启动，还负责后续启动过程。因此，Ext2 文件系统把这个区域预留出来，不作为文件系统管理的磁盘区域。

4.2.2　超级块（SuperBlock）

超级块是文件系统的起始位置，它是整个文件系统的入口。文件系统的挂载（初始化）就是从读取这里的数据开始的。由于它是一个数据块，但是又是一个非常特别的块，因此被称为超级块。

在超级块中记录了整个文件系统的描述信息，如格式化时指定的文件系统逻辑块大小信息、逻辑块的数量、inode 的数量、根节点的 ID 和文件系统的特性等信息。我们可以通过 dumpe2fs 命令查看文件系统的超级块信息。

另外，为了保证整个文件系统的可靠性，Ext2 文件系统对超级块进行了备份。备份的目的主要是应对突然断电或系统崩溃等异常场景。可以保证在上述场景下，即使第 1 个超级块出现损坏，仍然可以通过其他块组中的超级块进行恢复，不至于整个文件系统都不可访问。

对于 4KB 大小的逻辑块，超级块位于第 1 个逻辑块内。由于第 1 个块组预留了 1KB 的空间作为系统引导区，因此该块组的超级块的位置在 1KB 偏移处，而其他备份块组中的超级块都在该块组偏移为 0 的地方。超级块会占用一个逻辑块的空间（实际占用空间要小于该值），也就是说，块组描述符（ext2_group_desc）位于超级块下一个逻辑块开始的地方。以 4KB 为例，则块组描述符位于 4KB 偏移的地方；以 1KB 为例，则块组描述符位于 2KB 偏移的地方。

代码 4-1 是 Ext2 文件系统超级块在磁盘存放的结构体，磁盘数据被读取后按照该结构体的格式进行解析。其中，__lexx 变量表示小端对齐，使用时需要转换为 CPU 的对齐方式。在文件系统中还有另一个名为 super_block 的结构体，这个结构体用于代码逻辑中使用。

代码 4-1　Ext2 文件系统超级块在磁盘存放的结构体

fs/ext2/ext2.h			
417	struct ext2_super_block {		
418	__le32	s_inodes_count;	// inode 总数量
419	__le32	s_blocks_count;	// 逻辑块总数量
420	__le32	s_r_blocks_count;	// 保留的逻辑块数量
421	__le32	s_free_blocks_count;	// 可用的逻辑块数量
422	__le32	s_free_inodes_count;	// 可用的 inode 数量
423	__le32	s_first_data_block;	// 第 1 个数据块的位置
424	__le32	s_log_block_size;	// 逻辑块大小
425	__le32	s_log_frag_size;	// 碎片大小
426	__le32	s_blocks_per_group;	// 每个块组中逻辑块的数量
427	__le32	s_frags_per_group;	// 每个块组中碎片的数量
428	__le32	s_inodes_per_group;	// 每个块组中 inode 的数量
429	__le32	s_mtime;	// 挂载时间
430	__le32	s_wtime;	// 写数据时间
431	__le16	s_mnt_count;	// 挂载数量
432	__le16	s_max_mnt_count;	// 最大挂载数量
433	__le16	s_magic;	// 魔数标记
434	__le16	s_state;	// 文件系统的状态
435	__le16	s_errors;	// 检测到错误时的行为
436	__le16	s_minor_rev_level;	// 次级修订版本
437	__le32	s_lastcheck;	// 上次检查的时间
438	__le32	s_checkinterval;	// 两次检查的间隔

```
439        __le32      s_creator_os;              // 操作系统
440        __le32      s_rev_level;               // 修订版本
441        __le16      s_def_resuid;              // 保留块的缺省用户 ID
442        __le16      s_def_resgid;              // 保留块的缺省组 ID
443
444
445        /* 这些域仅仅被 EXT2_DYNAMIC_REV 使用。
446
447         * 注意: 兼容特性集与非兼容特性集的差异在于,
448         * 非兼容特性集中包含一个内核感知不到的位集合,
449         * 内核应该拒绝挂载该文件系统。
450
451         * e2fsck 的需求更加严格。如果一个特性既不属于兼容特性集,
452         * 又不属于非兼容特性集,则必须放弃它,不会试图干预
453         * 它不理解的内容
454         */
455
456        __le32      s_first_ino;               // 第 1 个非保留 inode
457        __le16      s_inode_size;              // inode 结构体的大小
458        __le16      s_block_group_nr;          // 超级块的块组号
459        __le32      s_feature_compat;          // 兼容特性集
460        __le32      s_feature_incompat;        // 非兼容特性集
461        __le32      s_feature_ro_compat;       // 只读兼容特性集
462        __u8        s_uuid[16];                // 卷的 128 位 UUID
463        char        s_volume_name[16];         // 卷名称
464        char        s_last_mounted[64];        // 上次挂载的目录
465        __le32      s_algorithm_usage_bitmap;  // 用于压缩
466
467
468
469        // 性能提示, 如果打开 EXT2_COMPAT_PREALLOC 旗标, 则会有目录预分配
470        __u8        s_prealloc_blocks;         // 试图预分配块编号
471        __u8        s_prealloc_dir_blocks;     // 针对目录预分配块编号
472        __u16       s_padding1;
473
474
475        // 如果设置了 EXT3_FEATURE_COMPAT_HAS_JOURNAL, 则开启日志特性
476        __u8        s_journal_uuid[16];        // 日志超级块的 UUID
477        __u32       s_journal_inum;            // 日志文件的 inode 编号
478        __u32       s_journal_dev;             // 日志文件的设备编号
479        __u32       s_last_orphan;             // 预删除 inode 链表的起始位置
480        __u32       s_hash_seed[4];            // 哈希种子
481        __u8        s_def_hash_version;        // 要使用的缺省哈希版本
482        __u8        s_reserved_char_pad;
483        __u16       s_reserved_word_pad;
484        __le32      s_default_mount_opts;
485        __le32      s_first_meta_bg;           // 块组的第 1 个元块
486        __u32       s_reserved[190];           // 填充本块的尾部
487    };
```

虽然超级块中的内容非常多，但并不难理解，其中的信息大多是描述性内容。目前，不理解超级块中的内容也没有关系，随着深入学习后续内容，相信读者会慢慢理解。

4.2.3 块组描述符（Block Group Descriptor）

块组描述符是对块组进行描述的一个数据结构。块组描述符紧跟在超级块之后，需要注意的是，块组描述符信息是以列表的形式跟在超级块之后的，它包含所有块组的描述信息。

块组描述符的描述信息包括对应块组中数据块位图的位置、inode 位图的位置和 inode 表的位置等信息。另外，还包括数据块和 inode 的剩余情况等信息。代码 4-2 是块组描述符的结构体，该结构体是磁盘上的数据内容，可以看出该结构体占用 32 字节的空间。

代码 4-2　块组描述符的结构体

fs/ext2/ext2.h			
199	struct ext2_group_desc		
200	{		
201	__le32	bg_block_bitmap;	// 数据块位图的位置
202	__le32	bg_inode_bitmap;	// inode 位图的位置
203	__le32	bg_inode_table;	// inode 表的位置
204	__le16	bg_free_blocks_count;	// 剩余可用块的数量
205	__le16	bg_free_inodes_count;	// 剩余可用 inode 的数量
206	__le16	bg_used_dirs_count;	// 目录数量
207	__le16	bg_pad;	
208	__le32	bg_reserved[3];	
209	};		

为了更加直观地了解块组描述符，我们通过一个实例进行分析。首先创建一个 100MB 的空白文件，然后使用 1KB 块进行格式化。由于 1KB 块大小时块组大小为 8MB，因此该文件系统会创建 13 个块组，最后一个块组大小为 4MB（100-12×8）。

可以通过 dumpe2fs 命令获取关于该文件系统的块组信息，如图 4-3 所示。可以看到，块组的信息是一字排开的，每个块组中包含各个关键的位置信息和剩余的资源信息。

```
Group 0: (Blocks 1-8192)
  Primary superblock at 1, Group descriptors at 2-2
  Reserved GDT blocks at 3-258
  Block bitmap at 259 (+258)
  Inode bitmap at 260 (+259)
  Inode table at 261-507 (+260)
  7671 free blocks, 1965 free inodes, 2 directories
  Free blocks: 522-8192
  Free inodes: 12-1976
Group 1: (Blocks 8193-16384)
  Backup superblock at 8193, Group descriptors at 8194-8194
  Reserved GDT blocks at 8195-8450
  Block bitmap at 8451 (+258)
  Inode bitmap at 8452 (+259)
  Inode table at 8453-8699 (+260)
  7685 free blocks, 1976 free inodes, 0 directories
  Free blocks: 8700-16384
  Free inodes: 1977-3952
Group 2: (Blocks 16385-24576)
  Block bitmap at 16385 (+0)
  Inode bitmap at 16386 (+1)
  Inode table at 16387-16633 (+2)
  7943 free blocks, 1976 free inodes, 0 directories
  Free blocks: 16634-24576
  Free inodes: 3953-5928
```

图 4-3　块组的描述信息

虽然通过 dumpe2fs 命令可以很容易获取块组的信息，但还想要更进一步看一看这些数据在磁盘上是如何存储的。可以通过 vim 命令和 hexdump 命令查看前面创建文件系统时的文件内容。在 Linux 中，可以通过 vim 命令或 hexdump 命令查看其中的内容。

由于格式化的文件系统逻辑块大小是 1KB，通过前文我们知道引导块和超级块各占用了 1 个逻辑块，因此块组描述符的起始位置应该在 2KB 偏移的地方。根据这个信息，我们可以通过 hexdump 命令来读取该区域的数据，命令如下：

```
hexdump -n 1024 -s 2048 ext2_1kb.bin
```

从前文我们知道块组描述符占用 32 字节的空间，而且 13 个块组描述符一字排开，就像结构体数组一样。如图 4-4 所示，块组 0 和块组 1 的数据分别由虚线框和实现框框住。以块组描述符中逻辑块位图的位置信息为例，两个块组的值分别是 259 和 8451，对比通过 hexdump 命令读取的数据和通过 dumpe2fs 命令读取的数据，可以看出两者是匹配的。

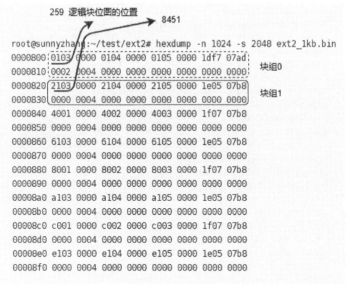

图 4-4　块组详细信息对比

本节只给出了逻辑块位图的位置数据，大家可以自行分析其他信息。比如，根据数据结构对比分析 inode 位图的位置，剩余逻辑块数量和 inode 数量等块组内的其他信息。这样，大家就对块组的磁盘数据就有了比较具体的理解。

4.2.4　块位图（Block Bitmap）

块位图标识了块组中哪个数据块被使用了，哪个数据块没有被使用。在块位图区中将 1 字节（Byte）划分为 8 份，也就是用 1 位（bit）对一个逻辑块进行标记。如果该位是 0，则表示该位对应的逻辑块未被使用；如果该位是 1，则表示该位对应的逻辑块已经被使用。如图 4-5 所示，块位图区中的深灰色表示 1，浅灰色表示 0；逻辑块区中的实线表示已经分配的空间。

图 4-5　块位图磁盘空间管理的基本原理

块位图位于每个块组中，其大小为一个文件系统逻辑块。由于文件系统逻辑块的大小是可变的（格式化时指定），而块位图永远占用一个逻辑块的空间，这就是为什么块组大小是变化的原因。

以默认块大小 4KB 为例，可以管理 4096×8 个逻辑块，即 4096×8×4096=128MB 的空间。而在前面我们格式化的 1KB 的文件系统，则块组的大小是 1024×8×1024= 8MB。

为了更加直观地了解块位图，我们可以使用 hexdump 命令将本实例中第 1 个块组（块组 0）的块位图导出，如图 4-6 所示。通过图 4-6 可以清晰地了解到块组中哪些块被分配了，哪些没有被分配。

```
root@sunnyzhang:~/test/ext2# hexdump -v -n 1024 -s 265216 ext2_1kb.bin
0040c00 ffff ffff ffff ffff ffff ffff ffff ffff
0040c10 ffff ffff ffff ffff ffff ffff ffff ffff
0040c20 ffff ffff ffff ffff ffff ffff ffff ffff
0040c30 ffff ffff ffff ffff ffff ffff ffff ffff
0040c40 01ff 0000 0000 0000 0000 0000 0000 0000
0040c50 0000 0000 0000 0000 0000 0000 0000 0000
0040c60 0000 0000 0000 0000 0000 0000 0000 0000
0040c70 0000 0000 0000 0000 0000 0000 0000 0000
```

图 4-6　块组中的块位图

计算该块组已经使用的逻辑块的数量，可以得到其数值为 521（16×4×8+9）。再结合图 4-3 可以看出两者是匹配的。

4.2.5　inode 位图（inode Bitmap）

inode 位图与逻辑块位图类似，标识 inode 的使用情况，并对其进行管理。其中，inode 位图中的每一位与 inode 表中的一个 inode 对应。如果这一位为 1，则说明 inode 表中的 inode 已经被分配出去，否则就表示该 inode 可以被使用。inode 位图占用一个文件系统逻辑块的空间。

4.2.6　inode 与 inode 表

在 Linux 中，inode 是一个非常基础的概念，它用于标识和管理一个文件/目录。这里面涉及两个含义，一个是标识一个文件；另一个是管理文件的元数据和数据。

标识一个文件是指这个 inode 包含一个 inode ID，而该 inode ID 在文件系统中是唯一的。从文件的查找和访问本质上来说是通过该 inode ID 来查找的，最终定位到 inode。

管理元数据和数据是指通过该 inode 可以获取文件的元数据和数据信息。元数据信息很容易被得到，基本全在 inode 结构体中；而数据信息则是通过该结构体中的一个数组描述的，在该数组中存储着数据的位置信息（可以先这么简单理解，后面进行详细介绍）。代码 4-3 是 inode 结构体在磁盘上的数据结构，可以看出 inode 包含的内容还是比较多的，大部分内容比较直观，本节不再赘述。

代码 4-3　inode 结构体在磁盘上的数据结构

fs/ext2/ext2.h		
302	struct ext2_inode {	
303	__le16　i_mode;	// 文件访问模式，描述不同用户的访问权限
304	__le16　i_uid;	// 用户 ID 信息
305	__le32　i_size;	// 文件大小
306	__le32　i_atime;	// 访问时间
307	__le32　i_ctime;	// 创建时间
308	__le32　i_mtime;	// 修改时间
309	__le32　i_dtime;	// 删除时间
310	__le16　i_gid;	// 组 ID 的低 16 位
311	__le16　i_links_count;	// 链接数量
312	__le32　i_blocks;	// 块数量
313	__le32　i_flags;	// 文件旗标
314	union {	
315	struct {	
316	__le32　l_i_reserved1;	
317	} linux1;	
318	struct {	
319	__le32　h_i_translator;	
320	} hurd1;	
321	struct {	
322	__le32　m_i_reserved1;	
323	} masix1;	
324	} osd1;	// 与操作系统相关的内容 1
325	__le32　i_block[EXT2_N_BLOCKS];	
326	// 数据块位置指针，用于记录数据的位置	
327	__le32　i_generation;	
328	__le32　i_file_acl;	// ACL 数据的位置
329	__le32　i_dir_acl;	// 目录 ACL 数据的位置
330	__le32　i_faddr;	// 碎片地址
331	union {	
332	struct {	
333	__u8　l_i_frag;	// 碎片编号
334	__u8　l_i_fsize;	// 碎片大小
335	__u16　i_pad1;	
336	__le16　l_i_uid_high;	
337	__le16　l_i_gid_high;	
338	__u32　l_i_reserved2;	
339	} linux2;	
340	struct {	
341	__u8　h_i_frag;	// 碎片编号
342	__u8　h_i_fsize;	// 碎片大小
343	__le16　h_i_mode_high;	

344		__le16	h_i_uid_high;	
345		__le16	h_i_gid_high;	
346		__le32	h_i_author;	
347	} hurd2;			
348	struct {			
349		__u8	m_i_frag;	// 碎片编号
350		__u8	m_i_fsize;	// 碎片大小
351		__u16	m_pad1;	
352		__u32	m_i_reserved2[2];	
353	} masix2;			
354	} osd2;			// 与操作系统相关的内容 2
355	};			

inode 表以列表的形式紧跟在 inode 位图之后，每一项就是一个 inode 节点。在 Ext2 文件系统中，inode 的默认大小是 128 字节。另外，可以在格式化文件系统时通过选项指定 inode 的大小，因此 inode 表所占的空间并非固定的。

为了更加直观地理解 inode 位图与 inode 表及两者之间的关系，我们通过分析磁盘空间的数据进行实际解析。在根目录下创建 5 个文件，如图 4-7 所示。

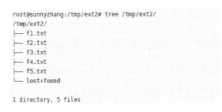

图 4-7　在根目录下创建 5 个文件

由于创建的文件数量很少，因此数据都在第 1 个块组中，也就是块组 0。关于 inode 位图和 inode 表的位置可以通过块组 0 的描述符获得。首先看一下 inode 位图的信息，如图 4-8 所示。

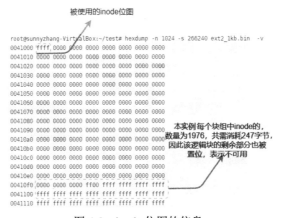

图 4-8　inode 位图的信息

通过图 4-8 可以看出，Ext2 文件系统共有 16 个 inode 被分配。这时可能会感觉有些奇怪，明明创建了 5 个文件，为什么是 16 个 inode 被分配呢？

这是因为 Ext2 文件系统保留了前 11 个 inode 作为内部使用。特别是 inode ID 为 2 的 inode 是用来作为根目录的。因此，如果查看创建的文件，则 inode ID 是从 12 开始的，如图 4-9 所示。

```
root@sunnyzhang-VirtualBox:~/test# ls -alhi /mnt/ext2/
total 22K
     2 drwxr-xr-x 3 root root 1.0K 9月   5 20:58 .
262145 drwxr-xr-x 3 root root 4.0K 9月   5 20:56 ..
    12 -rw-r--r-- 1 root root    7 9月   5 20:57 f1.txt
    13 -rw-r--r-- 1 root root    7 9月   5 20:57 f2.txt
    14 -rw-r--r-- 1 root root    7 9月   5 20:57 f3.txt
    15 -rw-r--r-- 1 root root    7 9月   5 20:57 f4.txt
    16 -rw-r--r-- 1 root root    7 9月   5 20:58 f5.txt
    11 drwx------ 2 root root  12K 9月   4 21:31 lost+found
```

图 4-9　文件与 inode ID 的对应关系

然后返回 inode 表，inode 表的位置信息在块组描述符中有记录。由于每个 inode 的大小固定，我们可以根据 inode ID 很容易找到 inode 的数据。以 f1.txt 文件为例，inode ID 为 12，于是我们可以找到该区域的数据。

通过 inode 结构体的定义和图 4-10 中的数据，我们可以确定获取的数据正是该 inode 的数据。以文件 f1.txt（inode ID 为 12）为例，其访问模式是 rw-r--r--，转换成数字为 0644。而对应 inode 中 i_mode 成员的值为 0100644（0x81a4），可以看出后半部分与访问模式是匹配的。前半部分不一致是因为 i_mode 成员不仅用于访问模式，还用于标识文件类型。这里 f1.txt 是普通文件，因此对应的值是 0100000（请参考宏定义 S_IFREG），两者进行或运算得到 0100644（0x81a4）。

```
0041900 41c0 0000 3000 0000 8b2c 5f53 41cf 5f52
0041910 41cf 5f52 0000 0000 0000 0002 0018 0000
0041920 0000 0000 0000 0000 01fd 0000 01fe 0000
0041930 01ff 0000 0200 0000 0201 0000 0202 0000
0041940 0203 0000 0204 0000 0205 0000 0206 0000
0041950 0207 0000 0208 0000 0000 0000 0000 0000
0041960 0000 0000 0000 0000 0000 0000 0000 0000
0041970 0000 0000 0000 0000 0000 0000 0000 0000
0041980 81a4 0000 0007 0000 8b3e 5f53 8b3e 5f53
0041990 8b3e 5f53 0000 0000 0000 0001 0002 0000
00419a0 0000 0000 0001 0000 0401 0000 0000 0000
00419b0 0000 0000 0000 0000 0000 0000 0000 0000          12
00419c0 0000 0000 0000 0000 0000 0000 0000 0000
00419d0 0000 0000 0000 0000 0000 0000 0000 0000
00419e0 0000 0000 882c bf8d 0000 0000 0000 0000
00419f0 0000 0000 0000 0000 0000 0000 0000 0000
0041a00 81a4 0000 0007 0000 8b45 5f53 8b45 5f53
0041a10 8b45 5f53 0000 0000 0000 0001 0002 0000
0041a20 0000 0000 0001 0000 0402 0000 0000 0000
0041a30 0000 0000 0000 0000 0000 0000 0000 0000          13
0041a40 0000 0000 0000 0000 0000 0000 0000 0000
0041a50 0000 0000 0000 0000 0000 0000 0000 0000
0041a60 0000 0000 8689 41c0 0000 0000 0000 0000
0041a70 0000 0000 0000 0000 0000 0000 0000 0000
0041a80 81a4 0000 0007 0000 8b4c 5f53 8b4c 5f53
0041a90 8b4c 5f53 0000 0000 0000 0001 0002 0000
0041aa0 0000 0000 0001 0000 0403 0000 0000 0000
0041ab0 0000 0000 0000 0000 0000 0000 0000 0000
0041ac0 0000 0000 0000 0000 0000 0000 0000 0000
0041ad0 0000 0000 0000 0000 0000 0000 0000 0000
0041ae0 0000 0000 20cf e575 0000 0000 0000 0000
0041af0 0000 0000 0000 0000 0000 0000 0000 0000
0041b00 81a4 0000 0007 0000 8b53 5f53 8b53 5f53
0041b10 8b53 5f53 0000 0000 0000 0001 0002 0000
```

图 4-10　inode 表的磁盘数据

4.3　Ext2 文件系统的根目录与目录数据布局

Linux 中的文件系统采用的是层级目录树结构，因此任何文件必须要位于某个目录中。Linux 中的每个文件系统都要有一个根目录，这样才能基于该根目录来创建文件和子目录。当文件系统的根目录挂载到 Linux 文件系统目录树时，该根目录就变成了目录树中的一个子目录。

目录本质上也是一个文件，只不过其存储的数据是一个特定的、格式化的数据。而不像文件那样是一些文件系统不感知的字节流。那么这种格式化数据是什么样的呢？我们看一看 Ext2 文件系统目录项的数据结构，如代码 4-4 所示。

代码 4-4　Ext2 文件系统目录项的数据结构

fs/ext2/ext2.h			
598	struct ext2_dir_entry_2 {		
599	__le32	inode;	// inode ID
600	__le16	rec_len;	// 目录项的长度
601	__u8	name_len;	// 名称长度
602	__u8	file_type;	
603	char	name[];	// 文件名
604	};		

上述数据结构有多个成员，最主要的成员是 inode 和 name，name 就是普通用户看到的文件名，而 inode 则是该文件的 inode ID。另外，rec_len 和 name_len 是辅助我们实现目录项遍历和管理的。在本实例中，目录项在目录中的组织如图 4-11 所示（这里省略了部分内容）。

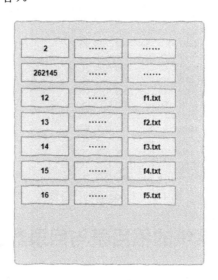

图 4-11　目录项在目录中的组织

可以看出，目录中的目录项主要建立了文件名与 inode ID 的一一对应关系。这样，当用户通过文件名访问某个文件时，文件系统就可以根据文件名找到对应的 inode ID。由于 inode 在 inode 表中依次排列，因此也就可以根据 inode ID 找到对应的 inode，从而进行文件访问。

为了更加深刻地理解目录内容与数据结构的关系，我们可以对磁盘上的数据进行分析。由于创建的文件位于根目录中，因此我们需要分析根目录的内容。具体方法是先找到根目录的 inode，然后根据 inode 中记录的数据位置信息找到该目录的数据。

通过前文我们已经知道根目录的 inode ID 是 2，因此可以很容易地根据该 inode ID 从 inode 表中找到对应 inode 的内容。由于 inode 表的起始位置是第 260 个逻辑块，也就是在 267,264（260×1024）字节偏移的位置，使用 hexdump 命令可以获取 inode 表前几个 inode 的数据，如图 4-12 所示。

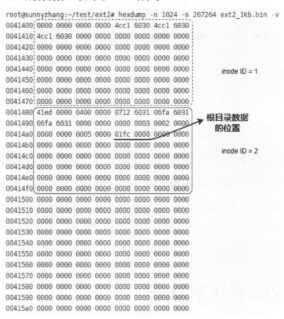

图 4-12　Ext2 根目录的 inode 内容

对照磁盘上的数据与 ext2_inode（见代码 4-3），我们可以找到该目录数据的存储位置。图 4-12 中的 01fc 就是存储目录数据的位置，它是以文件系统逻辑块为单位的。我们根据该偏移可以输出目录数据，如图 4-13 所示。

再次结合磁盘数据和目录项（见代码 4-4）的定义，我们可以知道每一项的相关内容。其中，f1.txt 与 f2.txt 对应的目录项的数据如图 4-13 所示。

```
root@sunnyzhang:~/test/ext2# hexdump -n 1024 -s 520192 ext2_1kb.bin -v -C
0007f000  02 00 00 00 0c 00 01 02  2e 00 00 00 02 00 00 00  |................|
0007f010  0c 00 02 02 2e 2e 00 00  00 00 00 00 14 00 0a 02  |................|
0007f020  6c 6f 73 74 2b 66 6f 75  6e 64 00 00 0c 00 01 02  |lost+found......|
0007f030  10 00 06 01 66 31 2e 74  78 74 00 00 0d 00 00 00  |....f1.txt......|
0007f040  10 00 06 01 66 32 2e 74  78 74 00 00 00 00 00 00  |....f2.txt......|
0007f050  10 00 06 01 66 33 2e 74  78 74 00 00 0f 00 00 00  |....f3.txt......|
0007f060  10 00 06 01 66 34 2e 74  78 74 00 00 00 00 00 00  |....f4.txt......|
0007f070  94 03 06 01 66 35 2e 74  78 74 00 00 00 00 00 00  |....f5.txt......|
0007f080  00 00 00 00 00 00 00 00  00 00 00 00 00 00 00 00  |................|
0007f090  00 00 00 00 00 00 00 00  00 00 00 00 00 00 00 00  |................|
0007f0a0  00 00 00 00 00 00 00 00  00 00 00 00 00 00 00 00  |................|
0007f0b0  00 00 00 00 00 00 00 00  00 00 00 00 00 00 00 00  |................|
0007f0c0  00 00 00 00 00 00 00 00  00 00 00 00 00 00 00 00  |................|
0007f0d0  00 00 00 00 00 00 00 00  00 00 00 00 00 00 00 00  |................|
```

图 4-13　Ext2 文件系统目录数据

如图 4-13 所示，不同粗细和类型的线段表示一个目录项。通过分析上面数据可以看出其内容与实例中目录内容是一致的。以 f1.txt 文件为例，该文件对应相应的目录项内容，对照上面介绍的数据结构，我们可以得到如图 4-14 所示的内容。

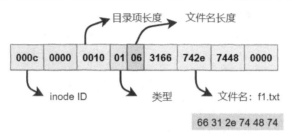

图 4-14　目录项在磁盘中的数据

这里需要注意的是字节的对齐方式。以文件名为例，可以看出上述磁盘数据的顺序与文件名并不一致，这与磁盘数据及内存数据的大小端对齐相关。

综上所述，目录项的本质是建立文件名与 inode ID 的关联关系。当通过文件名访问文件时，其实本质上是找到文件对应的 inode ID。然后根据 inode ID 找到 inode，之后就可以访问该文件的数据了。

4.4　Ext2 文件系统的挂载

对于 Linux 来说，在使用文件系统之前先要挂载文件系统。3.1.2.3 节已经比较详细地介绍了文件系统的挂载流程。对于 Ext2 文件系统来说，在挂载的流程中主要调用了 ext2_mount()函数，该函数主要从磁盘读取超级块的信息，完成超级块和根目录的初始化，最终返回一个 dentry 指针，如代码 4-5 所示。

代码 4-5　Ext2 文件系统 ext2_mount()函数

fs/ext2/super.c	
1472	static struct dentry *ext2_mount(struct file_system_type *fs_type,
1473	int flags, const char *dev_name, void *data)
1474	{
1475	return mount_bdev(fs_type, flags, dev_name, data, ext2_fill_super);
1476	}

从代码 4-5 可以看出，ext2_mount()函数主要调用 mount_bdev 来完成工作，这里主要传入了块设备名称和函数指针 ext2_fill_super。超级块结构体的填充主要在 ext2_file_super 函数指针完成，该函数指针会从块设备读取超级块的数据，并且填充到 ext2_sb_info 结构体中，最终完成 ext2_sb_info 和 super_block 结构体的初始化。

除了完成超级块相关结构体的初始化，ext2_fill_super 函数指针还有一个重要的工作是从磁盘读取根目录的 inode 信息，然后完成 inode 和 dentry 的初始化及关联。而这里的 dentry 则是在 VFS 挂载流程中必不可少的内容。

我们知道 inode 初始化时会完成操作函数指针的初始化。在挂载时 Ext2 文件系统完成了自己的根目录 inode 的初始化，这样在后续通过该 inode 访问数据时也就是使用了 Ext2 文件系统的函数来访问。

4.5　如何创建一个文件

通过前文我们知道在 Linux 中文件是由 inode 标识的，每个文件在磁盘上都有一个 inode 节点。对于 Ext2 文件系统来说，通常这些 inode 节点会被相对集中地放在一个区域，这个区域叫作 inode 表，如图 4-15 所示。

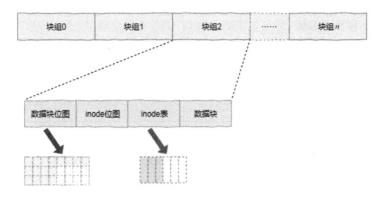

图 4-15　inode 位图与 inode 表的关系

同时，通过前文我们了解了 Ext2 文件系统的目录是如何组织数据的，并且了解了目录与文件及文件数据的组织关系。如果简单地概括一下，则创建文件应该包含以下几个步骤。

（1）从 inode 表中申请一个 inode。

（2）在目录中创建一个目录项。

（3）申请磁盘空间存储数据（如果存在写数据）。

本节将介绍 Ext2 文件系统创建一个文件的流程及关键代码。在整个流程中将涉及如何更改目录数据和申请 inode 等内容。

4.5.1 创建普通文件

创建文件的操作通常由用户态发起，通过虚拟文件系统中的 vfs_create()函数调用文件系统的 create()函数完成具体工作。对于 Ext2 文件系统，调用的接口是 ext2_create()函数，该函数的源代码如代码 4-6 所示。

代码 4-6　Ext2 文件系统创建文件的接口

fs/ext2/namei.c

```
95      static int ext2_create (struct inode * dir, struct dentry * dentry, umode_t mode, bool excl)
96      {
97          struct inode *inode;
98          int err;
99
100         err = dquot_initialize(dir);
101         if (err)
102             return err;
103
104         inode = ext2_new_inode(dir, mode, &dentry->d_name);    // 分配一个新的 inode
105         if (IS_ERR(inode))
106             return PTR_ERR(inode);
107
108         ext2_set_file_ops(inode);                              // 为 inode 设置操作文件的函数指针
109         mark_inode_dirty(inode);
110         return ext2_add_nondir(dentry, inode);                 // 在目录中添加一项内容
111     }
```

我们将上述函数简化为如图 4-16 所示的流程图。通过该流程图可以比较清晰地看到创建文件的主要流程，分别是创建 inode、设置函数指针和向目录中添加目录项。接下来详细介绍每个函数的实现。

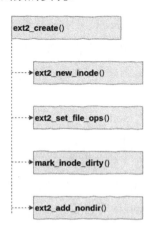

图 4-16　创建文件的流程图

ext2_new_inode()函数用于创建内存中的 inode 节点。根据 Ext2 文件系统的 inode 位图查找可以使用的 inode 表项，然后填充 ext2_inode_info 结构体。最后完成 inode 节点基本的初始化工作。需要注意的是，ext2_new_inode()函数返回的 inode 的数据结构（第 104 行）为 struct inode，并非前文磁盘数据结构 ext2_inode。struct inode 是内存中表示文件 inode 的数据结构，是 VFS 中一个通用的数据结构。

与 inode 相关的数据结构涉及 3 个，如图 4-17 所示（只展示部分成员）。其中，inode 是 VFS 内存中的数据结构，提供一个抽象的文件节点。ext2_inode_info 是 Ext2 文件系统文件 inode 在内存中的数据结构。ext2_inode 是 Ext2 文件系统在磁盘上的数据结构。

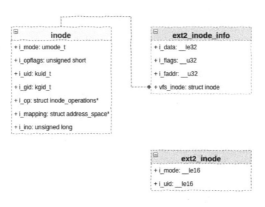

图 4-17　与 inode 相关的数据结构

磁盘数据结构 ext2_inode 只用于磁盘读/写的场景。当从磁盘读取数据时，会先将磁盘数据读到该数据结构，然后将其中的数据赋值给 ext2_inode_info 的成员。对于 Ext2 文件系统来说，这个赋值操作在 ext2_iget()函数中完成。当向磁盘写数据时，涉及反向赋值的操作，也就是将 ext2_inode_info 中的数据赋值给 ext2_inode 的成员，这需要在__ext2_write_inode()函数中实现。

这回 ext2_new_inode()函数的流程。首先分配内存数据结构；其次根据位图查找可以使用的 inode 表项，并且标记为已使用状态；最后根据分配的 inode 表项来初始化内存数据结构。

ext2_new_inode()函数的流程图如图 4-18 所示。在该流程图中，new_inode()函数是 VFS 中的函数，其返回一个 inode 指针。对于 Ext2 文件系统来说，该函数实质上是调用 ext2_alloc_inode()函数分配内存的，大家可以阅读一下该函数的实现代码。上述返回的 inode 指针本质上是 ext2_inode_info 结构体的内存。返回 inode 地址实际上是一种实现抽象的方法，类似 C++中父类的概念。可以很容易地根据 inode

指针反向获取 ext2_inode_info 的指针，其他文件系统类似。Ext2 文件系统中的具体实现如代码 4-7 所示。

代码 4-7　EXT2_I()函数

fs/ext2/ext2.h
714　　static inline struct ext2_inode_info *EXT2_I(struct inode *inode)
715　　{
716　　　　return container_of(inode, struct ext2_inode_info, vfs_inode);
717　　}

接下来的几个函数主要从磁盘读取 inode 的位图信息，确定可用 inode 的过程。最终，会从 inode 表中选择一个可用 inode，并将位图置位。然后是对 inode 和 ext2_inode_info 成员初始化的过程。

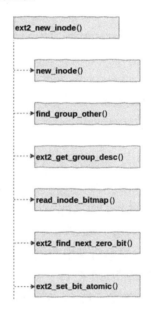

图 4-18　ext2_new_inode()函数的流程图

ext2_set_file_ops()函数用于设置 Ext2 文件系统文件操作相关的函数指针，不同类型的文件，函数指针略有不同。比如，目录文件与常规文件的函数指针是不同的。这部分逻辑比较简单，大家可以自行阅读代码。

ext2_add_nondir()函数用于在目录数据中添加目录项，ext2_add_nondir()函数的流程图如图 4-19 所示。前文已经介绍过目录数据的存储格式，大家可以参考一下。目录项的具体查找和添加工作是通过调用 ext2_add_link()函数完成的。d_instantiate_new()函数用于建立 dentry 与 inode 的关联，并更新 inode 的状态。

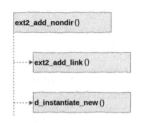

图 4-19　ext2_add_nondir()函数的流程图

至此，就在 Ext2 文件系统中成功创建了文件。由于 Ext2 文件系统不支持日志和事务，创建文件的整体流程还是比较简单的，更多细节大家可以自行阅读代码。

4.5.2　创建软硬链接

前文已经介绍了关于链接的概念，本节以 Ext2 文件系统为例看一下软（符号）链接和硬链接具体是怎么实现的。

如图 4-20 所示，我们在测试目录中创建了 f3.txt 文件的两个链接，分别是硬链接 f3_pl.txt 和软链接 f3_sl.txt。图中第一列是文件的 inode，从 inode ID 我们可以看出硬链接 f3_pl.txt 和源文件 f3.txt 的 inode ID 是一样的，而软链接 f3_sl.txt 的 inode ID 是一个新的 ID。

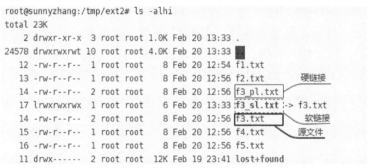

图 4-20　文件的软链接与硬链接

由此可知，硬链接其实就是在目录中添加了一个目录项，但并没有创建新的 inode。而软链接则是新建了一个 inode，也就是新文件。也就是说，软链接是通过新文件指向目的文件的，那么它们具体是怎么实现的呢？

首先来看一下硬链接在磁盘上的数据。从图 4-21 中获取的目录中的数据，细实线的内容为硬链接的内容，对比可以发现其 inode ID 与 f3.txt 文件的 inode ID 相同，也就是指向同一个 inode。相同的 inode，其中的内容是完全一致的。

```
root@sunnyzhang:~/test/ext2# hexdump -n 1024 -s 520192 ext2_1kb.bin -v -C
0007f000  02 00 00 00 0c 00 01 02  2e 00 00 00 02 00 00 00  |................|
0007f010  0c 00 02 02 2e 2e 00 00  0b 00 00 00 14 00 0a 02  |................|
0007f020  6c 6f 73 74 2b 66 6f 75  6e 64 00 00 0c 00 00 00  |lost+found......|
0007f030  10 00 06 01 66 31 2e 74  78 74 00 00 0d 00 00 00  |....f1.txt......|
0007f040  10 00 06 01 66 32 2e 74  78 74 00 00 0e 00 00 00  |....f2.txt......|
0007f050  10 00 06 01 66 33 2e 74  78 74 00 00 0f 00 00 00  |....f3.txt......|
0007f060  10 00 06 01 66 34 2e 74  78 74 00 00 10 00 00 00  |....f4.txt......|
0007f070  10 00 06 01 66 35 2e 74  78 74 00 00 11 00 00 00  |....f5.txt......|
0007f080  14 00 09 07 66 33 5f 73  6c 2e 74 78 74 00 00 00  |....f3_sl.txt...|
0007f090  0e 00 00 00 70 03 09 01  66 33 5f 70 6c 2e 74 78  |....p...f3_pl.tx|
0007f0a0  74 00 00 00 00 00 00 00  00 00 00 00 00 00 00 00  |t...............|
0007f0b0  00 00 00 00 00 00 00 00  00 00 00 00 00 00 00 00  |................|
0007f0c0  00 00 00 00 00 00 00 00  00 00 00 00 00 00 00 00  |................|
0007f0d0  00 00 00 00 00 00 00 00  00 00 00 00 00 00 00 00  |................|
```

图 4-21   目录数据内容实例

然后看一下软链接在磁盘上的数据。图 4-21 中虚线部分的内容是软链接 inode 的内容。对比可以发现软链接的 inode ID 为 0x11，也就是 17，与使用 ls 命令获得的内容一致。也就是说，软链接是另一个 inode。那么两者是如何关联的呢？

我们可以通过软链接 inode 的内容一探究竟。是否可以通过 vim 命令或 cat 命令来查看内容呢？显然不行，通过命令查看的内容自然是 f3.txt 文件的内容。我们可以通过直接查看磁盘内容的方式来看一看软链接 inode 中存储的数据。

根据软链接的 inode ID 可以从 inode 表中获取该 inode 的内容。本实例的 inode ID 是 17，因此可以计算出其偏移为 269312 字节。如图 4-22 所示，可以看出在该 inode 中保存目的文件的名称。由于在创建软链接时使用的是相对路径（ln -s f3.txt f3_sl.txt），因此这里保存的是文件名称。

```
root@sunnyzhang:~/test/ext2# hexdump -n 1024 -s 269312 ext2_1kb.bin -v -C
00041c00  ff a1 00 00 06 00 00 00  cb a1 35 60 aa 0f 31 60  |..........5`..1`|
00041c10  aa 0f 31 60 00 00 00 00  00 00 01 00 00 00 00 00  |..1`............|
00041c20  00 00 00 00 01 00 00 00  66 33 2e 74 78 74 00 00  |........f3.txt..|
00041c30  00 00 00 00 00 00 00 00  00 00 00 00 00 00 00 00  |................|
00041c40  00 00 00 00 00 00 00 00  00 00 00 00 00 00 00 00  |................|
00041c50  00 00 00 00 00 00 00 00  00 00 00 00 00 00 00 00  |................|
00041c60  00 00 00 00 fb 4b d2 19  00 00 00 00 00 00 00 00  |.....K..........|
00041c70  00 00 00 00 00 00 00 00  00 00 00 00 00 00 00 00  |................|
00041c80  00 00 00 00 00 00 00 00  00 00 00 00 00 00 00 00  |................|
```

图 4-22   基于相对路径软链接的内容

如果使用绝对路径创建软链接（ln -s /tmp/ext2/f3.txt f3_sl.txt），则会得到如图 4-23 所示的内容。

```
root@sunnyzhang:~/test/ext2# hexdump -n 128 -s 269312 ext2_1kb.bin -v -C
00041c00  ff a1 00 00 10 00 00 00  3c a4 35 60 35 a4 35 60  |........<.5`5.5`|
00041c10  35 a4 35 60 00 00 00 00  00 00 01 00 00 00 00 00  |5.5`............|
00041c20  00 00 00 00 01 00 00 00  2f 74 6d 70 2f 65 78 74  |......../tmp/ext|
00041c30  32 2f 66 33 2e 74 78 74  00 00 00 00 00 00 00 00  |2/f3.txt........|
00041c40  00 00 00 00 00 00 00 00  00 00 00 00 00 00 00 00  |................|
00041c50  00 00 00 00 00 00 00 00  00 00 00 00 00 00 00 00  |................|
00041c60  00 00 00 00 bf 1d 89 61  00 00 00 00 00 00 00 00  |.......a........|
00041c70  00 00 00 00 00 00 00 00  00 00 00 00 00 00 00 00  |................|
```

图 4-23　基于绝对路径软链接的内容

我们知道 inode 默认大小是 128 字节。试想一下，如果路径的长度很长，则此时这里的内容会是什么？请大家思考一下。如果不确定，则可以自行进行实验，本节不再赘述。

1. 硬链接的创建流程

了解了软链接和硬链接的数据组织，接下来看一下实现代码。硬链接的创建在经过虚拟文件系统后会调用 ext2_link()函数（见代码 4-8）来完成。硬链接与源文件共用 inode，因此硬链接其实就是在目录数据中添加了一个与源文件一致的目录项，只是文件名称不同而已。

代码 4-8　Ext2 文件系统创建链接主函数

```
fs/ext2/namei.c
196    static int ext2_link (struct dentry * old_dentry, struct inode * dir,
197        struct dentry *dentry)
198    {
199        struct inode *inode = d_inode(old_dentry);    // 找到源文件的 inode
200        int err;
201
202        err = dquot_initialize(dir);
203        if (err)
204            return err;
205
206        inode->i_ctime = current_time(inode);
207        inode_inc_link_count(inode);
208        ihold(inode);
209
210        err = ext2_add_link(dentry, inode);           // 向目录中添加一个目录项，名称为链接名称
211        if (!err ) {
212            d_instantiate(dentry, inode);             // 建立 dentry 与 inode 的关联
213            return 0;
214        }
215        inode_dec_link_count(inode);
216        iput(inode);
217        return err;
218    }
```

在 ext2_link()函数中主要调用了 ext2_add_link()函数，该函数完成目录项的添加工作，前文创建文件时也是调用该函数完成的相关功能。由此可以看出创建硬链接与创建文件的相同之处。

2. 软链接的创建流程

由前文可知，软链接要创建新的 inode，并且在 inode 中填充源文件路径相关数据（注意，这里说的是相关数据，并非一定是文件路径内容）。根据这个思路，看一下其核心的代码，如代码 4-9 所示。

代码 4-9 Ext2 文件系统创建软链接主函数

```
fs/ext2/namei.c
146   static int ext2_symlink (struct inode * dir, struct dentry * dentry,
147       const char * symname)
148   {
149       struct super_block * sb = dir->i_sb;
150       int err = -ENAMETOOLONG;
151       unsigned l = strlen(symname)+1;                      // 源文件路径长度
152       struct inode * inode;
153
154       if (l > sb->s_blocksize)
155           goto out;
156
157       err = dquot_initialize(dir);
158       if (err)
159           goto out;
160       // 创建一个新的 inode
161       inode = ext2_new_inode (dir, S_IFLNK | S_IRWXUGO, &dentry->d_name);
162       err = PTR_ERR(inode);
163       if (IS_ERR(inode))
164           goto out;
165       // 下面进行 inode 的初始化工作
166       if (l > sizeof (EXT2_I(inode)->i_data) ) {           // 源文件路径长度比较大的场景
167
168           inode->i_op = &ext2_symlink_inode_operations;    // 软链接特殊的操作函数
169           inode_nohighmem(inode);
170           if (test_opt(inode->i_sb, NOBH))
171               inode->i_mapping->a_ops = &ext2_nobh_aops;
172           else
173               inode->i_mapping->a_ops = &ext2_aops;
174           err = page_symlink(inode, symname, l);           // 分配磁盘空间，写数据
175           if (err)
176               goto out_fail;
177       } else {                                             // inode 内可以容纳的场景
178
179           inode->i_op = &ext2_fast_symlink_inode_operations;
180           inode->i_link = (char*)EXT2_I(inode)->i_data;
```

181	memcpy(inode->i_link, symname, l);	// 直接存储在 inode 中
182	inode->i_size = l-1;	
183	}	
184	mark_inode_dirty(inode);	
185		
186	err = ext2_add_nondir(dentry, inode);	// 在目录中添加目录项
187	out:	
188	return err;	
189		
190	out_fail:	
191	inode_dec_link_count(inode);	
192	discard_new_inode(inode);	
193	goto out;	
194	}	

整体流程与创建文件差异不大，关键差异在于需要根据源文件路径长度判断数据的存储位置。如果 i_data 数组（60 字节）可以存储原始路径，则通过该数组存储；否则需要从数据区分配新的存储空间进行存储。

4.5.3　创建目录

创建目录由 ext2_mkdir()函数完成。整体流程与创建文件差异不大，因此本节就不再重复介绍了。

4.6　Ext2 文件系统删除文件的流程

前文已经介绍过创建文件的流程，删除文件是创建文件的逆过程。根据前文创建文件的流程，我们应该能够推测出删除文件的流程，主要包括以下几个步骤。

（1）删除目录中的对应目录项。

（2）释放文件使用的存储空间。

（3）释放该文件对应的 inode。

在删除文件时先会调用 VFS 中的 vfs_unlink()函数，该函数调用具体文件系统的函数实现，如本实例中的 ext2_unlink()函数。ext2_unlink()函数的具体实现如代码 4-10 所示，首先对目录内容进行查询（第 279 行），确认是否存在想要删除的文件；如果查询成功则返回一个目录项数据结构，然后删除该目录项（第 286 行）。

代码 4-10　Ext2 文件系统删除文件主函数

fs/ext2/namei.c	
266	static int ext2_unlink(struct inode * dir, struct dentry *dentry)
267	{
268	struct inode * inode = d_inode(dentry);

```
269         struct ext2_dir_entry_2 * de;
270         struct page * page;
271         int err;
272
273         err = dquot_initialize(dir);
274         if (err)
275             goto out;
276
277         /* 根据想要删除的文件名，查询目录中是否有该文件
278          * 如果存在则返回对应的目录项 */
279         de = ext2_find_entry (dir, &dentry->d_name, &page);
280         if (!de) {
281             err = -ENOENT;
282             goto out;
283         }
284
285         // 删除查询到的目录项
286         err = ext2_delete_entry (de, page);
287         if (err)
288             goto out;
289
290         inode->i_ctime = dir->i_ctime;
291         inode_dec_link_count(inode);
292         err = 0;
293     out:
294         return err;
295     }
```

　　删除目录项是最关键的步骤，代码 4-11 是删除目录项的具体实现。通过 ext2_delete_entry()函数代码可以看出，该函数首先查找前一个目录项，然后更新这个目录项中的长度信息。简而言之，在 Ext2 文件系统中删除文件，并不是直接将目录项删除，而是将该目录项的空间合并到前一个目录项中。

代码 4-11　从目录中删除目录项

fs/ext2/dir.c

```
560     int ext2_delete_entry (struct ext2_dir_entry_2 * dir, struct page * page )
561     {
562         struct inode *inode = page->mapping->host;
563         char *kaddr = page_address(page);
564         unsigned from = ((char*)dir - kaddr ) &  ~(ext2_chunk_size(inode)-1);
565         unsigned to = ((char *)dir - kaddr ) +
566                     ext2_rec_len_from_disk(dir->rec_len);
567         loff_t pos;
568         ext2_dirent * pde = NULL;
569         ext2_dirent * de = (ext2_dirent * ) (kaddr + from);
570         int err;
571
572         // 查询想要删除目录项的前一个目录项
```

```
573            while ((char*)de < (char*)dir) {
574                if (de->rec_len == 0) {
575                    ext2_error(inode->i_sb, __func__,
576                        "zero-length directory entry");
577                    err = -EIO;
578                    goto out;
579                }
580                pde = de;
581                de = ext2_next_entry(de);
582            }
583            if (pde)
584                from = (char*)pde - (char*)page_address(page);
585            pos = page_offset(page) + from;
586            lock_page(page);
587            err = ext2_prepare_chunk(page, pos, to - from);
588            BUG_ON(err);
589            // 更新前一个目录项的长度
590            if (pde)
591                pde->rec_len = ext2_rec_len_to_disk(to - from);
592            dir->inode = 0;
593            err = ext2_commit_chunk(page, pos, to - from);
594            inode->i_ctime = inode->i_mtime = current_time(inode);
595            EXT2_I(inode)->i_flags &= ~EXT2_BTREE_FL;
596            mark_inode_dirty(inode);
597    out:
598            ext2_put_page(page);
599            return err;
600        }
```

目录项的合并其实非常简单，具体实现如代码 4-11 中第 591 行所示。这里只需要更新一下前一个目录项的 rec_len 即可，这样想要删除的目录项就失效了（见图 4-24，后续进行目录项遍历会跳过删除的目录项）。为了标识该目录项失效，这里同时将该目录项中的 inode 的值更新为 0。这样，我们通过该值就可以知道目录项已经被删除。

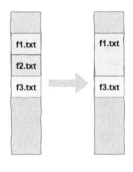

图 4-24 目录项删除后目录内容变化

　　细心的读者可能会问，为什么没有看到释放数据和释放 inode 的代码逻辑？释放数据和 inode 的逻辑确实不在这里，而是在内存 inode 释放时，代码 4-12 是 ext2_evict_inode()函数的具体实现。

代码 4-12　ext2_evict_inode()函数

fs/ext2/inode.c

```
73      void ext2_evict_inode(struct inode * inode)
74      {
75          struct ext2_block_alloc_info *rsv;
76          int want_delete = 0;
77          // 判断是否要删除该 inode，如果 i_nlink 的值大于 0（在有目录引用的情况下）则不删除
78          if (!inode->i_nlink && !is_bad_inode(inode)) {
79              want_delete = 1;
80              dquot_initialize(inode);
81          } else {
82              dquot_drop(inode);
83          }
84
85          truncate_inode_pages_final(&inode->i_data);
86
87          if (want_delete) {
88              sb_start_intwrite(inode->i_sb);
89              // 更新删除时间戳
90              EXT2_I(inode)->i_dtime      = ktime_get_real_seconds();
91              mark_inode_dirty(inode);
92              __ext2_write_inode(inode, inode_needs_sync(inode));
93
94              inode->i_size = 0;
95              if (inode->i_blocks)
96                  ext2_truncate_blocks(inode, 0);    // 释放文件占用的空间
97              ext2_xattr_delete_inode(inode);
98          }
99
100         invalidate_inode_buffers(inode);
101         clear_inode(inode);
102
103         ext2_discard_reservation(inode);
104         rsv = EXT2_I(inode)->i_block_alloc_info;
105         EXT2_I(inode)->i_block_alloc_info = NULL;
106         if (unlikely(rsv))
107             kfree(rsv);
108
109         if (want_delete) {                          // 如果确实要删除 inode，则释放该 inode，位图清零
110             ext2_free_inode(inode);
111             sb_end_intwrite(inode->i_sb);
112         }
113     }
```

在 ext2_evict_inode()函数中，首先会判断是否真的要删除（释放）inode，如果是则更新 inode 元数据，释放文件数据和扩展属性等内容，然后调用 ext2_free_inode()函数释放 inode。ext2_free_inode()函数的作用就是根据 inode ID 找到对应的位图来清理对应位的，此时表示 inode 表中的该 inode 已经被释放。

至此，也就完成了删除文件的所有流程。删除链接和删除子目录的方法与删除文件的方法类似，本节不再赘述。

4.7　Ext2 文件系统中文件的数据管理与写数据流程

第 3 章已经介绍了常见的文件数据的管理方法。Ext2 文件系统使用了基于索引的文件数据管理方式，被称为间接块的方式。本节先对 Ext2 文件系统间接块的管理方式进行简要介绍，再详细介绍一些文件写数据的流程。

4.7.1　Ext2 文件系统中的文件数据是如何管理的

在 Linux 文件系统中，文件是通过 inode 来唯一标识的，而文件数据的位置是通过 inode 中的成员记录的。在 Ext2 文件系统中，文件数据的位置信息存储在 ext2_inode 的 i_block 成员变量中。该变量是一个 32 位整型数组，共有 15 个成员，前 12 个成员中的内容为文件数据的物理地址，后 3 个成员存储的内容指向磁盘数据块。数据块中存储的数据并不是文件的数据，而是地址数据。由于在这种情况下数据块存储的并非是文件数据，而是 inode 与文件数据中间的数据，因此被称为间接块（Indirect Block，简称 IB）。

通过上面的描述大家可能理解的还不够清楚，我们结合图 4-25 来看一下一个文件的 inode 与间接块和磁盘数据的对应关系。通过图 4-25 可以看出，数组 i_block 中的 block0～block11 中的地址对应的磁盘数据就是文件的用户数据。而 block12 中的地址对应的磁盘数据（1 级间接块）则是元数据，该磁盘数据中的地址指向的数据才是用户数据。2 级和 3 级间接块与 1 级间接块类似，差异在于 2 级间接块需要经过两级间接块才能找到用户数据，而 3 级间接块则需要经过 3 级间接块才能找到用户数据。

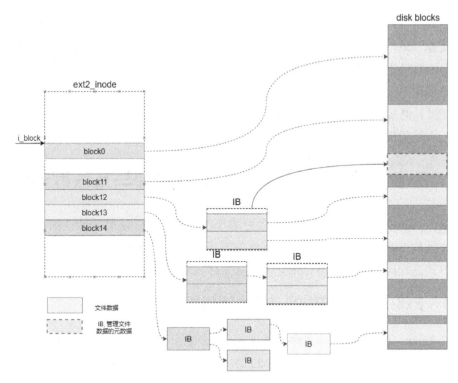

图 4-25　文件数据索引示意图

　　对于小文件来说，通过直接引用就可以完成数据的存储和查找。比如，在格式化时文件逻辑块大小是 4KB，48KB（4K×12）以内的文件都可以通过直接引用完成。但是，如果文件大于 48KB，直接引用则无法容纳所有的数据，48KB 以外的数据先要通过一级间接引用进行存储。以此类推，当超过本级存储空间的最大值时，要启用下一级进行文件数据的管理。

　　理解了 Ext2 文件系统对文件数据的管理方式之后，再阅读读/写数据的相关代码就相对简单了。由于 Ext2 文件系统基于 VFS 的框架，因此在介绍 Ext2 文件系统的写流程之前，先介绍一下涉及 VFS 的相关内容。

4.7.2　从 VFS 到 Ext2 文件系统的写流程

　　前文已经介绍过缓存的相关知识，在用户接口与持久化存储之间是有一个缓存层的。由于该缓存层的存在，因此写数据操作就会存在多种场景。

　　（1）DAX 模式：数据不经过文件系统缓存，也不经过通用块 I/O 栈，直接通过驱动程序将数据写入物理设备。

　　（2）Direct I/O 模式：数据绕过文件系统缓存，但需要经过通用块 I/O 栈。

（3）Normal I/O（常规）模式：数据会先写入缓存。同时有两种不同的处理方式：一种是直接写入缓存层后返回；另一种是写入缓存层并等待数据写入持久化设备后返回。

上述不同的场景可以通过图 4-26 进行描述，该图同时展示了上述 3 种场景。本节将针对上述场景详细地分析一下 Linux 的 VFS 和 Ext2 文件系统的具体处理流程。

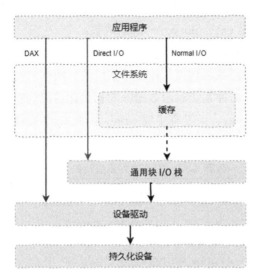

图 4-26　Linux 文件系统写入数据的模式

首先，我们看一下 VFS 是如何调用 Ext2 文件系统接口的。我们知道 VFS 通过具体文件系统注册的函数指针集来与具体文件系统交互。Ext2 文件系统的文件操作函数指针集如代码 4-13 所示，这里包含了 Ext2 文件系统实现的可以对文件进行的操作，包括对文件内容的读/写、查找和缓存同步等。对 Ext2 文件系统而言，VFS 对文件的操作都会调用 Ext2 文件系统的函数指针来完成。

代码 4-13　Ext2 文件系统的文件操作函数指针集

fs/ext2/file.c	
181	const struct file_operations ext2_file_operations = {
182	.llseek　　　　= generic_file_llseek,
183	.read_iter　　　= ext2_file_read_iter,
184	.write_iter　　= ext2_file_write_iter,
185	.unlocked_ioctl = ext2_ioctl,
186	#ifdef CONFIG_COMPAT
187	.compat_ioctl　= ext2_compat_ioctl,
188	#endif
189	.mmap　　　　= ext2_file_mmap,

190	.open	= dquot_file_open,
191	.release	= ext2_release_file,
192	.fsync	= ext2_fsync,
193	.get_unmapped_area = thp_get_unmapped_area,	
194	.splice_read = generic_file_splice_read,	
195	.splice_write = iter_file_splice_write,	
196	};	

对于写操作，系统 API 会首先调用 VFS 的函数，然后经过 VFS 的一些处理后会调用具体文件系统注册的 API 函数。对 Ext2 文件系统而言，VFS 会调用 Ext2 文件系统的函数，也就是 ext2_file_write_iter()函数。

然后，看一下 VFS 文件系统写操作的代码实现，如代码 4-14 所示。从该代码中可以看出 vfs_write()函数将调用具体文件系统的写数据的接口（第 575 行～第 578 行），这里会根据具体文件系统对函数指针的初始化情况而执行不同的流程，Ext2 文件系统实现了 write_iter，而没有实现 write，因此 Ext2 文件系统会走第 2 个分支（第 578 行）。

代码 4-14　VFS 文件系统写数据接口

fs/read_write.c

558	ssize_t vfs_write(struct file *file, const char __user *buf, size_t count, loff_t *pos)
559	{
560	ssize_t ret;
561	
562	if (!(file->f_mode & FMODE_WRITE))
563	return -EBADF;
564	if (!(file->f_mode & FMODE_CAN_WRITE))
565	return -EINVAL;
566	if (unlikely(!access_ok(buf, count)))
567	return -EFAULT;
568	
569	ret = rw_verify_area(WRITE, file, pos, count);
570	if (ret)
571	return ret;
572	if (count > MAX_RW_COUNT)
573	count = MAX_RW_COUNT;
574	file_start_write(file);
575	if (file->f_op->write)
576	ret = file->f_op->write(file, buf, count, pos);　　　// 具体函数指针
577	else if (file->f_op->write_iter)
578	ret = new_sync_write(file, buf, count, pos);
579	else
580	ret = -EINVAL;
581	if (ret > 0) {
582	fsnotify_modify(file);
583	add_wchar(current, ret);
584	}

585	inc_syscw(current);
586	file_end_write(file);
587	return ret;
588	}

通过上文描述，我们基本知道用户态的接口调用是如何触发 Ext2 文件系统的函数的，也就是如何调用 Ext2 文件系统中的 ext2_file_write_iter()函数，该函数的具体实现如代码 4-15 所示。可以看出，ext2_file_write_iter()函数可能会走不同的流程，包括 DAX 模式流程（第 176 行）和常规模式流程（第 178 行）。

代码 4-15　ext2_file_write_iter()函数的具体实现

fs/ext2/file.c	
172	static ssize_t ext2_file_write_iter(struct kiocb *iocb, struct iov_iter *from)
173	{
174	#ifdef CONFIG_FS_DAX
175	if (IS_DAX(iocb->ki_filp->f_mapping->host))
176	return ext2_dax_write_iter(iocb, from);
177	#endif
178	return generic_file_write_iter(iocb, from);
179	}

如果选择 DAX 模式流程，则会调用 Ext2 文件系统中的 ext2_dax_write_iter()函数完成；如果选择常规模式流程，则会调用 VFS 中的 generic_file_write_iter()函数。对于 Ext2 文件系统来说，并不是简单的 VFS 调用 Ext2 文件系统的流程，它还有一个反向调用流程，这是因为 VFS 提供了很多公共的功能（API）。

接着看一下 generic_file_write_iter()函数，该函数涉及调用的主要函数，如图 4-27 所示。其中，__generic_file_write_iter()为写流程的主要函数，该函数实现磁盘空间分配和实际的写数据操作。generic_write_sync()函数在文件具备同步刷写属性的情况下，实现缓存写数据的同步刷写。

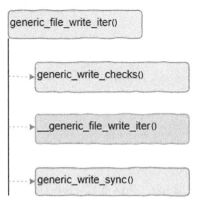

图 4-27　VFS 通用写数据的流程

__generic_file_write_iter()也是 VFS 中的一个函数（mm/filemap.c 中实现）。在该函数中，针对用户打开文件时设置的属性有两种不同的执行分支，如果设置了 O_DIRECT 属性，则调用 generic_file_direct_write()函数进行直写的流程；如果没有设置 O_DIRECT 属性，则调用 generic_perform_write()函数执行缓存写的流程。

4.7.3 不同写模式的流程分析

通过前文分析我们知道了 Linux 文件系统的不同写模式，并且厘清了每种模式的入口函数。接下来将深入介绍每种模式的处理流程。

4.7.3.1 DAX 模式写数据的流程

对于 Ext2 文件系统的 DAX 模式写数据的流程来说，其入口是 ext2_dax_write_iter()函数。该函数并没有太多自己的逻辑，核心功能还是调用 VFS 关于 DAX 的功能，如图 4-28 所示。最终，VFS 会根据传入的 DAX 设备，调用设备驱动接口来完成数据的写入。

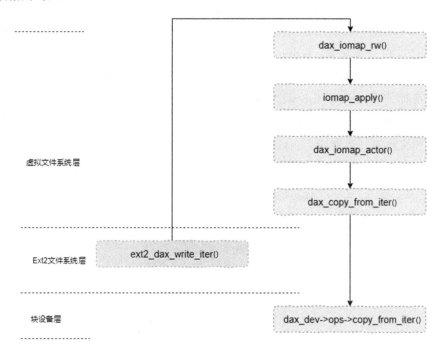

图 4-28　DAX 模式写数据的流程

以持久内存驱动（Persistent Memory Driver）为例，使用 pmem_copy_from_iter()

函数实现上述设备的函数指针，该函数最终调用__memcpy_flushcache()函数将数据写到物理设备上，如图 4-29 所示。

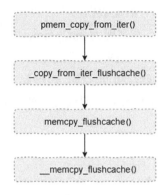

图 4-29　pmem_copy_from_iter()函数写数据的流程

通过如图 4-28 和图 4-29 所示的流程可以看出，在 DAX 模式下，数据并不会经过页缓存，也不会经过块设备的 I/O 栈，而是直接将数据拷贝到持久内存驱动上存储。

4.7.3.2　Direct I/O 模式写数据的流程

Ext2 文件系统的 Direct I/O 模式写数据的流程入口是 VFS 的 generic_file_direct_write()函数，该函数流程相对比较简单，主要调用了以下 4 个函数，如图 4-30 所示。

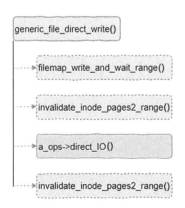

图 4-30　generic_file_direct_write()函数写数据的流程

在上述 4 个函数中，前面两个函数是对目的区域的缓存进行刷写，并使缓存页失效。进行这一步的主要原因是缓存中可能有脏数据，如果不进行处理就可能会出现缓存的数据覆盖直写的数据，从而导致数据不一致。第 3 个函数 direct_IO()是文件系统的实现，执行真正的写数据操作。最后一个函数在上面已经执行过，主要是避免预读等操作导致缓存数据与磁盘数据的不一致。

对于 Ext2 文件系统来说，其实现为 ext2_direct_IO()函数，该函数主要通过调用 VFS 的函数来完成数据写入，如图 4-31 所示。关于该流程的更多细节我们不做介绍，大家可以根据该流程图自行阅读代码，理解起来并不困难。这里需要说明的是，该流程并不会经过缓存，而是最后调用块设备的submit_bio()函数将数据提交到块设备进行处理。

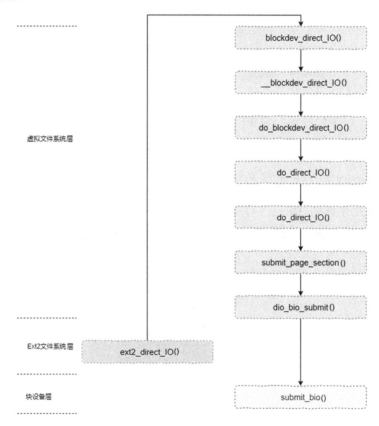

图 4-31　ext2_direct_IO()函数写数据的流程

4.7.3.3　缓存写数据的流程

在非 DAX 模式和 Direct I/O 模式的情况下，数据会首先写入缓存中，此时会调用一个名为 generic_perform_write()的函数。缓存写数据的流程也有 4 个主要步骤，分配磁盘空间和缓存页、将数据从用户态拷贝到内核态内存、收尾、页缓存均衡，如图 4-32 所示。

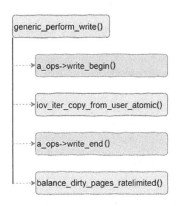

图 4-32　generic_perform_write()函数写数据的流程

其中，分配磁盘空间和缓存页、收尾工作是通过调用 Ext2 文件系统注册的地址空间操作函数指针完成的，相关函数指针如代码 4-16 所示。这里的函数指针是文件系统对下层（如块设备）的接口。

代码 4-16　Ext2 文件系统中的相关函数指针

fs/ext2/inode.c		
967	const struct address_space_operations ext2_aops = {	
968	.readpage	= ext2_readpage,
969	.readahead	= ext2_readahead,
970	.writepage	= ext2_writepage,
971	.write_begin	= ext2_write_begin,
972	.write_end	= ext2_write_end,
973	.bmap	= ext2_bmap,
974	.direct_IO	= ext2_direct_IO,
975	.writepages	= ext2_writepages,
976	.migratepage	= buffer_migrate_page,
977	.is_partially_uptodate	= block_is_partially_uptodate,
978	.error_remove_page	= generic_error_remove_page,
979	};	

分配磁盘空间和缓存页的功能由 ext2_write_begin()函数来完成，如图 4-33 所示。当 ext2_write_begin()函数调用 block_write_begin()函数时会传入一个名为 ext2_get_block()的函数，从名称也可以看出，该函数是用来分配存储空间的。

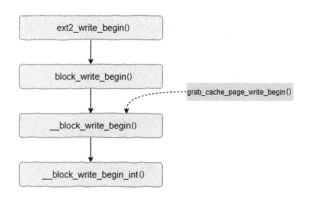

图 4-33 ext2_write_begin()函数写数据的流程

在上述流程中，在调用__block_write_begin()函数之前，会通过 grab_cache_page_write_begin()函数获取缓存页。然后在__block_write_begin()函数完成缓存页与 buffer 的映射关系的建立。

缓存写数据的流程可能存在两种不同的场景：一种场景是缓存中已经有对应位置的数据，此时只需要返回该缓存页即可；另一种场景是缓存中没有对应位置的数据，此时需要分配新的缓存页，并且确定具体的数据是否在磁盘上已经存在，如果磁盘上没有数据则存在分配磁盘空间的流程。

完成缓存页分配后，接下来调用 iov_iter_copy_from_user_atomic()函数将数据从传入的参数拷贝到内核缓存页中。

最后，在该逻辑中会调用 balance_dirty_pages_ratelimited()函数确定是否要进行缓存数据的刷写。在每次写缓存时，都会调用该函数来检查一下页缓存的总容量，如果超过设定的水线则会强制将数据刷写到持久化设备上。

需要说明的是，在图 4-27 的 VFS 通用写数据流程中，最后会调用 generic_write_sync()函数。该函数只对打开文件时设置 O_SYNC 选项有意义。在设置 O_SYNC 选项的场景下，当数据写入缓存后并不会马上向用户返回结果，而是必须等待数据刷写到持久化设备后才会返回。

4.7.4 缓存数据刷写及流程

在前面写数据流程的介绍中，缓存数据刷写通常只是写入缓存后就返回。但缓存的数据最后还是要刷写到持久化设备上的。在 Linux 文件系统中有以下多种方式可以将缓存刷写到持久化设备。

（1）基于缓存水线的强制刷写。

（2）基于系统定时器的定时刷写。

（3）基于用户命令的手动刷写。

（4）基于挂载选项的同步刷写。

（5）基于打开文件选项的同步刷写。

上述刷写中基本上会走两个不同的流程：一个是基于 I/O 路径内容的同步刷写；另一个是基于 BDI 的异步刷写。基于 BDI 的异步刷写需要借助后台线程来进行刷写。虽然对于缓存刷写的路径略有不同，但最终调用的接口是一致的，其流程如图 4-34 所示，最终会调用内存管理模块的 do_writepages()函数。

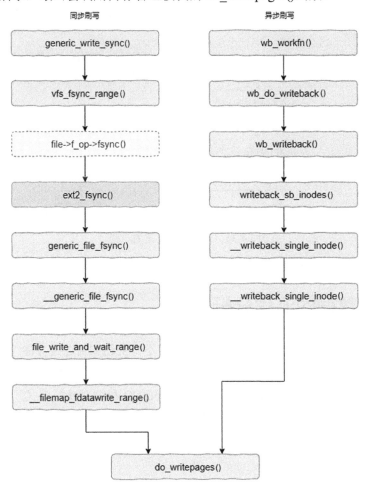

图 4-34　同步刷写与异步刷写的流程

do_writepages()函数是内存模块的接口，它会调用 Ext2 文件系统注册的函数指针，也就是 ext2_writepages()函数。而该函数又反过来调用 VFS 实现的函数，最终 VFS 层会调用块设备层的 submit_bio()函数将数据提交到持久化设备（如磁盘），其流程如图 4-35 所示。

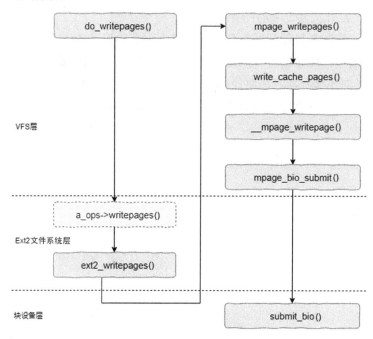

图 4-35 向磁盘写数据的流程

至此，用户应用通过 API 写入的数据也就最终被写入持久化设备。

4.8 读数据的流程分析

读数据的流程与写数据的流程类似，本节不再赘述如何通过 VFS 调用 Ext2 文件系统的流程细节，本节给出如图 4-36 所示从用户态到 Ext2 文件系统的主线流程。需要注意的是，读数据也涉及 DAX、Direct I/O 和缓存读等模式。由于前两种模式代码逻辑比较简单，本节不再赘述，本节重点介绍一下缓存读模式的相关流程，如图 4-36 所示。

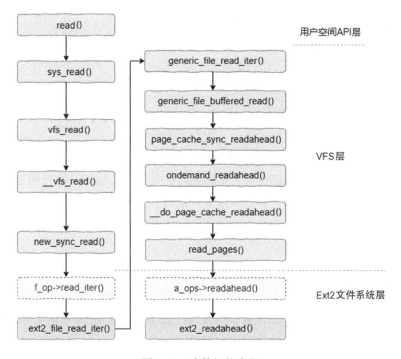

图 4-36　读数据的流程

对于 DAX 模式和 Direct I/O() 模式，在执行 generic_file_buffered_read() 函数之前就会返回，只有缓存读的场景下才会执行 generic_file_buffered_read() 函数，本节主要介绍一下该函数的一些实现细节。

缓存读的流程概括分为两个主要步骤：一个是从页缓存查找数据；另一个是根据页缓存的状态从磁盘读取数据并填充页缓存（如果页缓存数据是最新的则不需要从磁盘读取数据）。

4.8.1　缓存命中场景

在读数据的流程中，缓存命中并且数据可用的情况下，那么整个读数据的流程将非常简单。generic_file_buffered_read() 函数的处理逻辑可以简化为图 4-37。也就是主要流程包含两个步骤，分别是从缓存找到缓存页，然后是将内核数据拷贝到用户缓冲区。

图 4-37　读数据缓存命中的流程

当然，这里的前提是数据可用。实际还存在其他一些情况，如虽然页缓存存在该数据，但不是最新的数据，需要从磁盘读取数据。或者页缓存存在该数据，但正在进行预读操作，需要等待预读完成等。虽然需要做一些特殊处理，但总体来说函数调用是比较简单的。

4.8.2　非缓存命中场景

在非缓存命中场景中，文件系统需要向块设备发起读数据的请求。在 VFS 的实现中，会先调用同步预读的接口，也就是 page_cache_sync_readahead()函数，但该函数只有在符合预读条件的情况下才会预读，否则直接返回。

这样在非缓存命中场景中有可能会执行两个不同的分支：一个是同步预读分支；另一个是普通分支。同步预读分支主要是针对连续读的场景，而普通分支则是针对随机读的场景。本节主要介绍随机读场景的代码实现（见代码 4-17），关于预读分支请参考下一节的介绍。

非预读场景核心在于同步预读函数的执行结果。由于随机读不符合预读条件，因此同步预读函数不会预读数据，这样通过第 2036 行代码就无法获取缓存页，最终会执行第 2218 行代码（标签 no_cached_page 的位置）。

在这里首会先分配缓存页，然后跳到第 2166 行代码读取数据。读取数据调用的是具体文件系统注册的 readpage()函数，对于 Ext2 文件系统来说就是 ext2_readpage()函数，该函数的功能就是从后端磁盘读取一页的内容。

代码 4-17　随机读场景的代码实现

mm/filemap.c	
1992	ssize_t generic_file_buffered_read(struct kiocb *iocb,
1992	struct iov_iter *iter, ssize_t written)
1993	{
	// 删除部分代码
2016	for (;;) {
	// 删除部分代码

```
2023    find_page:
2024            if (fatal_signal_pending(current)) {
2025                error = -EINTR;
2026                goto out;
2027            }
2028
2029            page = find_get_page(mapping, index);
2030            if (!page) {
2031                if (iocb->ki_flags & (IOCB_NOWAIT | IOCB_NOIO))
2032                    goto would_block;
2033                page_cache_sync_readahead(mapping,
2034                        ra, filp,
2035                        index, last_index - index);
2036                page = find_get_page(mapping, index);
2037                if (unlikely(page == NULL))
2038                    goto no_cached_page;
2039            }
        // 删除部分代码

2166    readpage:
        // 删除部分代码
2179            error = mapping->a_ops->readpage(filp, page);
        // 删除部分代码
            goto page_ok;


2218    no_cached_page:
2223            page = page_cache_alloc(mapping);
        // 删除部分代码
2238            goto readpage;
2239        }

2251    }
```

完成数据读取后的逻辑与缓存命中没有差别，也就是将数据从缓存页拷贝到用户空间等，最终返回用户态。

4.8.3 数据预读逻辑

第 3 章已经介绍过了关于预读的原理，本节主要针对 VFS 的代码介绍一下Linux 中预读的具体实现。在 VFS 中实现了两种预读，一种是同步预读；另一种是异步预读。两者实现的功能略有不同，但它们通过一个公共的函数ondemand_readahead()实现了具体的功能，而且预读算法也是在该函数中实现的。同步预读与异步预读的核心流程如图 4-38 所示。

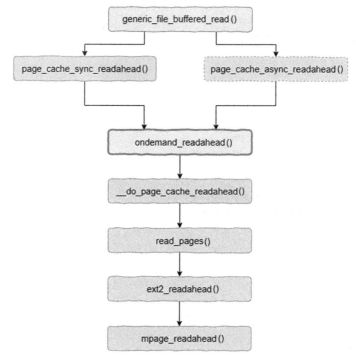

图 4-38　同步预读与异步预读的核心流程

预读操作主要是通过一个名为 file_ra_state 结构体来控制的，该结构体的定义如代码 4-18 所示，具体成员的含义请参考其中的注释。这个数据结构会在后面预读算法中使用，请结合后面的解释来理解该结构体。

代码 4-18　file_ra_state 结构体的定义

include/linux/fs.h	
924	struct file_ra_state {
925	pgoff_t start; // 预读开始的位置
926	unsigned int size; // 预读的页数
927	unsigned int async_size; // 异步预读的触发条件，当剩余页等于该数值时触发
928	
929	
930	unsigned int ra_pages; // 预读窗口，用于设置缓存页异步预读标记
931	unsigned int mmap_miss; // 针对 mmap 访问缓存非命中的次数
932	loff_t prev_pos; // 上次读缓存的位置
933	};

在 Linux 中，同步预读的触发有两种场景：一种是从文件开头读取数据时；另一种是识别连续 I/O 时。而异步预读则是读到有预读标记的页面（PG_readahead page）时，才触发异步预读。

代码 4-19 是预读算法的核心代码，包括同步预读和异步预读。我们先从同步预读进行介绍。

代码 4-19　预读算法的核心代码

```
mm/readahead.c
440    static void ondemand_readahead(struct address_space *mapping,
441            struct file_ra_state *ra, struct file *filp,
442            bool hit_readahead_marker, pgoff_t index,
443            unsigned long req_size)
444    {
       // 删除部分代码
       // 判断请求是否从文件开始的位置，如果是从文件开始的位置则进行同步预读
460        if (!index)
461            goto initial_readahead;

       // 根据上次预读起始位置和页数及当前请求的偏移，判断是否为顺序读
467        if ((index == (ra->start + ra->size - ra->async_size) ||
468             index == (ra->start + ra->size)) ) {
469            ra->start += ra->size;
470            ra->size = get_next_ra_size(ra, max_pages);
471            ra->async_size = ra->size;
472            goto readit;
473        }

       // 根据参数判断是否命中的有预读标记的缓存页,. 这是异步预读的标记
481        if (hit_readahead_marker ) {
482            pgoff_t start;
483
484            rcu_read_lock();
485            start = page_cache_next_miss(mapping, index + 1, max_pages);
486            rcu_read_unlock();
487
488            if (!start || start - index > max_pages)
489                return;
490
491            ra->start = start;
492            ra->size = start - index;
493            ra->size += req_size;
494            ra->size = get_next_ra_size(ra, max_pages);
495            ra->async_size = ra->size;
496            goto readit;
497        }
498

502        if (req_size > max_pages)
503            goto initial_readahead;

       // 如果是连续读，且之前没有缓存的情况，则再次触发同步预读
```

```
510        prev_index = (unsigned long long)ra->prev_pos >> PAGE_SHIFT;
511        if (index - prev_index <= 1UL)
512            goto initial_readahead;
           // 删除部分代码
525            __do_page_cache_readahead(mapping, filp, index, req_size, 0);
526        return;
           // 更新预读窗口的相关信息
528    initial_readahead:
529        ra->start = index;
530        ra->size = get_init_ra_size(req_size, max_pages);    // 预读窗口更新算法
531        ra->async_size = ra->size > req_size ? ra->size - req_size : ra->size;
532
533    readit:   // 判断当前请求是否会命中预读标记，如果命中则需要更新预读窗口
540        if (index == ra->start && ra->size == ra->async_size) {
541            add_pages = get_next_ra_size(ra, max_pages);
542            if (ra->size + add_pages <= max_pages) {
543                ra->async_size = add_pages;
544                ra->size += add_pages;
545            } else { //如果预读数据的页数超过最大页数则限定为最大页数
546                ra->size = max_pages;
547                ra->async_size = max_pages >> 1;
548            }
549        }
550
551        ra_submit(ra, mapping, filp);                    //根据预读窗口信息提交读数据的请求
552    }
```

　　首先，从文件起始位置读的场景，根据请求偏移就可以判断出来，如第 460 行代码所示。此时代码会跳转到 initial_readahead 的位置，这里用于更新预读窗口信息，包括预读的起始位置、大小和设置预读标记的位置。然后，判断读请求结束的位置是否命中了将要设置预读标记的位置，如果命中则需要重新调整预读窗口（请思考一下为什么要重新调整预读窗口？）。最后，调用 ra_submit() 函数进行数据读取，根据预读窗口的信息为某个页设置预读标记。需要注意的是，这里的"页"是指存储数据的容器。

　　为了能够理解上述逻辑，我们列举一个具体的实例。假设当前请求从文件开始的位置读取数据，且读取 1 个页的数据。此时预读窗口将被初始化为 4 个页的大小，预读标记的位置是倒数第 3 个（4-1）页的位置，如图 4-39 所示。

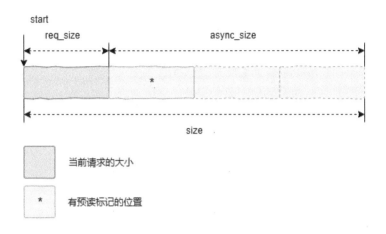

图 4-39　从文件头读取 1 个页的数据时预读窗口信息

如果当前请求的大小变大（如 2 个页或 3 个页），则预读窗口的大小和预读标记的位置都会根据请求的大小来计算。

同步预读的另一种场景是连续读，该请求不是从文件头开始的，而是与前一个请求衔接的。该部分的判断在代码 4-19 的第 510 行～第 512 行。如果符合连续读的条件，则会跳转到 initial_readahead 位置进行预读窗口的初始化及后续操作。

对于异步预读，情况要简单一些。由于在预读流程中会为某个页设置预读标记，因此当读请求读到该页时就会发起一个异步预读，进而调用 ondemand_readahead()函数。对于异步预读，在调用 ondemand_readahead()函数时参数 hit_readahead_marker 的值为真，因此会执行第 481～第 497 行的代码。可以看出该部分代码主要实现对预读窗口的调整，之后就跳转到读数据的流程。

前文介绍了预读算法的实现，但并没有介绍数据具体是如何从磁盘读取的。读取数据的操作最终是在__do_page_cache_readahead()函数中实现的。这里面主要完成两个功能：一个是分配页缓存；另一个是调用具体文件系统读取数据的接口。

具体到 Ext2 文件系统，图 4-40 中的函数指针为 ext2_readahead()函数，该函数的调用流程如图 4-41 所示，该函数主要实现缓存页的映射和从磁盘读取数据的操作，最后调用块设备层的 submit_bio()函数完成数据的读取。

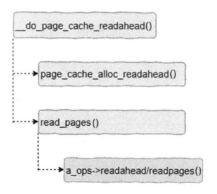

图 4-40　读数据缓存基本逻辑

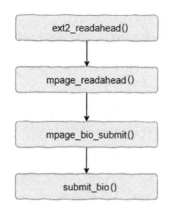

图 4-41　ext2_readahead()函数的调用流程

　　至此，就将磁盘上的数据读取到了页缓存中，其后的流程与缓存命中场景的流程一致，即拷贝页缓存的内容到用户态缓冲区等。

4.9　如何分配磁盘空间

　　前章节已经介绍了写数据的主要流程，但没有介绍数据如何写到磁盘，以及磁盘的空间是如何分配的等内容。本节介绍一下 Ext2 文件系统分配磁盘空间的相关逻辑。

　　实际上，在向磁盘写数据之前需要分配磁盘空间，也就是告诉文件系统数据应该写在磁盘的什么位置。这里的写数据包括写文件数据、在目录中创建文件和添加扩展属性等。但凡需要存储新数据的场景都需要分配磁盘空间。分配磁盘空间的主要功能在 ext2_get_blocks()函数中实现，该函数的原型如代码 4-20 所示。

代码 4-20　ext2_get_blocks()函数的原型

fs/ext2/inode.c	
624	static int ext2_get_blocks(struct inode *inode,
625	sector_t iblock, unsigned long maxblocks,
626	u32 *bno, bool *new, bool *boundary,
627	int create)

在 ext2_get_blocks()函数原型中，需要重点说明的是 iblock 参数，该参数表示文件的逻辑位置，位置以文件系统的块大小为单位，以 0 为起始位置逻辑地址。列举一个简单的实例，假如文件系统在格式化时块大小是 2KB，而此时写入数据的偏移为 4KB，那么此时 iblock 的值是 2。也就是说，ext2_get_blocks()函数通过数据在文件中的逻辑位置计算需要分配多少磁盘空间。

使用 ext2_get_blocks()函数进行磁盘空间分配的主流程如图 4-42 所示，该函数主要完成以下 3 个方面的工作。

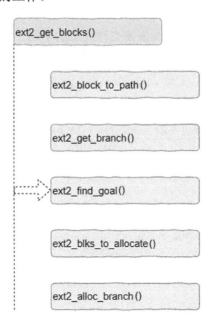

图 4-42　使用 ext2_get_blocks()函数进行磁盘空间分配的主流程

（1）计算并获取存储路径。我们知道文件数据是通过间接块的方式存储的，因此这里主要是根据数据逻辑地址计算出其存储路径情况，也就是会经过哪个间接块及在间接块中的偏移。

（2）计算需要分配的空间。由于某些间接块可能已经被分配，还有一些间接块没有被分配，因此需要根据分配的实际情况计算出需要分配的间接块。

（3）分配磁盘空间。根据上一步计算出的磁盘空间，调用 ext2_alloc_branch()函数来分配需要的磁盘空间，具体就是将空间管理的位图置位。

为了使大家更容易理解整个分配磁盘空间的流程，先回顾一下 Ext2 文件系统中文件数据的管理方式，也就是间接块的管理方式（见图 3-28）。

由于索引树的结构是固定的，因此根据请求的逻辑地址和大小，就可以计算出间接块和数据块的数量，也就知道了本次请求需要申请的磁盘空间数量。最后根据这些信息来分配具体的磁盘空间。下面分别详细介绍一下各个流程的实现细节。

4.9.1　计算存储路径

计算存储路径是指根据请求的文件逻辑地址计算所涉及的间接块及所在间接块中的偏移。该功能是由 ext2_block_to_path()函数完成的，在该函数中数组 offsets 用于存储每一级的具体偏移位置。

前文已经提到 Ext2 文件系统根据文件大小的不同，采用不同级别的间接块来管理文件数据。如果文件很小，则采用直接块（0 级间接块），然后是 1 级间接块、2 级间接块和 3 级间接块。因此 ext2_block_to_path()函数在具体实现时也是按照这 4 种场景实现了 4 个分支，如代码 4-21 所示。

代码 4-21　ext2_block_to_path()函数

```
fs/ext2/inode.c
164    static int ext2_block_to_path(struct inode *inode,
165               long i_block, int offsets[4], int *boundary)
166    {
           // 根据超级块信息获得每个逻辑块存储地址的数量
167        int ptrs = EXT2_ADDR_PER_BLOCK(inode->i_sb);
168        int ptrs_bits = EXT2_ADDR_PER_BLOCK_BITS(inode->i_sb);
169        const long direct_blocks = EXT2_NDIR_BLOCKS,
170        indirect_blocks = ptrs,                  // 对于 1KB 的逻辑块，1 级间接块可以管理 256 个地址
171        double_blocks = (1 << (ptrs_bits * 2));  // 2 级间接块可以管理 65536 个地址
172        int n = 0;
173        int final = 0;
174
175        if (i_block < 0 ) {
176            ext2_msg(inode->i_sb, KERN_WARNING,
177               "warning: %s: block < 0", __func__);
178        } else if (i_block < direct_blocks) {         // 直接块场景
179            offsets[n++] = i_block;
180            final = direct_blocks;
181        } else if ( (i_block -= direct_blocks) < indirect_blocks) {   // 1 级间接块场景
182            offsets[n++] = EXT2_IND_BLOCK;
183            offsets[n++] = i_block;
184            final = ptrs;
```

185	`} else if ((i_block -= indirect_blocks) < double_blocks) {`　　　　　// 2 级间接块场景
186	`    offsets[n++] = EXT2_DIND_BLOCK;`
187	`    offsets[n++] = i_block >> ptrs_bits;`
188	`    offsets[n++] = i_block & (ptrs - 1);`
189	`    final = ptrs;`
190	`} else if (((i_block -= double_blocks) >> (ptrs_bits * 2)) < ptrs) {`　　// 3 级间接块场景
191	`    offsets[n++] = EXT2_TIND_BLOCK;`
192	`    offsets[n++] = i_block >> (ptrs_bits * 2);`
193	`    offsets[n++] = (i_block >> ptrs_bits) & (ptrs - 1);`
194	`    offsets[n++] = i_block & (ptrs - 1);`
195	`    final = ptrs;`
196	`} else {`
197	`    ext2_msg(inode->i_sb, KERN_WARNING,`
198	`        "warning: %s: block is too big", __func__);`
199	`}`
200	`if (boundary)`
201	`    *boundary = final - 1 - (i_block & (ptrs - 1));`
202	
203	`return n;`
204	`}`

上述代码是按照逻辑地址来确定执行哪个分支的。为了便于理解上述代码，列举一个具体的实例。以逻辑块大小 1KB 为例，在 Ext2 文件系统中地址为 4 字节，因此一个间接块可以存储 256 个地址。假设写数据的位置是 13KB，当不满足第 178 行代码的条件时，会继续执行第 181 行的代码进行条件判断。因此，会执行该分支中的代码，最后 offset[0] 的值为 12，offset[1] 的值为 1。

我们再举一个复杂点的实例，假设写数据的位置是 65808KB。此时满足第 190 行代码的条件，因此当满足第 190 行代码的条件时，会执行该分支中的代码。也就是该位置在 3 级间接块子树中。接下来看一下在该子树中各级间接块的值是如何计算的。

1．1 级间接块偏移值为 0

由于执行到这里时，前面的判断代码（第 181 行，第 185 行）都会执行一次，因此逻辑地址会分别减去直接块管理的数量、1 级间接块最大管理数量和 2 级间接块最大管理数量，在这里 i_block 的值为 $65808 - 12 - 256 - 256 \times 256 = 4$。

由于 3 级间接块可以管理 256 个逻辑块，2 级间接块可以管理 256 个 3 级间接块，因此 1 级间接块的一个地址可以管理 65536（256×256，也就是 $1 \ll 16$）个逻辑块。由此可以知道第 192 行的代码可以转换为如下内容，也就是用新逻辑块的地址（4）除以 65536 得到。

$$(4) \gg (8 \times 2) = 0$$

2．2 级间接块偏移值为 0

2 级间接块偏移值的计算与 1 级间接块偏移值的计算类似。对于 2 级间接块中的偏移，除以 256 后对 256 取模即可得到。

$$(4 \gg 8)\,\&\,0xFF = 0$$

3．3 级间接块偏移值为 4

对于 3 级间接块，直接对 256 取模即可得到偏移值。

$$4\,\&\,0xFF = 4$$

这里需要注意的是，除了返回深度和每一层的位置，还会返回在最后的间接块上可管理的地址数量。比如，计算出在最后 1 级间接块的位置是 250，那么最多可以管理 6 个地址。在这种情况下，如果申请的空间比较多，则会出现跨 3 级间接块的场景。

4.9.2　获取存储路径

上文计算出了深度和每一级间接块的偏移信息，但具体涉及的间接块目前处于什么状态并不清楚。仍然以上面的实例进行说明，可能会出现以下几种情况。

（1）用户访问的数据位置所需要的间接块已经全部分配。

（2）1 级间接块和 2 级间接块已存在，3 级间接块不存在。

（3）1 级间接块已存在，2 级间接块和 3 级间接块不存在。

（4）所有间接块都不存在。

因此，这一步的工作就是根据当前信息及上一步计算出的信息进行综合判断，确定已经具备的间接块，并返回关键信息，为后续流程分配磁盘空间做准备。可以在 ext2_get_branch()函数中实现，如代码 4-22 所示。

代码 4-22　ext2_get_branch()函数

fs/ext2/inode.c

```
235    static Indirect *ext2_get_branch(struct inode *inode,
236                        int depth,
237                        int *offsets,
238                        Indirect chain[4],
239                        int *err)
240    {
241        struct super_block *sb = inode->i_sb;
242        Indirect *p = chain;
243        struct buffer_head *bh;
244
```

```
245        *err = 0;
246        // 根据 inode 索引树根, 初始化 0 级间接块
247        add_chain (chain, NULL, EXT2_I(inode)->i_data + *offsets);
248        if (!p->key) //
249            goto no_block;
250        while (--depth) {
251            bh = sb_bread(sb, le32_to_cpu(p->key));    // 根据上一级间接块中的地址读取信息
252            if (!bh)
253                goto failure;
254            read_lock(&EXT2_I(inode)->i_meta_lock);
255            if (!verify_chain(chain, p))
256                goto changed;
257            add_chain(++p, bh, (__le32*)bh->b_data + *++offsets);
258            read_unlock(&EXT2_I(inode)->i_meta_lock);
259            if (!p->key)        // 如果地址的值为 0, 则表示下一级间接块没有被分配
260                goto no_block;
261        }
262        return NULL;          // 如果所有间接块都具备, 则返回空指针
263
264    changed:
265        read_unlock(&EXT2_I(inode)->i_meta_lock);
266        brelse(bh);
267        *err = -EAGAIN;
268        goto no_block;
269    failure:
270        *err = -EIO;
271    no_block:
272        return p;            // 某些间接块不具备的情况
273    }
```

在 ext2_get_branch()函数中会逐级对间接块进行初始化, 然后根据已经初始化的间接块中的地址从缓存或磁盘读取下一级间接块的信息。如果地址为空, 则表示下一级间接块没有被分配, 此时将会跳出 while 循环。

4.9.3　分配磁盘空间

完成间接块情况分析之后, 再经过简单的计算, 就可以计算出总共需要分配的磁盘空间的数量。然后就可以使用 ext2_alloc_branch()函数分配磁盘空间了, 该函数主要调用了其他两个函数, 如图 4-43 所示。其中, ext2_alloc_blocks()函数用于分配磁盘空间, 本质是将管理磁盘空间的位图的对应位进行置位操作; 另外, sb_getblk()函数用于从磁盘读取该块的数据, 并进行初始化。

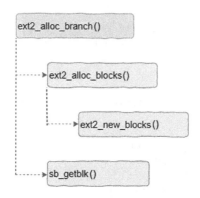

图 4-43　使用 ext2_alloc_branch() 函数分配磁盘空间的流程

ext2_alloc_blocks() 函数用于分配磁盘空间，该函数调用 ext2_new_blocks() 函数进行分配磁盘空间的具体操作。后者的逻辑也是比较清晰的，主要是读取组描述符和位图信息，然后根据位图信息确定可分配的磁盘空间，并进行分配和更新位图。

sb_getblk() 函数初始化的目的比较明确，因为间接块用来存储地址信息，如果是从磁盘读取的新间接块数据可能是未知值，因此需要进行清零操作，并且完成本次请求地址的初始化操作。

至此，磁盘空间分配的主要流程执行完成，仍然有一些小的处理流程，如更新 inode 中的记录、最后一次分配位置、更新时间和将 inode 变脏等，这些细节读者可以自行阅读代码理解。

4.10　Ext2 文件系统的扩展属性

前面章节已经介绍过关于文件系统扩展属性的概念及应用，本节不再赘述。本节主要结合 Ext2 文件系统的实现代码介绍一下扩展属性是如何实现的。

4.10.1　Ext2 文件系统扩展属性是怎么在磁盘存储的

本节主要介绍一下 Ext2 文件系统中扩展属性的相关内容，包括磁盘数据布局和创建流程等。在 Ext2 文件系统中，扩展属性存储在一个单独的磁盘逻辑块中，其位置由 inode 中的 i_file_acl 成员指定。

图 4-44 所示为扩展属性"键-值"对在磁盘逻辑块中的布局示意图。前 32 字节是一个描述头（ext2_xattr_header），描述磁盘逻辑块的基本信息。而下面紧跟着的是扩展属性项（ext2_xattr_entry），描述了扩展属性的键名称等信息，同时包含值

的偏移信息等内容。从图 4-44 中可以看出，扩展属性项是一字排开的。而且需要注意的是，扩展属性项的值是从上往下生长的，而扩展属性的值则是从下往上生长。

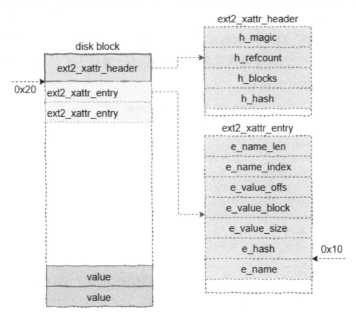

图 4-44　扩展属性"键–值"对在磁盘逻辑块中的布局示意图

代码 4-23 是描述头（ext2_xattr_header）的结构体定义，包括魔数、引用计数和哈希值等内容。魔数的作用是确认该逻辑块的内容是扩展属性逻辑块，避免代码 Bug 或者磁盘损坏等情况下给用户返回错误的结果。引用计数和哈希值的作用是实现多个文件的扩展属性共享。扩展属性共享是指在多个文件的扩展属性完全一样的情况下，这些文件的扩展属性将采用相同的磁盘逻辑块存储，这样可以极大地节省存储空间。另外，Ext2 文件系统使用哈希缓存存储文件属性的哈希值，用于快速判断文件是否存在相同的扩展属性逻辑块。

代码 4-23　描述头（ext2_xattr_header）的结构体定义

fs/ext2/xattr.h			
27	struct ext2_xattr_header {		
28	__le32	h_magic;	// 用于识别的魔数
29	__le32	h_refcount;	// 引用计数
30	__le32	h_blocks;	// 使用的磁盘块的数量
31	__le32	h_hash;	// 所有属性的哈希值
32	__u32	h_reserved[4];	// 当前值为 0
33	};		

扩展属性项在磁盘上是从上往下生长的，需要注意的是由于每个扩展属性的键名称的长度不一定相同，因此描述头（ext2_xattr_header）结构体的大小也是变化的。由于上述原因，我们无法直接找到某一个扩展属性项的位置，必须从头到尾进行遍历。由于描述头（ext2_xattr_header）的大小是确定的，这样就可以很容易找到第 1 个扩展属性项，而下一个扩展属性项就可以根据已经找到的扩展属性项的位置及其中的 e_name_len 成员计算得到。

代码 4-24   扩展属性项结构定义

fs/ext2/file.c			
35	struct ext2_xattr_entry {		
36	__u8	e_name_len;	// 名称长度
37	__u8	e_name_index;	// 属性名称索引
38	__le16	e_value_offs;	// 值在磁盘块中的偏移
39	__le32	e_value_block;	// 属性所在的磁盘块
40	__le32	e_value_size;	// 属性值的大小
41	__le32	e_hash;	// 名称和值的哈希值
42	char	e_name[];	// 属性名称
43	};		

下面列举一个实例看一下扩展属性是如何存储在磁盘上的。我们首先可以获取 f1.txt 对应的 inode 信息，如图 4-45 所示。从该信息中可以得到 i_file_acl 的值为 0x00000406。

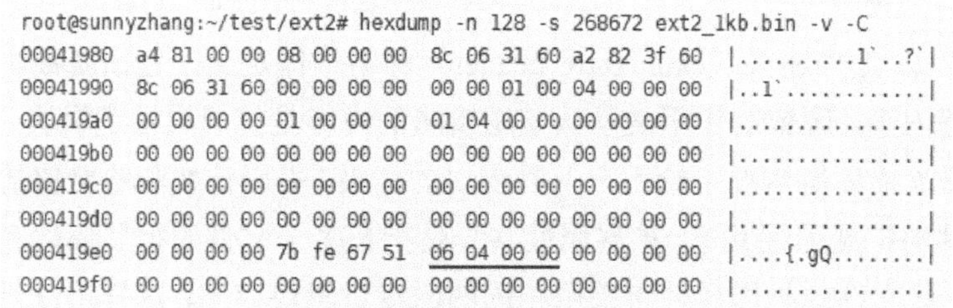

```
root@sunnyzhang:~/test/ext2# hexdump -n 128 -s 268672 ext2_1kb.bin -v -C
00041980  a4 81 00 00 08 00 00 00  8c 06 31 60 a2 82 3f 60  |..........1`..?`|
00041990  8c 06 31 60 00 00 00 00  00 00 01 00 04 00 00 00  |..1`............|
000419a0  00 00 00 00 01 00 00 00  01 04 00 00 00 00 00 00  |................|
000419b0  00 00 00 00 00 00 00 00  00 00 00 00 00 00 00 00  |................|
000419c0  00 00 00 00 00 00 00 00  00 00 00 00 00 00 00 00  |................|
000419d0  00 00 00 00 00 00 00 00  00 00 00 00 00 00 00 00  |................|
000419e0  00 00 00 00 7b fe 67 51  06 04 00 00 00 00 00 00  |....{.gQ........|
000419f0  00 00 00 00 00 00 00 00  00 00 00 00 00 00 00 00  |................|
```

图 4-45   扩展属性的地址

通过该物理地址，我们可以读取磁盘上的数据，如图 4-46 所示。这里扩展属性逻辑块头会占用 32 字节。之后是扩展属性项的内容（红线圈起来的内容）。在上述内容中，标注的内容（0x03f4）是扩展属性值在本逻辑块中的偏移位置。通过该逻辑块的基地址和偏移地址就可以指定该扩展属性值的位置，本实例为 0x101bf4。

```
root@sunnyzhang:~/test/ext2# hexdump -n 1024 -s 1054720 ext2_1kb.bin -v -C
00101800  00 00 02 ea 01 00 00 00  01 00 00 00 a4 03 c9 9c  |................|
00101810  00 00 00 00 00 00 00 00  00 00 00 00 00 00 00 00  |................|
00101820  0a 01 f4 03 00 00 00 00  0a 00 00 00 a4 03 c9 9c  |................|
00101830  73 75 6e 6e 79 7a 68 61  6e 67 00 00 00 00 00 00  |sunnyzhang......|
00101840  00 00 00 00 00 00 00 00  00 00 00 00 00 00 00 00  |................|
00101850  00 00 00 00 00 00 00 00  00 00 00 00 00 00 00 00  |................|
00101860  00 00 00 00 00 00 00 00  00 00 00 00 00 00 00 00  |................|
00101870  00 00 00 00 00 00 00 00  00 00 00 00 00 00 00 00  |................|
00101880  00 00 00 00 00 00 00 00  00 00 00 00 00 00 00 00  |................|

00101b90  00 00 00 00 00 00 00 00  00 00 00 00 00 00 00 00  |................|
00101ba0  00 00 00 00 00 00 00 00  00 00 00 00 00 00 00 00  |................|
00101bb0  00 00 00 00 00 00 00 00  00 00 00 00 00 00 00 00  |................|
00101bc0  00 00 00 00 00 00 00 00  00 00 00 00 00 00 00 00  |................|
00101bd0  00 00 00 00 00 00 00 00  00 00 00 00 00 00 00 00  |................|
00101be0  00 00 00 00 00 00 00 00  00 00 00 00 00 00 00 00  |................|
00101bf0  00 00 00 00 69 74 77 6f  72 6c 64 31 32 33 00 00  |....itworld123..|
```

101bf4 = 101bf0 + 03f4

图 4-46　扩展属性的内容

通过关键的字符串可以看出，这些内容正是我们设置的扩展属性。

4.10.2　设置扩展属性的 VFS 流程

操作系统提供了一些函数来设置文件的扩展属性，分别是 setxattr()、fsetxattr() 和 lsetxattr()。这几个函数的应用场景略有差异，但功能基本一致。代码 4-25 所示为上述函数的原型，可以看出其核心参数是一样的，参数意义很明确，本节不再赘述。

代码 4-25　设置文件的扩展属性的函数的原型

```
int setxattr(const char *path, const char *name,
              const void *value, size_t size, int flags);
int lsetxattr(const char *path, const char *name,
              const void *value, size_t size, int flags);
int fsetxattr(int fd, const char *name,
              const void *value, size_t size, int flags);
```

本节以 fsetxattr() 函数为例进行介绍。假设用户调用该函数为某个文件设置 user 前缀的扩展属性，此时整个函数调用栈的流程如图 4-47 所示。本调用栈包含三部分内容，分别是用户态接口、VFS 调用栈和 Ext2 文件系统调用栈。

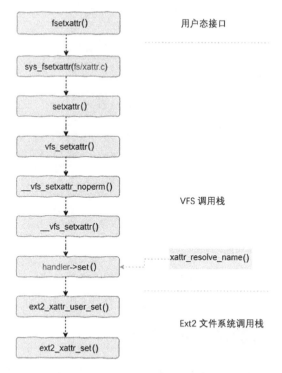

图 4-47   fsetxattr()函数调用栈的流程

通过图 4-47 可以看出在 VFS 中做了很多事情，最后通过函数指针的方式调用 Ext2 文件系统的扩展属性设置接口。在这个流程中比较重要是__vfs_setxattr()函数，在该函数内部根据扩展属性名称前缀获取句柄指针（见代码 4-26 第 143 行），然后利用该句柄指针进行具体的处理。相当于在__vfs_setxattr()函数中会根据不同的扩展属性执行不同的处理分支。

代码 4-26   __vfs_setxattr()函数

fs/xattr.c	
137	int
138	__vfs_setxattr(struct dentry *dentry, struct inode *inode, const char *name,
139	const void *value, size_t size, int flags)
140	{
141	const struct xattr_handler *handler;
142	
143	handler = xattr_resolve_name(inode, &name); // 根据扩展属性名称前缀获取句柄指针
144	if (IS_ERR(handler))
145	return PTR_ERR(handler);
146	if (!handler->set)
147	return -EOPNOTSUPP;
148	if (size == 0)

149	value = "";
150	return handler->set(handler, dentry, inode, name, value, size, flags);
151	}

对于 Ext2 文件系统来说，这个句柄指针的定义如代码 4-27 所示，可以看出它就是各种不同类型（如 user、trusted 和 system 等）扩展属性的数组。这个数组在 Ext2 文件系统挂载时会初始化到超级块数据结构中。因此，在 xattr_resolve_name() 函数中通过扩展属性名称前缀就可以找到对应的句柄指针。

代码 4-27　句柄指针的定义

fs/ext2/xattr.c

113	const struct xattr_handler *ext2_xattr_handlers[] = {
114	&ext2_xattr_user_handler,
115	&ext2_xattr_trusted_handler,
116	#ifdef CONFIG_EXT2_FS_POSIX_ACL
117	&posix_acl_access_xattr_handler,
118	&posix_acl_default_xattr_handler,
119	#endif
120	#ifdef CONFIG_EXT2_FS_SECURITY
121	&ext2_xattr_security_handler,
122	#endif
123	NULL
124	};

对于 Ext2 文件系统的 user 扩展属性来说，会定位到 ext2_xattr_user_handler 句柄指针，而在该句柄指针中定义了对 Ext2 文件系统扩展属性查询和设置的接口。

4.10.3　Ext2 文件系统扩展属性接口实现

对于 user 类型的扩展属性，其函数集为 ext2_xattr_user_handler，其定义如代码 4-28 所示。这里面实现了该类型扩展属性的查询和设置等接口。

代码 4-28　函数集为 ext2_xattr_user_handler 的定义

fs/ext2/file.c

44	const struct xattr_handler ext2_xattr_user_handler = {
45	.prefix = XATTR_USER_PREFIX,
46	.list = ext2_xattr_user_list,
47	.get = ext2_xattr_user_get,
48	.set = ext2_xattr_user_set,
49	};

上述代码中的各个函数的意义很明确，可以通过函数名称知道其具体的功能。

通过使用 ext2_xattr_user_set() 函数设置扩展属性的接口，如代码 4-29 所示，从代码中可以看出该函数主要调用了 ext2_xattr_set() 函数，这个函数实现了对扩展属性的增加、删除和修改操作。

代码 4-29　使用 ext2_xattr_user_set()函数设置扩展属性的接口

fs/ext2/xattr_user.c

```
31      static int
32      ext2_xattr_user_set(const struct xattr_handler *handler,
33                  struct dentry *unused, struct inode *inode,
34                  const char *name, const void *value,
35                  size_t size, int flags)
36      {
37          if (!test_opt(inode->i_sb, XATTR_USER))
38              return -EOPNOTSUPP;
39
40          return ext2_xattr_set(inode, EXT2_XATTR_INDEX_USER,
41                  name, value, size, flags);
42      }
```

具体操作的类型依赖 value 参数和同名属性的存在情况。如果 value 的值为空，则表示要删除这个扩展属性。如果当前没有同名的扩展属性，且 value 的值不为空，则创建一个新的扩展属性。如果有同名扩展属性，并且 value 的值不为空，则对现有的扩展属性进行更新。

ext2_xattr_set()函数的实现非常长，大概有 300 多行代码，为了减少篇幅，本节不会介绍所有场景，以更新一个扩展属性为例进行介绍。在理解该函数之前，应该先对 4.10.1 节介绍的 Ext2 文件系统扩展属性的磁盘布局有所了解，这样理解起来就比较简单了。

对于更新扩展属性的场景，就是找到该扩展属性和对应的值，然后在原地更新值，或者移除原始的值，添加新值。至于在值的原地更新还是移除后添加，依赖于新值的长度，如代码 4-30 所示。

代码 4-30　ext2_xattr_set()函数

fs/ext2/xattr.c

```
406     int
407     ext2_xattr_set(struct inode *inode, int name_index, const char *name,
408                 const void *value, size_t value_len, int flags)
409     {
        // 删除部分代码
        // 对于更新扩展属性的场景，已经分配了空间，因此该成员的值为非空
441         if (EXT2_I(inode)->i_file_acl ) {
442             // inode 已经具备一个扩展属性块
443             bh = sb_bread(sb, EXT2_I(inode)->i_file_acl);       // 从磁盘读取数据到内存
            // 删除部分代码
450             header = HDR(bh);
451             end = bh->b_data + bh->b_size;
            // 删除部分代码
465             last = FIRST_ENTRY(bh);
466             while (!IS_LAST_ENTRY(last) ) {                      // 循环查找扩展属性
```

467	if (!ext2_xattr_entry_valid(last, end, sb->s_blocksize))
468	goto bad_block;
469	if (last->e_value_size) {
470	size_t offs = le16_to_cpu(last->e_value_offs);
471	if (offs < min_offs)
472	min_offs = offs;
473	}
474	if (not_found > 0) { // 对比名称，确认是否有该扩展属性
475	not_found = ext2_xattr_cmp_entry(name_index,
476	name_len,
477	name, last);
478	if (not_found <= 0)
479	here = last; // 如果找到了扩展属性，则 here 是当前扩展属性
480	}
481	last = EXT2_XATTR_NEXT(last);
482	}
483	if (not_found > 0)
484	here = last;
485	
486	// 计算剩余的可用空间
487	free = min_offs - ((char*)last - (char*)header) - sizeof(__u32);
488	}
	// 删除部分代码
	if (not_found) {
	// 删除部分代码
502	} else {
503	// 请求创建一个已经存在的属性
504	error = -EEXIST;
505	if (flags & XATTR_CREATE) // 指定在创建标记的情况下不允许更新
506	goto cleanup;
	// 更新剩余的可用空间
507	free += EXT2_XATTR_SIZE(le32_to_cpu(here->e_value_size));
508	free += EXT2_XATTR_LEN(name_len);
509	}
510	error = -ENOSPC;
511	if (free < EXT2_XATTR_LEN(name_len) + EXT2_XATTR_SIZE(value_len))
512	goto cleanup;
	// 设置新属性
	// 删除部分代码
	} else {
571	if (here->e_value_size) {
572	char *first_val = (char *)header + min_offs;
573	size_t offs = le16_to_cpu(here->e_value_offs);
574	char *val = (char *)header + offs;
575	size_t size = EXT2_XATTR_SIZE(
576	le32_to_cpu(here->e_value_size));
577	
578	if (size == EXT2_XATTR_SIZE(value_len)) {

```
579                    // 如果新的扩展属性值的长度与原始扩展属性值的长度相同，则可以直接在原地更新
580                    here->e_value_size = cpu_to_le32(value_len);
581                    memset(val + size - EXT2_XATTR_PAD, 0,
582                          EXT2_XATTR_PAD);          // 清理填充字节
583                    memcpy(val, value, value_len);
584                    goto skip_replace;
585                }
586
587                // 如果新的扩展属性值的长度与原始扩展属性值的长度不同，则需要删除原始扩展属性值
588                memmove(first_val + size, first_val, val - first_val);
589                memset(first_val, 0, size);
590                here->e_value_offs = 0;
591                min_offs += size;
592
593                // 调整所有值的偏移
594                last = ENTRY(header+1);
595                while (!IS_LAST_ENTRY(last)) {
596                    size_t o = le16_to_cpu(last->e_value_offs);
597                    if (o < offs)
598                        last->e_value_offs =
599                            cpu_to_le16(o + size);
600                    last = EXT2_XATTR_NEXT(last);
601                }
602            }
       }
       // 将新的扩展属性值拷贝到指定位置
614    if (value != NULL) {
615        // 插入一个新值
616        here->e_value_size = cpu_to_le32(value_len);
617        if (value_len) {
618            size_t size = EXT2_XATTR_SIZE(value_len);
619            char *val = (char *)header + min_offs - size;
620            here->e_value_offs =
621                cpu_to_le16((char *)val - (char *)header);
622            memset(val + size - EXT2_XATTR_PAD, 0,
623                  EXT2_XATTR_PAD);
624            memcpy(val, value, value_len);
625        }
626    }
       // 删除部分代码
647    return error;
648 }
```

在代码 4-30 中，首先会根据扩展属性的名称从头到尾遍历已经存在的扩展属性（第 465 行～第 488 行），并与新扩展属性名称进行对比。最终，这部分代码会确定是否已经存在该名称的扩展属性及剩余的可用空间。

针对新的扩展属性值的长度与原始扩展属性值的长度相同的场景，由于不需要新的存储空间，因此可以直接在原始地址进行更新（第 578 行～第 586 行）。

针对新的扩展属性值的长度与原始扩展属性值的长度不同的场景，需要通过该值前面（低地址）的值后移（向高地址移动）的方式覆盖旧的值，同时由于前面的值的地址发生了变化，因此需要调整每个扩展属性项中记录值位置的成员（第 589 行～第 602 行）。

最后更新扩展属性项中值的长度和偏移信息（第 614 行～第 621 行），并将新的值拷贝到目的地址（第 622 行～第 625 行），也就是存储扩展属性值的块中。从上面逻辑也可以看出，扩展属性名称的排列顺序与扩展属性值的排列顺序并非一致，这一点需要注意。

在上述代码中需要注意的是，用户在调用接口时可以传递附加标识，如 XATTR_REPLACE 和 XATTR_CREATE 等。XATTR_REPLACE 表示用户期望进行扩展属性值的替换操作，如果没有找到扩展属性的键，则返回失败信息。XATTR_CREATE 表示只进行创建操作，如果已经存在扩展属性的键，则返回失败信息。

4.11　权限管理代码解析

前文已经对如何进行 ACL 设置进行了介绍，本节重点介绍一下 Ext2 文件系统中关于 ACL 部分的实现。该部分内容我们分两部分进行介绍，一部分是如何设置文件的 ACL 属性；另一部分是当访问文件时如何进行 ACL 检查。

4.11.1　ACL 的设置与获取

前文已经提到 ACL 是基于扩展属性实现的。我们先看一下设置 ACL 的流程，从 setfacl()函数开始，到最终文件系统的函数调用栈，如图 4-48 所示。从图 4-48 中可以看出，设置 ACL 的 API 其实调用的主要是扩展属性的接口，只是到 __vfs_setxattr()函数中执行了不同的分支，也就是 ACL 的分支。

当整个流程到 Ext2 文件系统后，最后也是调用扩展属性的实现来进行数据的相关操作。所以，ACL 本质上就是扩展属性，只是名称比较特殊而已。

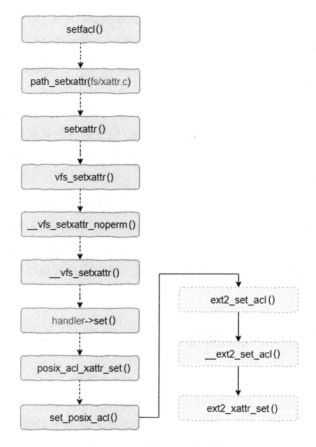

图 4-48　设置 ACL 的流程

本节只介绍设置 ACL 的流程，获取流程与查询流程类似，本节不再赘述。

4.11.2　ACL 权限检查

设置完成 ACL 属性后就起作用了，那么当用户在访问文件系统时内核就会进行相应的检查。以打开文件为例，权限检查的入口与 RWX 权限管理相同，都是 may_open()函数，其流程如图 4-49 所示。

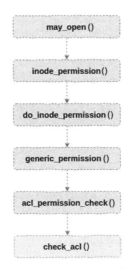

图 4-49　ACL 权限检查流程

通过图 4-49 可以看出，在权限检查中会调用一个 check_acl()函数，该函数就是根据磁盘上存储的用户和权限信息，以及线程中的用户 ID 和组 ID 等进行比对，从而确定该用户是否有访问文件的权限。关于该函数的具体实现请大家自行阅读相关代码，本节不再赘述。

4.12　文件锁代码解析

前文已经介绍了文件锁主要 API 的用法及文件锁的基本原理。本节将介绍一下文件锁在 Linux 内核中是如何实现的。

4.12.1　flock()函数的内核实现

系统 API flock()函数的实现代码在 fs/locks.c 文件中，通过函数名我们可以看到该函数的具体实现，如代码 4-31 所示，在该函数中主要调用了两个函数，分别创建一个锁结构体（第 2237 行）和执行锁操作（第 2250 行～第 2255 行）。

代码 4-31　flock()函数的实现

fs/locks.c	
2218	SYSCALL_DEFINE2(flock, unsigned int, fd, unsigned int, cmd)
2219	{
	// 删除部分代码
2237	lock = flock_make_lock(f.file, cmd, NULL);　　　// 创建并初始化锁结构体
2238	if (IS_ERR(lock)) {
2239	error = PTR_ERR(lock);

2240	goto out_putf;
2241	}
2242	
2243	if (can_sleep)
2244	lock->fl_flags |= FL_SLEEP;
2245	
2246	error = security_file_lock(f.file, lock->fl_type); // 进行权限的判断
2247	if (error)
2248	goto out_free;
2249	// 进行锁处理的逻辑
2250	if (f.file->f_op->flock)
2251	error = f.file->f_op->flock(f.file,
2252	(can_sleep）? F_SETLKW : F_SETLK,
2253	lock);
2254	else
2255	error = locks_lock_file_wait(f.file, lock);
	//删除部分代码
2264	}

对于锁相关的操作，如果具体文件系统实现了 flock()函数，则调用具体文件系统实现（第 2251 行），否则调用 VFS 中的 locks_lock_file_wait()函数实现（第 2255 行）。

locks_lock_file_wait()是执行锁操作函数，如果存在互斥的情况，那么进程将被阻塞，直到调用者释放锁为止。图 4-50 所示为 locks_lock_file_wait()函数的核心调用流程。

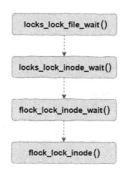

图 4-50　locks_lock_file_wait()函数的核心调用流程

我们重点关注一下 flock_lock_inode_wait() 函数，可以看到该函数调用 flock_lock_inode()函数实现锁的判断，然后调用 wait_event_interruptible()函数实现调用者进程的阻塞操作。当然，具体是否阻塞进程需要依赖锁的属性。

代码 4-32　flock_lock_inode_wait()函数的实现

fs/locks.c
2160	static int flock_lock_inode_wait(struct inode *inode, struct file_lock *fl)

```
2161    {
2162        int error;
2163        might_sleep();
2164        for (;; ) {
2165            error = flock_lock_inode(inode, fl);              // 判断锁定状态
2166            if (error != FILE_LOCK_DEFERRED)
2167                break;
2168            error = wait_event_interruptible(fl->fl_wait,
2169                    list_empty(&fl->fl_blocked_member));      // 将线程调度出
2170            if (error)
2171                break;
2172        }
2173        locks_delete_block(fl);
2174        return error;
2175    }
```

可以看到，锁定实现并不复杂。这里需要说明的是，文件锁的信息存储在 inode 中 struct file_lock_context 类型的成员变量 i_flctx，它记录着该节点所有文件锁的信息。

4.12.2　fcntl()函数的内核实现

fcntl()函数的具体实现是在 fs/fcntl.c 文件中。下面直接看一下 fcntl()函数的核心调用流程。

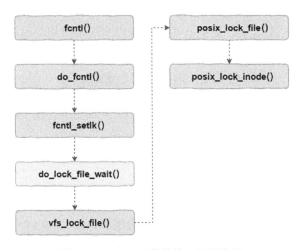

图 4-51　fcntl()函数的核心调用流程

在图 4-51 中，do_lock_file_wait()为锁的关键实现函数，这里首先判断是否需要将进程置于锁定状态，然后根据情况实现线程的调度。该函数的实现如代码 4-33 所示。

代码 4-33　do_lock_file_wait()函数的实现

fs/locks.c	
2433	static int do_lock_file_wait(struct file *filp, unsigned int cmd,
2434	struct file_lock *fl)
2435	{
2436	int error;
2437	
2438	error = security_file_lock(filp, fl->fl_type);
2439	if (error)
2440	return error;
2441	
2442	for (;;) {
2443	error = vfs_lock_file(filp, cmd, fl, NULL);　　　　// 进行锁的具体处理和判断
2444	if (error != FILE_LOCK_DEFERRED)　　　　// 异步场景进程不休眠
2445	break;
2446	error = wait_event_interruptible(fl->fl_wait,
2447	list_empty(&fl->fl_blocked_member));
2448	if (error)
2449	break;
2450	}
2451	locks_delete_block(fl);
2452	
2453	return error;
2454	}

从上述代码中可以看出，锁相关的处理主要在 vfs_lock_file()函数中完成，该函数的实现如代码 4-34 所示。如果具体文件系统实现了锁相关的函数，则调用具体文件系统的函数，否则使用 POSIX 锁的实现。

代码 4-34　vfs_lock_file()函数的实现

fs/locks.c	
2424	int vfs_lock_file(struct file *filp, unsigned int cmd, struct file_lock *fl, struct file_lock *conf)
2425	{
2426	if (filp->f_op->lock)
2427	return filp->f_op->lock(filp, cmd, fl);
2428	else
2429	return posix_lock_file(filp, fl, conf);
2450	}

Ext2 文件系统并没有实现自己锁相关的逻辑，Ext2 文件系统其实使用的是 POSIX 锁的实现。因此，本节也是以虚拟文件系统中的 POSIX 锁的实现为例来介绍文件锁的实现。

在文件系统中需要一些数据结构来记录锁的状态。与文件锁相关的数据结构主要有两个：一个是 file_lock 结构体，它表示一个文件锁，包括所有者、类型、进程 ID 和锁的起止位置等；另一个是 file_lock_context 结构体，它是 inode 中的一个成员，用于记录该文件上已经加锁的信息。

　　file_lock 结构体是一个锁的实例，用于记录锁的各种属性和状态，该结构体的定义如代码 4-35 所示。在该结构体中除了前文所述的内容，还有一些用于链表的成员，这些成员用于将一个实例关联到具体的链表或哈希表中。

代码 4-35　file_lock 结构体的定义

fs/locks.c	
1090	struct file_lock {
1091	struct file_lock *fl_blocker;　　　　　　// 阻塞锁
1092	struct list_head fl_list;　　　　　　　　// 通过变量链接到 file_lock_context 结构体
1093	struct hlist_node fl_link;　　　　　　　// 全局链表中的节点
1094	struct list_head fl_blocked_requests;　　// 请求链表指向这里
1095	
1096	
1097	
1098	
1099	
1100	fl_owner_t fl_owner;
1101	unsigned int fl_flags;　　　　　　　　　// 锁的特性
1102	unsigned char fl_type;　　　　　　　　　// 锁的类型
1103	unsigned int fl_pid;　　　　　　　　　　// 持有该锁的进程 ID
1104	int fl_link_cpu;
1105	wait_queue_head_t fl_wait;
1106	struct file *fl_file;
1107	loff_t fl_start;　　　　　　　　　　　　// 范围锁的起始位置
1108	loff_t fl_end;　　　　　　　　　　　　　// 范围锁的终止位置
	// 删除部分代码
1126	} __randomize_layout;

　　file_lock_context 结构体的定义如代码 4-36 所示，其中，有 3 个链表成员，用于记录已经在该文件上加锁的信息。由于虚拟文件系统的结构体要兼容不同的锁类型，因此这里有 3 个不同的链表。对于 POSIX 接口来说可以使用 flc_posix 来存储锁的内容。

代码 4-36　file_lock_context 结构体的定义

fs/locks.c	
1128	struct file_lock_context {
1129	spinlock_t　　　　flc_lock;
1130	struct list_head　flc_flock;
1131	struct list_head　flc_posix;
1132	struct list_head　flc_lease;
1133	};

　　接下来分析一下 POSIX 锁的具体实现，看一看是如何操作这些数据结构的。前文已述，对于 POSIX 锁来说，具体由 posix_lock_file() 函数实现。该函数的部分

代码如代码 4-37 所示，该函数主要对 inode 上已经添加的锁与新的锁请求进行比较，确定是否存在冲突。该函数逻辑相对复杂，除了检测是否与其他进程产生冲突，还对本进程之前添加的锁进行合并等处理。

代码 4-37　posix_lock_inode()函数的实现

fs/locks.c	
1131	static int posix_lock_inode(struct inode *inode, struct file_lock *request,
1132	struct file_lock *conflock)
1133	{
	// 删除部分代码
	// 从 inode 中查找 file_lock_context 结构体，如果没有则创建
1144	ctx = locks_get_lock_context(inode, request->fl_type);
1145	if (!ctx)
1146	return (request->fl_type == F_UNLCK）? 0 : -ENOMEM;
	// 删除部分代码
1161	percpu_down_read(&file_rwsem);
1162	spin_lock(&ctx->flc_lock);
	// 从 file_lock_context 结构体中获取所有 inode 已经持有的锁，并进行逐个遍历
1168	if (request->fl_type != F_UNLCK）{
1169	list_for_each_entry(fl, &ctx->flc_posix, fl_list）{
1170	if (!posix_locks_conflict(request, fl)）// 检查是否有冲突的锁存在
1171	continue; // 如果没有冲突则进行下一个检查
1172	if (conflock)
1173	locks_copy_conflock(conflock, fl);
1174	error = -EAGAIN;
1175	if (!(request->fl_flags & FL_SLEEP))
1176	goto out;
1177	
1178	
1179	
1180	// 进行死锁检测。另外，对于持有相同锁的情况下，需要将其加入阻塞列表中
1181	error = -EDEADLK;
1182	spin_lock(&blocked_lock_lock);
1183	
1184	
1185	
1186	// 在进行死锁检查时确保在该节点上没有任何锁被阻塞
1187	__locks_wake_up_blocks(request);
1188	if (likely(!posix_locks_deadlock(request, fl))）{
1189	error = FILE_LOCK_DEFERRED;
	// 如果存在锁，且冲突，则此时将请求锁加入阻塞列表，然后返回
1190	__locks_insert_block(fl, request,
1191	posix_locks_conflict);
1192	}
1193	spin_unlock(&blocked_lock_lock);
1194	goto out;
1195	}

1196	}
	// 删除部分代码，这部分代码逻辑是处理冲突的场景，此时主要进行锁的合并等处理
	if (!added) {
1304	if (request->fl_type == F_UNLCK) {
1305	if (request->fl_flags & FL_EXISTS)
1306	error = -ENOENT;
1307	goto out;
1308	}
1309	
1310	if (!new_fl) {
1311	error = -ENOLCK;
1312	goto out;
1313	}　// 如果没有任何锁，则将该锁加入 inode 的 ctx 中，此时返回值为 0
1314	locks_copy_lock(new_fl, request);
1315	locks_move_blocks(new_fl, request);
1316	locks_insert_lock_ctx(new_fl, &fl->fl_list);
1317	fl = new_fl;
1318	new_fl = NULL;
1319	}
1320	// 删除部分代码
1352	}

通过上述代码可以看出，posix_lock_inode()函数会根据处理结果的不同返回不同的返回值。而返回值决定了进程的后续状态。这部分代码就是代码 4-33 中相关的逻辑。

第 5 章

基于网络共享的网络文件系统

前面章节已经对本地文件系统进行了比较详细的分析。接下来介绍一下在实际生产环境中应用非常广泛的一种文件系统，即网络文件系统。

5.1 什么是网络文件系统

网络文件系统（Network File System）是一种将远端的文件系统映射到本地的文件系统。这里的远端是指一个存储系统，通常称为 NAS 存储。本地是指客户端，通常是运行业务的服务器。存储系统可以是专属的存储设备，如一些存储厂商的存储产品，也可以是基于普通服务器搭建的存储系统。

早些时候的企业级架构，数据存储普遍采用网络文件系统，最为著名的就是 Sun 的 NFS。微软也有类似的网络文件系统，如 CIFS。网络文件系统的目的就是将存储系统上的文件系统映射到计算节点（如 Web 服务器），如图 5-1 所示。

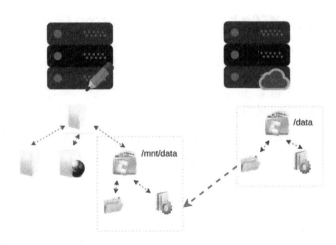

图 5-1　网络文件系统访问示意图

在图 5-1 中，网络文件系统将远程的目录树映射到本机，成为本机目录树中的一棵子树。对于普通用户来说，访问该子树中的内容与访问本地其他子目录内容没有任何差异。也就是用户不会感知到该子树的内容是在远端，也没必要感知这种存在。

同时，通过图 5-1 可以看出，对于网络文件系统来说通常存在两部分组件：一部分是客户端的文件系统；另一部分是服务端的服务程序。客户端文件系统的逻辑与本地文件系统无异，差异是在读/写数据时不是访问磁盘等设备，而是通过网络将请求传输到服务端。服务端负责客户端请求的处理，将数据存储到磁盘等存储介质上。

客户端的实现可以基于操作系统的文件系统框架来实现一个文件系统，该文件系统负责接收应用的请求，并将请求转发到服务端，如 NFS 文件系统在 Linux 或 Windows 的实现。但是也不一定，由于网络文件系统通信本身是基于以太网的协议，因此也可以用一个库函数来实现相关功能。当然，这种方式就无法实现直观的文件操作了，只能供开发应用程序使用。

服务端数据的存储可以借助于普通的本地文件系统，也可以实现自己的文件系统。比如，Linux 下的 NFS 实现，在 NFS 服务端通常是使用常规的本地文件系统来存储数据的，如 Ext4、XFS 或 Btrfs 等。而一些存储设备提供商通常会实现自己的文件系统，如 EMC 的 UFS64 文件系统和 NetApp 的 WAFL 文件系统等。

服务端数据的存储并不一定需要基于某种文件系统，甚至可以基于 KV 数据块来实现。对于服务端来说，只需要能够实现对客户端请求的解析即可。这些请求包括创建/删除文件、读/写数据、扩展属性和权限等。如果大家对这里的描述不理解也没关系，我们在后续章节会详细介绍。

5.2 网络文件系统与本地文件系统的异同

从普通用户的角度来看，网络文件系统与本地文件系统没有明显的差异。在
Linux 平台下挂载文件系统时，本地文件系统是将一个块设备挂载到某个目录下面，
而网络文件系统则是将一个包含 IP 地址的远程路径挂载到某个目录下面。

网络文件系统与本地文件系统的差异在于数据的访问过程。以写数据为例，本
地文件系统的数据是持久化存储到磁盘（或者其他块设备）上的，而网络文件系统
则需要将数据传输到服务端进行持久化处理。

另外一个差异点是本地文件系统需要进行格式化处理才可以使用。而网络文件
系统则不需要客户端进行格式化操作，通常只需要挂载到客户端就可以直接使用。
当然在服务端通常是要做一些配置工作的，包括格式化操作。

网络文件系统最主要的特性是实现了数据的共享。基于数据共享的特性，使得
网络文件系统有很多优势，如增大存储空间的利用效率（降低成本）、方便组织之
间共享数据和易于实现系统的高可用等。

5.3 常见的网络文件系统简析

网络文件系统有很多，其中有两个标准的网络文件系统最为出名：一个是 Linux
经常使用的 NFS（Network File System）；另一个是 Windows 经常使用的 CIFS
（Common Internet File System）。除此之外，其实还有很多其他的网络文件系统，如
AFS（Andrew File System）等。

5.3.1 NFS 文件系统

NFS 是一个非常老牌的网络文件系统，于 1980 年由 Sun 公司开发，并随 SunOS
一起发布。NFS 不仅是指网络文件系统，现在更多是指一种协议，而且是一种开放
的网络文件系统协议。

关于 NFS 最新的描述可以通过 RFC7531 获得更多的描述信息。NFS 从第一次
发布到现在已经几十年了，也发展了不同的版本，从最初内部使用的 1.0 版本到现
在的 4.X 版本。

前文提到网络文件系统包含客户端文件系统和服务端服务两个组件。对于客户
端来说，目前主流的操作系统都支持 NFS，如 Linux、UNIX 和 Windows 等。

在服务端，通常需要一个服务软件，实现对本地文件系统的导出。这样通过 NFS

协议可以将文件系统导出到客户端。由于 NFS 协议是开放的，因此有很多 NFS 的服务端实现，Linux 内核中本身就集成了一个内核模块（NFSD）。在用户态有一个比较有名的 NFS 服务端软件 NFS-Ganesha。

5.3.2　SMB 协议与 CIFS 协议

Windows 也有一套用于在网络实现文件共享的协议，即 SMB（Server Message Block，服务器消息块）协议，它是一套基于 NetBIOS 的文件共享协议。随着以太网技术的发展，SMB 协议逐渐与 NetBIOS 脱离。在 Windows 2000 中，SMB 协议可以直接运行在 TCP/IP 协议之上。

SMB 协议不仅可以用于文件共享，其本身是用于进行节点之间消息传输的协议，可以用在文件共享、打印机共享及其他信息共享领域。

随着互联网的发展，微软基于 SMB 协议定义了一个通用的文件共享协议，即 CIFS（Common Internet File System，通用因特网文件系统）协议，可以认为 CIFS 协议是 SMB 协议的一个具体实现。

CIFS/SMB 协议的情况与 NFS 协议的情况非常类似，其架构也是 C/S 架构，而且协议也是开放的。因此，在客户端和服务端都有很多具体的实现。

主流的操作系统都有 CIFS 协议的实现，Windows 自然不用多说。Linux 也有 CIFS 协议的实现，如果阅读源代码，就会发现 CIFS 协议就在与 NFS 协议同级的目录下。

服务端的实现也很多，除了 Windows 本身的实现，在 Linux 下也有一个组件能够提供 CIFS 协议的服务，那就是 Samba。除了开源软件，还有很多商用的 CIFS 协议服务，如 MoSMB、Tuxera SMB 和 Likewise 等。

5.4　网络文件系统关键技术

网络文件系统本质上也是一个文件系统，因此本地文件系统所使用的技术在网络文件系统中通常也都是要使用的，如缓存技术、文件锁、快照克隆和权限管理等。区别在于，这些特性大多是借助于位于服务端的文件系统实现的，网络文件系统本身并不能实现。对于网络文件系统来说，只需要通过协议将请求传输到服务端进行处理即可。

由于网络文件系统基于网络实现，除了具有本地文件系统的一些特性，还有其特殊的地方。比如，需要通过应用层的协议传输命令、文件锁需要考虑跨网络的情况等。本节将介绍一些相对本地文件系统来说网络文件系统特有的技术。

5.4.1 远程过程调用（RPC 协议）

网络文件系统定义了客户端（又被称为主机端）与服务端交互的协议（NFS 协议），网络文件系统的协议是通过函数调用的方式定义的，主要内容包含 ID、参数和返回值等。客户端到服务端访问通常是通过网络来访问的，因此在具体实现时需要将协议定义的函数形态转化为网络数据包，然后在服务端收到数据包再执行预定的动作后给客户端发送反馈。

由于在客户端与服务端都要实现对协议数据的封装和解析，因此实现起来比较复杂。为了降低复杂性，通常会在文件系统业务层与 TCP/IP 层之间实现一层交互层，这就是 RPC 协议。这种分层的方式是计算机领域经常用到的处理问题的方式，如 TCP/IP 的协议栈，MVC 模式等。

RPC（Remote Procedure Call，远程过程调用）是 TCP/IP 模型中应用层的网络协议（OSI 模型中会话层的协议）。RPC 协议通过一种类似函数调用的方式实现了客户端对服务端功能的访问，简化了客户端访问服务端功能的复杂度。

在客户端调用 RPC 函数时，会调用 RPC 库的接口将该函数调用转化为一个网络消息转发到服务端，而服务端的 RPC 库则对网络数据包进行反向解析，调用服务端注册的函数集（存根）中的函数实现功能，最后将执行的结果反馈给客户端。

图 5-2 所示为 RPC 协议架构示意图，通常包括应用、客户端/服务端存根（stub）、RPC 运行时库和传输协议。

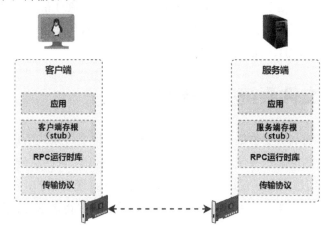

图 5-2 RPC 协议架构示意图

下面介绍图 5-2 中的几个关键概念。

应用是基于 PRC 协议实现的具体应用程序。以网络文件系统为例，客户端的应用是指文件系统，而服务端的应用则是指文件系统服务，如 NFSD 或 NFS-Ganesha 等。

存根（stub）是定义的函数集，该函数集根据应用业务的需求而确定。以网络文件系统为例，函数集包括创建文件、删除文件、写数据和读数据等。函数集通常需要分别在客户端和服务端定义一套接口，而且客户端的函数集与服务端的函数集是一一对应的。

RPC 运行时库通常是一个公共库，实现了 RPC 协议的公共功能，如请求的封装与解析、消息收发和网络层面的错误处理等。

需要注意的是，RPC 并不是网络文件系统专用的协议，而是在分布式系统的很多地方都有应用。RPC 协议不仅在操作系统内核中有实现，也有很多用户态实现，如 gRPC、Dubbo 和 Thrift 等。不同的 RPC 协议的定义并不一样。

5.4.2　客户端与服务端的语言——文件系统协议

网络文件系统本质上是一个基于 C/S（客户端/服务端）架构的应用，其大部分功能是通过客户端与服务端交互来实现的。因此，对于网络文件系统来说，其核心之一是客户端与服务端的交互语言——文件系统协议。

由于网络文件系统通常基于以太网进行连接，因此网络文件系统的协议通常也是基于 TCP 协议或 UDP 协议来实现的。我们可以将网络文件系统的协议理解为 TCP/IP 应用层的协议（但实际情况要复杂一些）。

网络文件系统的协议的定义类似函数调用，包含 ID（可以理解为函数名称）、参数和返回值。其定义是非常清晰的，其语义与文件系统操作的语义基本上一一对应。以经常使用的 NFSv3 协议为例，这里列出该协议的部分命令，如表 5-1 所示。

表 5-1　NFSv3 协议的部分命令

名　　称	编码（ID）	操作系统 API（Linux）	说　　明
CREATE	8	create / open	创建一个常规文件
REMOVE	12	remove / unlink	删除一个常规文件
WRITE	7	write	向文件写入数据
READ	6	read	从文件读取数据
LOOKUP	3	---	查找文件
MKDIR	9	mkdir	创建一个目录
READDIR	16	readdir	读取目录中的内容
RMDIR	13	rmdir	删除目录
COMMIT	21	flush	提交缓存中的数据

通过表 5-1 可以看出，在 NFSv3 协议中定义的语义与我们对文件系统的操作有非常明确的对应关系。对于文件来说有创建、删除、读/写和查找等命令，对于目录来说也有类似的命令。当然，本节只是展示了 NFSv3 协议的部分内容，更多细节请参考其他资料。

SMB2 协议与 NFSv3 协议类似，也是实现了一些与文件系统语义对应的协议命令。表 5-2 所示为 SMB2 协议的部分命令。

表 5-2　SMB2 协议的部分命令

名　　称	编码（ID）	说　　明
CREATE	0x0005	创建一个文件
CLOSE	0x0006	删除一个文件
FLUSH	0x0007	刷新缓存
READ	0x0008	向文件写入数据
WRITE	0x0009	从文件读取数据
QUERY_DIRECTORY	0x000e	获取目录中的内容
QUERY_INFO	0x0010	查询文件和命名管道等对象的信息

通过 NFSv3 协议和 SMB2 协议可以看出，无论哪种协议，都有一组与文件系统语义对应的协议命令。这样，客户端对网络文件系统的访问都可以通过协议传输到服务端进行相应的处理。由于文件系统语义与协议命令清晰的对应关系，网络文件系统协议并不复杂，只是内容比较多。

5.4.3　文件锁的网络实现

我们知道在文件系统中有一个文件锁的特性，该特性类似多线程编程中的锁机制。通过文件锁可以保证当多线程访问相同文件时只能有一个线程进行更新，其他线程只能等待，避免出现同时更新文件导致出现数据不一致的问题。

为了能够支持该功能，网络文件系统也应该支持类似的特性。但是由于网络文件系统实际功能在服务端实现，而且可以有多个客户端同时访问同一个文件系统。因此，网络文件系统的文件锁的实现需要经过网络在服务端实现。

在 NFS 协议族中，基于网络文件锁是有一个协议的，称为 NLM（Network Lock Manager，网络锁管理）。在 NFSv2 和 NFSv3 版本中没有定义锁协议，因此都是通过 NLM 协议实现一个独立的服务。而 NFSv4 版本的协议中已经将锁相关的协议考虑进来了，因此没有独立的 NLM 协议了。

5.5　准备学习环境与工具

学习一项技术最高效的方法就是动手实践。为了能够更好地学习网络文件系统相关的内容，我们搭建一个 NFS 文件系统，包括服务端的安装配置及客户端的挂载等内容。

5.5.1　搭建一个 NFS 服务

在 Linux 平台搭建 NFS 服务并不复杂。很多公司利用服务器和 Linux 来搭建 NFS 服务。我们甚至还可以通过树莓派搭建一个家用 NFS 服务。接下来以 Linux 为例介绍一下如何搭建一个 NFS 服务。

本书重点在于讲解实现原理，因此本节并不会详细地讲解安装过程。按照本节步骤安装是可以保证运行成功的，只是这里是简化的安装和配置步骤，缺少安全等相关的设置。更详细的安装步骤可以参考《鸟哥的 Linux 私房菜：服务器架设篇》（第 3 版）[10]和《UNIX/Linux 系统管理技术手册》第 4 版[11]，其对 NFS 的安装和配置进行了非常详细的介绍。

1．NFS 服务的安装

以 Ubuntu 18.04 为例，在 Linux 服务器执行如下命令就可以将 NFS 服务端软件安装成功：

```
sudo apt install nfs-kernel-server
```

如果是 CentOS 则可以执行如下命令进行安装：

```
sudo yum install nfs-utils
```

2．导出目录

完成安装之后就可以导出某个目录进行测试。以 Ubuntu 18.04 为例，在/srv 目录下创建一个新目录，并设置该目录的访问权限，命令如下：

```
mkdir /srv/nfs
chmod 777 /srv/nfs
```

完成资源准备之后就可以进行 NFS 服务端的配置。其目的是让服务端软件识别该目录，并且能够进行管理，也就是让服务端导出该目录。

打开/etc/exports，并将如下内容添加到该文件中：

```
/srv/nfs              *(rw,sync,no_subtree_check)
```

重启 NFS 服务即可（NFS 其实是可以不用重启服务使配置生效的）。这里需要注意的是，Ubuntu 环境和 CentOS 环境重启服务的命令是不同的。

3. 挂载文件系统

在客户端节点安装需要的软件包，命令如下：

```
sudo apt install nfs-common
```

如果没有报错，则说明安装成功。然后执行如下命令就可以将服务端的目录挂载到本地。之后我们就可以在客户端访问该目录，这时对/mnt/nfs 目录的读/写其实就是对服务端/srv/nfs 目录的读/写：

```
mount 192.168.2.113:/srv/nfs /mnt/nfs/
```

上面的 IP 地址是服务端的 IP 地址。这里需要注意的是，在执行 mount 命令之前需要创建本地目录/mnt/nfs。如果没有这个本地目录，则在挂载时会出现挂载失败的情况。

5.5.2 学习网络文件系统的利器

网络文件系统除客户端与服务端的架构和代码逻辑外，最为核心的内容就是其协议。对于协议的学习我们可以借助网络抓包工具，经常用到的有 tcpdump 和 WireShark 等。

tcpdump 是一个命令行的抓包工具，非常适合在服务器版本的 Linux 上使用。使用方法也比较简单，如下是一个具体的实例：

```
tcpdump -i lo -w /tmp/dump.pcap tcp port 2049
```

其中，-i 表示要监测的网络接口，-w 表示将抓取的数据写入的文件，后面的参数则表示监测的协议和端口号。通过条件过滤可以抓取我们关心的数据包。毕竟网络数据非常多，如果没有条件过滤，则在分析数据时会有大海捞针的感觉。

WireShark 是一个具有 GUI 的网络抓包工具，该工具的功能与 tcpdump 工具的功能一样，但最大的特点是可视化做得非常好，而且实现了很多应用层协议的支持（如 HTTP 协议、NFS 协议和 SMB 协议等）。图 5-3 所示为抓取的 NFS 协议的部分数据包。

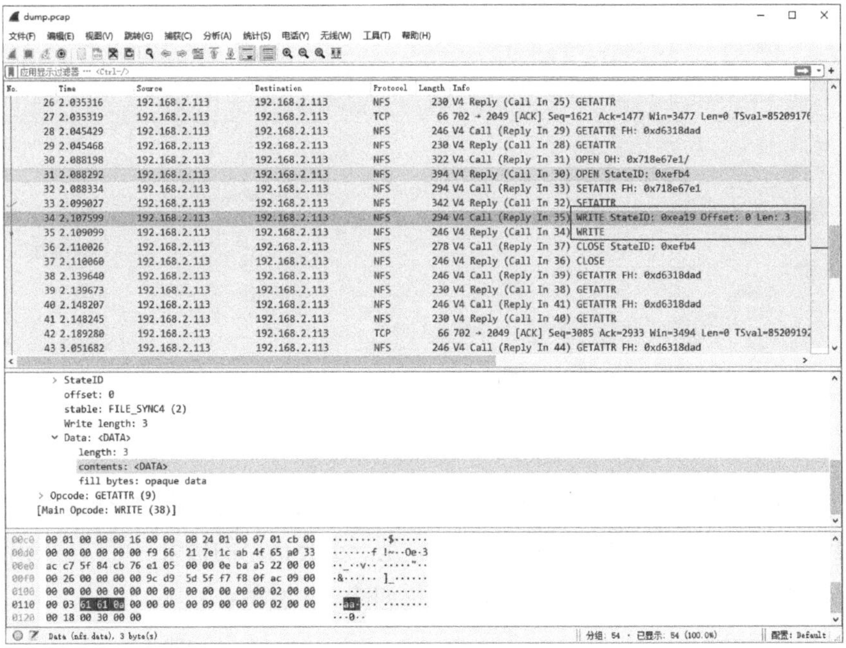

图 5-3　抓取的 NFS 协议的部分数据包

前文提到 WireShark 一个好处是实现了对多种常见协议的支持。这里的支持是指它能将抓取的二进制数据与具体的协议字段对应起来，直接展示解析后的结果，非常直观。

5.6　网络文件系统实例

本节以 NFS 协议为例深入地解析文件系统软件架构与协议等相关内容。对于 SMB 协议来说，其实差别不大，限于篇幅有限，本节不再赘述。

5.6.1　NFS 文件系统架构及流程简析

通过前文大家能够比较形象地认识一下 NFS，也为后续深入学习 NFS 文件系统奠定基础。下面来看一下 NFS 的整体架构。

NFS 分布式文件系统是一个 C/S（客户端/服务端）架构。其客户端是 Linux 内核中的一个文件系统，跟 Ext4 和 XFS 类似，差异在于其数据请求不存储在本地磁盘，而是通过网络发送到服务端进行处理。

从图 5-4 可以看出，NFS 也是位于 VFS 下的文件系统。因此当 NFS 挂载后，其与本地文件系统并没有任何差异，用户在使用时也是透明的。

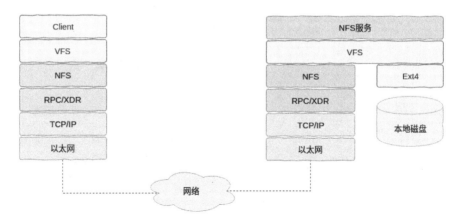

图 5-4   NFS 的整体架构

NFS 的通信使用的是 RPC 协议，该协议也是 Sun 公司发明的一种网络通信协议。RPC 协议基于 TCP 协议或 UDP 协议，是一个会话层的协议，可以与应用层的 HTTP 协议类比理解。RPC 协议的通信流程如图 5-5 所示。

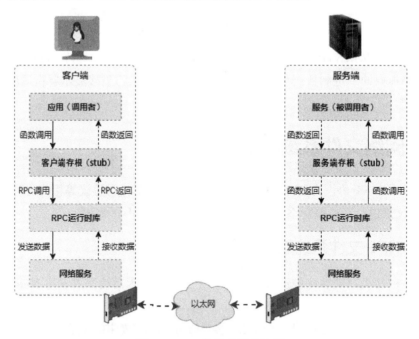

图 5-5   RPC 协议的通信流程

在该流程中，当应用想完成某个功能时，可以调用客户端存根中的函数，而该函数封装消息后调用 RPC 接口。此时，RPC 运行时库会将消息封装后通过网络发送到服务端。服务端 RPC 运行时库接收到该消息后会进行消息的解析，然后调用服务端的存根函数，服务端的存根函数调用服务端的业务处理函数完成相关处理。

完成处理后，服务端的存根函数会封装一个应答消息，然后调用 PRC 运行时库的 API 进行发送。后续的整个流程与请求发送一致。最后在客户端的应用会收到其所调用函数的返回值，这个返回值其实就是服务端发送的应答消息。对于客户端的应用，这个函数调用与本地函数调用并没有明显的差异，其具体工作都是通过 RPC 运行时库传输到服务端完成的。

为了使大家更加清晰地理解 NFS 的架构，下面以创建子目录为例来介绍一下 NFS 文件系统与服务端通信的过程。NFS 文件系统有很多版本，很难一一介绍所有版本。为了便于大家理解和学习，下面以 NFSv3 文件系统为例进行介绍。

由于 NFS 文件系统基于 VFS 文件系统框架，因此不可避免地需要实现一套函数指针，并在挂载时进行注册。这主要是保证从 VFS 文件系统下来的请求可以转发到 NFS 文件系统进行处理。代码 5-1 是 NFS 文件系统实现的目录函数指针集合，该函数指针集合实现了目录相关的操作。

代码 5-1　NFS 文件系统实现的目录函数指针集合

fs/nfs/nfs3proc.c

```
963    static const struct inode_operations nfs3_dir_inode_operations = {
964         .create      =  nfs_create,
965         .lookup      =  nfs_lookup,
966         .link        =  nfs_link,
967         .unlink      =  nfs_unlink,
968         .symlink     =  nfs_symlink,
969         .mkdir       =  nfs_mkdir,
970         .rmdir       =  nfs_rmdir,
971         .mknod       =  nfs_mknod,
972         .rename      =  nfs_rename,
973         .permission  =  nfs_permission,
974         .getattr     =  nfs_getattr,
975         .setattr     =  nfs_setattr,
976    #ifdef CONFIG_NFS_V3_ACL
977         .listxattr   =  nfs3_listxattr,
978         .get_acl     =  nfs3_get_acl,
979         .set_acl     =  nfs3_set_acl,
980    #endif
981    };
```

以创建子目录为例，在 NFS 文件系统中的具体实现函数为 nfs_mkdir()。当用户通过程序调用 mkdir()函数或执行 mkdir 命令时，会通过软终端触发 VFS 文件系统的 vfs_mkdir()函数，最后调用 NFS 文件系统的 nfs_mkdir()函数。创建目录的整体流程如图 5-6 所示，其中包含服务端的处理流程。

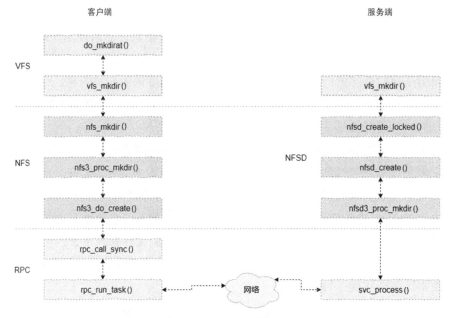

图 5-6　创建目录的整体流程

　　nfs_mkdir()函数首先会进行必要的权限检查，然后调用客户端（主机端）存根中的 nfs3_proc_mkdir()函数。该函数进行 RPC 调用的基本数据的准备，然后间接调用 RPC 服务的 API（rpc_call_sync()函数），将请求发送到服务端。

　　服务端收到消息后会根据消息中的关键信息调用服务端存根函数，本实例为 nfsd3_proc_mkdir()函数。存根函数会调用业务函数（nfsd_create()）来完成具体的操作。在本实例中，NFSD 最终会调用 VFS 文件系统中的 vfs_mkdir()函数，然后 vfs_mkdir()函数调用具体文件系统（与导出目录相关，如 XFS 文件系统）中创建子目录的函数完成子目录的创建。

　　对比客户端与服务端对 VFS 文件系统函数的调用可以看出，两边都使用了 vfs_mkdir()函数。因此，我们可以将 NFS 理解为实现了将客户端对文件系统的操作搬到了服务端。

　　在 Linux 内核中，NFS 文件系统的整体架构和逻辑还是比较清晰的。主要是 Linux 内核同时支持了 NFSv2、NFSv3 和 NFSv4 等多个版本，整体比较复杂，但难度并不是非常大。本节主要介绍了 NFS 的整体架构，后续章节将深入介绍其他处理流程。

5.6.2　RPC 协议简析

前文介绍了 NFS 的整体架构，其核心是将客户端的函数调用通过网络传输到服务端，并转化为服务端的函数调用。其主要实现是客户端与服务端的一一对应的存根。那么这种转化是如何进行的呢？这就涉及 RPC 协议。

虽然 5.4.1 节介绍了 RPC 协议，但主要从概念和功能上对 RPC 协议进行了简要的介绍，并没有深入细节。本节将深入 RPC 内部介绍其实现原理。由于目前 RPC 协议的具体实现非常多，而且协议细节也不同，因此很难逐一介绍清楚。本节以 Sun 公司的 RPC 协议为例进行详细介绍，毕竟它是 NFS 协议的基础。

RPC 协议与 TCP/IP 协议类似，以二进制的方式传输数据。RPC 协议先要解决的问题是如何将一个客户端的函数调用转换为服务端的函数实现。

另外，Sun 公司的 RPC 协议在设计时期望实现对多种服务的支持，如 NFS 协议、挂载协议和 NLM 协议等。因此在设计 RPC 协议时，有 3 个相关的字段来进行标识，其中，Program 字段标识程序，区分 NFS、MOUNT 和 NLM 等其他程序类型；Program Version 字段标识程序版本，考虑升级的兼容性；Procedure 字段标识程序中的过程（函数），如图 5-7 所示。

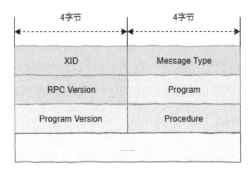

图 5-7　RPC 协议数据包格式（局部）

通过上述 Program 和 Procedure 等关键信息的讲解，当服务端收到该消息时就可以知道应该由哪个版本的哪个程序来处理该消息，而且进一步知道应该调用哪个存根函数（函数指针）来进行处理。

我们通过 WireShark 抓包看一看 RPC 是如何传输数据的，以及数据的格式。图 5-8 所示为抓取的挂载命令的数据包，我们可以对比一下该数据包的内容与协议的格式。

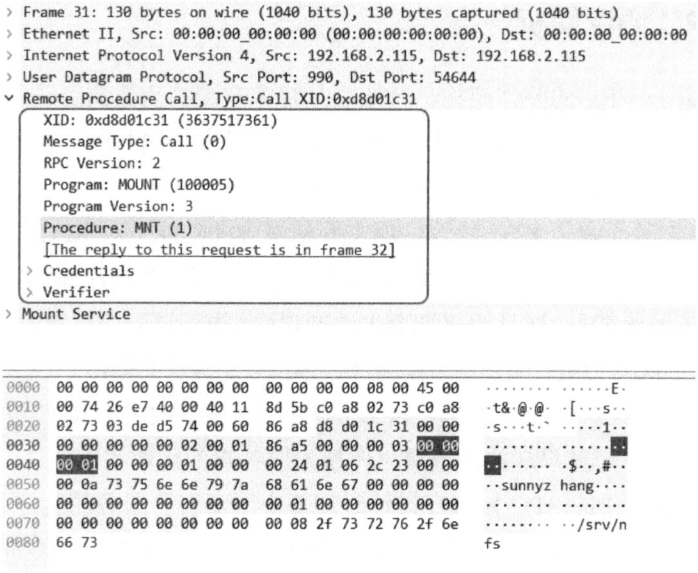

```
> Frame 31: 130 bytes on wire (1040 bits), 130 bytes captured (1040 bits)
> Ethernet II, Src: 00:00:00_00:00:00 (00:00:00:00:00:00), Dst: 00:00:00_00:00:00
> Internet Protocol Version 4, Src: 192.168.2.115, Dst: 192.168.2.115
> User Datagram Protocol, Src Port: 990, Dst Port: 54644
∨ Remote Procedure Call, Type:Call XID:0xd8d01c31
    XID: 0xd8d01c31 (3637517361)
    Message Type: Call (0)
    RPC Version: 2
    Program: MOUNT (100005)
    Program Version: 3
    Procedure: MNT (1)
    [The reply to this request is in frame 32]
  > Credentials
  > Verifier
> Mount Service
```

```
0000  00 00 00 00 00 00 00 00  00 00 00 00 08 00 45 00   ··············E·
0010  00 74 26 e7 40 00 40 11  8d 5b c0 a8 02 73 c0 a8   ·t&·@·@··[···s··
0020  02 73 03 de d5 74 00 60  86 a8 d8 d0 1c 31 00 00   ·s···t·`·····1··
0030  00 00 00 00 00 02 00 01  86 a5 00 00 00 03 00 00   ················
0040  00 01 00 00 00 01 00 00  00 24 01 06 2c 23 00 00   ·········$··,#··
0050  00 0a 73 75 6e 6e 79 7a  68 61 6e 67 00 00 00 00   ··sunnyz hang····
0060  00 00 00 00 00 00 00 00  00 01 00 00 00 00 00 00   ················
0070  00 00 00 00 00 00 00 00  00 08 2f 73 72 76 2f 6e   ··········/srv/n
0080  66 73                                              fs
```

图 5-8   抓取的挂载命令的数据包

从图 5-8 中可以看到，在这个数据包中 Program 是 100005；Program 版本是 3，也就是 NFSv3 的数据；Procedure 的值为 1，也就是挂载操作。由于 WireShark 是支持 RPC 协议和 NFS 协议的，因此可以在其中展示出各个协议的解释信息（图 5-8 的上半部分是具体的描述信息，图 5-8 的下半部分则是原始的数据包数据）。

正是由于在 RPC 数据包中包含的这些关键信息，当客户端发送的消息被服务端接收后，服务端根据这些信息就能知道应该调用哪个存根函数。

5.6.3   NFS 协议简析

NFS 协议从最初的 1.0 版本到目前的 4.X 版本已经有四大版本，但是 1.0 版本只由 Sun 公司内部使用，并没有对外开放。从 2.0 版本开始，Sun 公司开放了 NFS 协议，并被其他很多公司使用。

本节将以 NFSv3 协议为例来介绍一下 NFS 协议，选用该协议的原因是其应用非常多，而又不至于太复杂。当然，如果熟悉了 NFSv3 协议，再学习 NFSv4 协议将会比较简单。两者的差别在于前者是无状态的，而后者是有状态的。

上面所述的状态是指文件系统中对象的状态。以文件为例，当客户端访问一个文件时，NFSv3 协议在服务端并不会维护该文件的状态。也就是说，当在客户端打开一个文件时，在服务端其实并没有对应的动作。而当向该文件写入数据时，服务端才真正地打开文件并写入数据，完成写入数据后自动关闭文件。

对于 NFSv4 协议，当在客户端打开一个文件时，服务端也会对应着打开一个文件；当写入数据时，会被写入已经打开的文件，完成后不会关闭该文件。只有等到客户端调用关闭文件的接口时服务端才会关闭该文件。

另外，NFSv3 实际上有 3 个独立的协议：第 1 个是文件系统访问协议，它是对文件系统常规的"增加""删除""修改""查询"；第 2 个是对文件系统进行挂载和卸载操作的协议，即挂载协议；第 3 个是网络锁协议。

5.6.3.1　挂载（MOUNT）协议

任何文件系统在使用之前都先要挂载到客户端，网络文件系统自然也不例外。NFS 协议在早期有一个独立的挂载协议。挂载协议相对简单，共有 6 个命令，如表 5-3 所示。

表 5-3　挂载协议过程列表

名　　称	过程编码	说　　明
NULL	0	空操作，什么都不做
MNT	1	挂载文件系统
DUMP	2	显示挂载项列表
UMNT	3	卸载一个文件系统
UMNTALL	4	卸载所有文件系统
EXPORT	5	显示导出的文件系统列表

在表 5-3 中，最主要的是各个过程的编码，当然除了过程编码，还有一些参数信息。这里的过程编码虽然定义在 NFS 协议中，但实际上是给 RPC 协议使用的。在介绍 RPC 协议时，我们以 MNT 为例进行了介绍，并且抓取了实际的网络数据包，网络数据包中的过程（Procedure）其实就是表 5-3 中对应的过程编码。

在 NFS 的整个协议中，文件和目录都是通过文件句柄来标识的。在本地文件系统中挂载过程是从磁盘上找到根目录的信息，NFS 协议逻辑与此类似，它是通过 MNT 请求让服务端返回一个根目录的文件句柄。

我们以挂载请求为例，当用户执行挂载命令时，其实核心的内容是客户端向服务端发送了挂载（MNT）数据包。图 5-9 所示为抓取的挂载请求网络数据包。

从图 5-9 中可以看出，对于挂载过程只有一个参数，也就是要挂载的路径。路径是用 XDR 协议来表示的，其前面 4 字节表示字符串的长度，后面才是真正的路径内容。

```
> Frame 31: 130 bytes on wire (1040 bits), 130 bytes captured (1040 bits)
> Ethernet II, Src: 00:00:00_00:00:00 (00:00:00:00:00:00), Dst: 00:00:00_00:00:00
> Internet Protocol Version 4, Src: 192.168.2.115, Dst: 192.168.2.115
> User Datagram Protocol, Src Port: 990, Dst Port: 54644
> Remote Procedure Call, Type:Call XID:0xd8d01c31
∨ Mount Service
    [Program Version: 3]
    [V3 Procedure: MNT (1)]
  ∨ Path: /srv/nfs
      length: 8
      contents: /srv/nfs
```

```
0000  00 00 00 00 00 00 00 00  00 00 00 00 08 00 45 00   ··········· ···E·
0010  00 74 26 e7 40 00 40 11  8d 5b c0 a8 02 73 c0 a8   ·t&·@·@· ·[···s··
0020  02 73 03 de d5 74 00 60  86 a8 d8 d0 1c 31 00 00   ·s···t·`  ·····1··
0030  00 00 00 00 00 02 00 01  86 a5 00 00 00 03 00 00   ········ ········
0040  00 01 00 00 00 01 00 00  00 24 01 06 2c 23 00 00   ········ ·$··,#··
0050  00 0a 73 75 6e 6e 79 7a  68 61 6e 67 00 00 00 00   ··sunnyz hang····
0060  00 00 00 00 00 00 00 00  00 01 00 00 00 00 00 00   ········ ········
0070  00 00 00 00 00 00 00 00  00 08 2f 73 72 76 2f 6e   ········ ··/srv/n
0080  66 73                                              fs
```

图 5-9　抓取的挂载请求网络数据包

前面只是发送 MNT 请求的过程，每个请求都会有一个应答。当服务端收到挂载数据包时会进行解析，最终调用服务端注册的挂载处理函数进行处理。该函数完成处理后会发送一个应答数据包。图 5-10 所示为获取的 MNT 应答数据包。对于 MNT 应答来说，主要包含的内容是状态、句柄和一些其他特性信息。

```
> Ethernet II, Src: 00:00:00_00:00:00 (00:00:00:00:00:00), Dst: 00:00:00_00:00:00 (
> Internet Protocol Version 4, Src: 192.168.2.115, Dst: 192.168.2.115
> User Datagram Protocol, Src Port: 54644, Dst Port: 990
> Remote Procedure Call, Type:Reply XID:0xd8d01c31
∨ Mount Service
    [Program Version: 3]
    [V3 Procedure: MNT (1)]
    Status: OK (0)
  ∨ fhandle
      length: 28
      [hash (CRC-32): 0xd6318dad]
      FileHandle: 01000700cb00000000000000f966217e1cab4f65a033acc7…
    Flavors: 1
    Flavor: AUTH_UNIX (1)
```

```
0000  00 00 00 00 00 00 00 00  00 00 00 00 08 00 45 00   ········ ····· ·E·
0010  00 60 26 e8 40 00 40 11  8d 6e c0 a8 02 73 c0 a8   ·`&·@·@· ·n··s··
0020  02 73 d5 74 03 de 00 4c  86 94 d8 d0 1c 31 00 00   ·s·t···L ·····1··
0030  00 01 00 00 00 00 00 00  00 00 00 00 00 00 00 00   ········ ········
0040  00 00 00 00 00 00 00 00  00 1c 01 00 07 00 cb 00   ········ ········
0050  00 00 00 00 00 00 f9 66  21 7e 1c ab 4f 65 a0 33   ·······f !~··Oe·3
0060  ac c7 5f 84 cb 76 00 00  00 01 00 00 00 01         ··_··v·· ······
```

图 5-10　获取的 MNT 应答数据包

由于挂载操作可能成功，也可能失败，因此通过状态信息进行描述。在服务端处理挂载请求成功的情况下，会为根目录生成一个文件句柄，该文件句柄会返回客户端。客户端的后续请求都以该文件句柄为基础。

需要说明的是，在图 5-10 中，虚线框中的内容并不是 NFS 协议数据包的内容，而是 RPC 协议中的内容。这里使用 WireShark 工具将其展示出来是为了使信息更加易读。

本节以挂载过程为例介绍了挂载协议的数据包格式和主要数据域。在挂载协议中，除了挂载过程，还有卸载过程等另外 5 个过程，不过原理大同小异，本节不再赘述，大家可以自行阅读相关协议或在环境中抓包分析。

5.6.3.2　访问（NFS）协议

完成文件系统的挂载后就可以访问文件系统的数据，这时就需要使用 NFS 协议了。由于 NFS 协议主要完成数据的访问操作，这里简称为访问协议。访问协议是 NFS 协议族最核心的部分，这里的内容才是实现文件系统访问的必需命令，如表 5-4 所示。

表 5-4　访问协议过程列表

名　　称	过 程 编 码	说　　明
NULL	0	空操作
GETATTR	1	获取文件或目录属性
SETATTR	2	设置文件或目录属性
LOOKUP	3	查找文件或目录
ACCESS	4	检查访问权限
READLINK	5	从链接读取数据
READ	6	从文件读取数据
WRITE	7	向文件写入数据
CREATE	8	创建文件
MKDIR	9	创建目录
SYMLINK	10	创建符号链接
MKNOD	11	创建特殊设备
REMOVE	12	删除文件
RMDIR	13	删除目录
RENAME	14	修改文件或目录名称
LINK	15	创建硬链接
READDIR	16	遍历目录
READDIRPLUS	17	遍历目录（扩展）
FSSTAT	18	获取文件系统的动态信息
FSINFO	19	获取文件系统的静态信息
PATHCONF	20	返回 POSIX 信息
COMMIT	21	刷写客户端缓存

本节以写过程为例介绍一下其主要的参数，并结合实际数据包进行分析。对于写过程，在 RFC1813 中的定义如下：

```
WRITE3res NFSPROC3_WRITE(WRITE3args）= 7;
```

通过上述定义可以看出，NFS 协议对过程的定义类似函数的形式。其中，WRITE3args 为过程的参数，而 WRITE3res 则是其返回值。后面的数字 7 是过程的 ID。在实际通信时，服务端正是通过该 ID 来找到对应的处理程序的。

接下来看一看该过程的参数，主要包括句柄、逻辑偏移、长度和具体的数据。对比前面介绍的 write()函数可以看出，NFS 协议的写过程与文件系统 API write 非常类似。当向文件写数据时，必须要告诉文件系统要在哪个文件写数据，写到文件的什么位置，大小是多少及数据是什么。

NFS 协议的 WRITE 过程参数的定义如下：

```
struct WRITE3args {
    nfs_fh3 file;
    offset3 offset;
    count3 count;
    stable_how stable;
    opaque data<>;
};
```

图 5-11 所示为通过 WireShark 工具获取的数据包，可以找到 NFS 协议相关的文件句柄（FileHandle）、偏移（offset）、大小（count）、稳定性（Stable）和数据（Data）等内容。

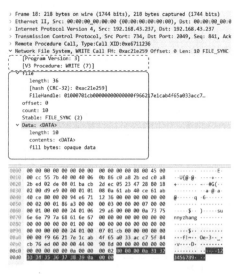

图 5-11　通过 WireShark 工具获取的数据包

所以，NFS 协议的定义还是挺清晰的，也很容易理解。需要说明的是稳定性（Stable）参数，该参数用于告知服务端数据是否需要在服务端持久化，也就是写入磁盘。如果该参数的值是 0（UNSTABLE）则表示将数据写入服务端缓存即可；如果该参数的值非 0 则有 DATA_SYNC 和 FILE_SYNC 两种情况，都需要将数据写入磁盘，差异是对文件系统元数据的处理。

当然，WRITE 过程也是有应答的，通过应答客户端才知道其所发送的请求是否执行成功。这部分内容比较简单，本节不再赘述。

5.6.3.3　锁（NLM）协议

由于 NFSv2 和 NFSv3 版本的协议是无状态的，这样也就无法维护文件锁的状态。因此，在 NFS 协议族中有一个专门的网络锁管理（Network Lock Manager，简称 NLM）协议。

NLM 是文件锁的网络版。本地文件系统可以在文件系统内实现文件锁。但由于网络文件系统会有多个不同的客户端文件系统访问同一个服务端的文件系统，文件锁是无法在客户端的文件系统中实现的，只能在服务端实现。这样就需要一个协议将客户端的加锁、解锁等请求传输到服务端，并且在服务端维护文件锁的状态。

由于 NFS 的文件锁是跨客户端与服务端的，因此场景就变得复杂很多。特别是服务端宕机、客户端宕机和网络分区等几种异常场景是必须要考虑的。以客户端宕机为例，如果持有锁的客户端宕机，这样就没有机会释放锁。如果设计时不考虑这种情况，则可能致使其他客户端永远无法获得锁，进而导致死锁的现象。

在 NLM 协议中主要定义了一些过程，包括加锁、解锁和获取资源等 20 多个过程。本节不再介绍这些过程的内容，大家可以自行阅读 RFC 协议白皮书。

5.6.4　NFS 协议的具体实现

通过前文我们知道 Sun 公司在实现 NFS 文件系统时进行了分层处理，底层实现了 RPC 协议，而在 RPC 协议的上层实现了 NFS 协议。通过分层，简化了 NFS 协议的实现。本节将结合 Linux 介绍一下 NFS 协议的实现细节。

5.6.4.1　内核 RPC 协议处理流程分析

RPC 协议承载了 NFS 协议，因此在介绍实现 NFS 协议的具体流程之前，先简单介绍一下 Linux 内核中 RPC 协议的实现。在 Linux 内核中，RPC 是一个独立的内核模块，位于网络子目录中。RPC 模块为 NFS 提供了基本的 API，包括客户端的 API 函数和服务端的 API 函数。表 5-5 所示为 Linux 内核 RPC 提供的主要 API 函数。

表 5-5　Linux 内核 RPC 提供的主要 API 函数

函 数 名 称	说　　明
rpc_create()	创建一个 RPC 客户端，返回类似文件句柄
rpc_call_sync()	在客户端执行一个同步的 RPC 调用
rpc_call_async()	在客户端执行一个异步的 RPC 调用
svc_create()	创建一个 RPC 服务端，单线程模式
svc_create_pooled()	创建一个 RPC 服务端，线程池模式
svc_recv()	服务端接口，接收来自客户端的请求
svc_process()	服务端接口，处理来自客户端的请求

表 5-5 中的接口分为两部分：一部分是客户端的接口；另一部分是服务端的接口。在客户端通常调用 rpc_create()函数创建一个客户端的结构体指针（rpc_clnt），该指针类似文件句柄或套接字。完成客户端指针创建后，客户端程序就可以通过该指针来向服务端发送 RPC 请求了，具体涉及 rpc_call_sync()和 rpc_call_async()两个函数，分别用于发送同步和异步请求。

客户端的请求都是通过 rpc_call_sync()和 rpc_call_async()两个函数来实现与服务端交互的。客户端存根函数依照 NFS 协议准备必要的参数，然后调用 rpc_call_sync()函数或 rpc_call_async()函数来向服务端发送请求。以创建目录为例，在存根函数 nfs3_proc_mkdir()中根据 NFS 协议完成目录句柄、子目录名称和属性等参数的初始化（第 575 行~第 579 行），然后调用 nfs3_do_create()函数，该函数实际调用的是 RPC 模块的 rpc_call_sync()函数，如代码 5-2 所示。

代码 5-2　nfs3_proc_mkdir()函数的实现

```
net/sunrpc/nfs3proc.c
557    static int
558    nfs3_proc_mkdir(struct inode *dir, struct dentry *dentry, struct iattr *sattr)
559    {
           // 删除部分代码
575        data->msg.rpc_proc = &nfs3_procedures[NFS3PROC_MKDIR];
576        data->arg.mkdir.fh = NFS_FH(dir);
577        data->arg.mkdir.name = dentry->d_name.name;
578        data->arg.mkdir.len = dentry->d_name.len;
579        data->arg.mkdir.sattr = sattr;
580
581        d_alias = nfs3_do_create(dir, dentry, data); .//nfs3_do_create()函数内部调用了 rpc_call_sync()函数
582        status = PTR_ERR_OR_ZERO(d_alias);
           // 删除部分代码
600    }
```

　其他存根函数的逻辑与 nfs3_proc_mkdir()函数的逻辑类似，都是根据协议创建需要的参数，然后直接或间接调用 rpc_call_sync()函数或 rpc_call_async()函数来将请求发送到服务端。

　接下来深入 RPC 模块的内部，看一看消息是如何被编码并发送的。以同步接口为例，对 rpc_call_sync()函数进行基本参数的封装，然后调用 rpc_run_task()函数运行一个 RPC 任务（第 1173 行），如代码 5-3 所示。异步接口与此类似，也是调用 rpc_run_task()函数来运行一个 RPC 任务。

代码 5-3　rpc_call_sync()函数的实现

net/sunrpc/clnt.c　　nfs3_proc_mkdir-> nfs3_do_create-> rpc_call_sync

```
1155    int rpc_call_sync(struct rpc_clnt *clnt, const struct rpc_message *msg, int flags)
1156    {
1157        struct rpc_task        *task;
1158        struct rpc_task_setup task_setup_data = {
1159            .rpc_client = clnt,
1160            .rpc_message = msg,
1161            .callback_ops = &rpc_default_ops,
1162            .flags = flags,
1163        };
1164        int status;
1165
1166        WARN_ON_ONCE(flags & RPC_TASK_ASYNC);
1167        if (flags & RPC_TASK_ASYNC) {
1168            rpc_release_calldata(task_setup_data.callback_ops,
1169                task_setup_data.callback_data);
1170            return -EINVAL;
1171        }
1172
1173        task = rpc_run_task(&task_setup_data);
1174        if (IS_ERR(task))
1175            return PTR_ERR(task);
1176        status = task->tk_status;
1177        rpc_put_task(task);
1178        return status;
1179    }
```

　rpc_run_task()是运行一个RPC任务的函数，该函数主要是创建一个任务（task），然后调用 rpc_execute()函数来执行任务。在对任务初始化的过程中完成了对 tk_action()函数的初始化，这个就是在某个状态时执行的动作（action），如代码 5-4 所示。

代码 5-4　rpc_run_task()函数的实现

net/sunrpc/clnt.c　　nfs3_proc_mkdir-> nfs3_do_create-> rpc_call_sync-> rpc_run_task

```
1128    struct rpc_task *rpc_run_task(const struct rpc_task_setup *task_setup_data)
1129    {
```

```
1130        struct rpc_task *task;
1131
1132        task = rpc_new_task(task_setup_data);  // 新建任务结构体
1133
1134        if (!RPC_IS_ASYNC(task))
1135            task->tk_flags |= RPC_TASK_CRED_NOREF;
1136
1137        rpc_task_set_client(task, task_setup_data->rpc_client);
1138        rpc_task_set_rpc_message(task, task_setup_data->rpc_message);
1139        // 如果没有初始化动作，将初始动作初始化为 start，这在后面状态机中使用
1140        if (task->tk_action == NULL)
1141            rpc_call_start(task);
1142
1143        atomic_inc(&task->tk_count);
1144        rpc_execute(task);  //执行任务
1145        return task;
1146    }
```

rpc_execute()函数并不一定马上执行任务，这要根据是同步任务还是异步任务
而定。如果是同步任务，则 rpc_execute()函数会调用__rpc_execute()函数执行任务；
如果是异步任务，则将任务放入队列中，如代码 5-5 所示。

代码 5-5　rpc_execute()函数的实现

net/sunrpc/sched.c

```
984     void rpc_execute(struct rpc_task *task)
985     {
986         bool is_async = RPC_IS_ASYNC(task);
987
988         rpc_set_active(task);
            // 如果是异步任务，则将任务放入队列中
989         rpc_make_runnable(rpciod_workqueue, task);
990         if (!is_async)
                // 如果是同步任务，则 rpc_execute()函数会调用__rpc_execute()函数执行任务
991             __rpc_execute(task);
992     }
```

__rpc_execute()函数内部核心是 for 循环，这就是前文提到的状态机的实现。状
态机的实现原理是在 for 循环中不断地执行任务中的 tk_action 函数指针。在执行
tk_action 函数指针时更新任务中 tk_action 的值，从而实现状态的转换。当 tk_action
的值更新为 NULL 时，说明没有新的状态，此时退出状态机。

在本实例中，任务在初始化时调用 rpc_call_start()函数完成了动作（tk_action）
的初始化，该动作函数为 call_start()。然后在状态机中会调用 call_start()函数，而该
函数除了完成其基本功能，还会将任务中 tk_action 的值更新，也就是更新为
call_reserve。这样，当进行下次循环时就会执行 call_reserve()函数。依次类推，就
可以完成整个状态的切换。图 5-12 所示为 RPC 发送消息状态转换图。

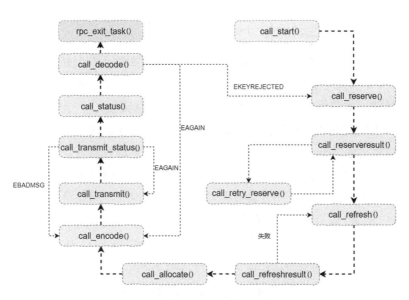

图 5-12　RPC 发送消息状态转换图

　　这里状态机实现的对任务各个状态的转换其实就是处理任务的不同阶段，如编码、发送消息和解码等。以发送消息为例，主要业务逻辑在 call_transmit()函数中实现。图 5-13 所示为 call_transmit()函数调用具体 xprt 处理函数的主线流程，最终调用 xprt 的 send_request 函数指针。这里 xprt 是指具体的数据传输协议类型，可以是 TCP 协议或 UDP 协议等。

　　以 TCP 协议为例，函数指针 send_request 是在 xs_tcp_send_request()函数中实现的。xs_tcp_send_request()函数会调用 xprt_sock_sendmsg()函数进行数据发送，最终调用内核 socket 的 sock_sendmsg()函数将数据发送到服务端。

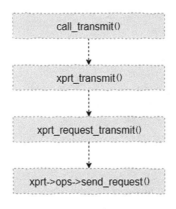

图 5-13　call_transmit()函数调用具体 xprt 处理函数的主流程

5.6.4.2 NFS 协议挂载流程分析

任何文件系统在使用之前都需要进行挂载,网络文件系统当然也不例外。前文已述,在 NFS 协议中挂载的是一个独立的协议,主要实现了挂载、卸载和查看导出目录等功能。本节将主要介绍一下 NFS 协议的挂载流程。

通过对本地文件系统挂载分析,我们知道文件系统挂载的主要动作是从磁盘读取超级块,然后生成 inode 和 dentry 节点,并与挂载点进行结合。网络文件系统的挂载大概也是如此,但是网络文件系统需要通过网络从服务端获取根目录的信息。

在 Linux 内核中实现的 NFS 协议是基于 RPC 实现的,因此发送消息的过程是调用的 RPC 的接口。代码 5-6 是挂载流程中发送消息的函数实现,该函数的主要功能是封装消息,然后调用 RPC 服务的 API(rpc_call_sync())函数将消息发送到服务端进行处理,具体内部实现细节请参考代码 5-6 及其中的注释。

代码 5-6   nfs_mount()函数的实现

fs/nfs/mount_clnt.c

```
145    int nfs_mount(struct nfs_mount_request *info)
146    {
147        struct mountres      result = {
148            .fh          = info->fh,
149            .auth_count       = info->auth_flav_len,
150            .auth_flavors     = info->auth_flavs,
151        };  // 用于存储从服务端返回的内容
152        struct rpc_message msg        = {
153            .rpc_argp      = info->dirpath,
154            .rpc_resp      = &result,
155        };  // 请求消息体,主要包含路径信息,也就是期望挂载的路径
156        struct rpc_create_args args = {
157            .net        = info->net,
158            .protocol      = info->protocol,
159            .address    = info->sap,
160            .addrsize      = info->salen,
161            .servername     = info->hostname,
162            .program      = &mnt_program,
163            .version      = info->version,
164            .authflavor       = RPC_AUTH_UNIX,
165            .cred         = current_cred(),
166        };
167        struct rpc_clnt           *mnt_clnt;
168        int           status;
169
170        dprintk("NFS: sending MNT request for %s:%s\n",
171            (info->hostname ? info->hostname : "server"),
172                info->dirpath);
173
```

```
174        if (strlen(info->dirpath ) > MNTPATHLEN)
175            return -ENAMETOOLONG;
176
177        if (info->noresvport)
178            args.flags |= RPC_CLNT_CREATE_NONPRIVPORT;
179
180        mnt_clnt = rpc_create(&args);
181        if (IS_ERR(mnt_clnt))
182            goto out_clnt_err;
183        // 使用挂载（MNT）函数处理填充消息
184        if (info->version == NFS_MNT3_VERSION )
185            msg.rpc_proc = &mnt_clnt->cl_procinfo[MOUNTPROC3_MNT];
186        else
187            msg.rpc_proc = &mnt_clnt->cl_procinfo[MOUNTPROC_MNT];
188        // 调用 PRC 的接口，rpc_call_sync()函数发送前面填充的消息
189        status = rpc_call_sync(mnt_clnt,
                              &msg, RPC_TASK_SOFT|RPC_TASK_TIMEOUT);
190        rpc_shutdown_client(mnt_clnt);
           // 删除部分非关键代码
```

　　上述函数调用的是 RPC 的同步接口，服务端返回的结果会存储在局部变量 result 中（第 147 行~第 151 行）。通过 mountres 结构体的定义和 NFS 协议的介绍，我们知道挂载操作主要从服务端获取根目录的句柄信息，这个句柄在后续的操作中都会用到。

　　在 nfs_mount()函数中，需要说明的是消息的初始化，这里除了需要初始化必要的参数，还要对 rpc_proc 成员进行初始化。该成员是一个结构体，它不仅包含注册具体的例程 ID，还包括进行数据编码和解码的处理函数等内容，如代码 5-7 所示。

代码 5-7　rpc_procinfo 结构体

fs/nfs/mount_clnt.c

```
490    static const struct rpc_procinfo mnt3_procedures[] = {
491        [MOUNTPROC3_MNT] = {
492            .p_proc      =   MOUNTPROC3_MNT,        // 例程 ID
493            .p_encode    =   mnt_xdr_enc_dirpath,   // 参数编码函数
494            .p_decode    =   mnt_xdr_dec_mountres3, // 解码函数
495            .p_arglen    =   MNT_enc_dirpath_sz,
496            .p_replen    =   MNT_dec_mountres3_sz,
497            .p_statidx   =   MOUNTPROC3_MNT,
498            .p_name      =   "MOUNT",
499        },
500        [MOUNTPROC3_UMNT] = {
501            .p_proc      =   MOUNTPROC3_UMNT,
502            .p_encode    =   mnt_xdr_enc_dirpath,
503            .p_arglen    =   MNT_enc_dirpath_sz,
504            .p_statidx   =   MOUNTPROC3_UMNT,
505            .p_name      =   "UMOUNT",
```

| 507 | }, |
| 508 | }; |

5.6.4.3　NFS 协议读/写数据流程分析

有了前面本地文件系统相关章节的介绍，学习 NFS 客户端文件系统的读/写流程就没那么困难了。对于 NFS 来说，也包含同步写、异步写和直接写等模式，关于这部分内容与本地文件系统没有差异。

为了实现与 VFS 的对接，NFS 也要实现一套函数指针接口，以文件相关的操作为例，其实现的函数指针如代码 5-8 所示。对于写数据来说，VFS 会调用 NFS 的 nfs_file_write()函数。

代码 5-8　NFS 文件系统函数指针

fs/nfs/file.c	
842	const struct file_operations nfs_file_operations = {
843	.llseek　　　　= nfs_file_llseek,
844	.read_iter　　= nfs_file_read,
845	.write_iter　　= nfs_file_write,
846	.mmap　　　　= nfs_file_mmap,
847	.open　　　　= nfs_file_open,
848	.flush　　　　= nfs_file_flush,
849	.release　　　= nfs_file_release,
850	.fsync　　　　= nfs_file_fsync,
851	.lock　　　　= nfs_lock,
852	.flock　　　　= nfs_flock,
853	.splice_read　= generic_file_splice_read,
854	.splice_write　= iter_file_splice_write,
855	.check_flags　= nfs_check_flags,
856	.setlease　　　= simple_nosetlease,
857	};
858	EXPORT_SYMBOL_GPL(nfs_file_operations);

在 nfs_file_write()函数中，如果有 SYNC 标记则会触发同步写的流程，否则写入缓存后就会返回给调用者。在本节中，我们主要关注触发同步写的流程，也就是数据是如何从 NFS 文件系统发送到服务端的。

直接写和同步写都会触发将数据发送到服务端的流程，本节以同步写为例介绍数据是如何发送到服务端的。如果触发同步写，则会调用 nfs_file_fsync()函数，该函数可以将缓存数据传输到服务端的入口，如图 5-14 所示。

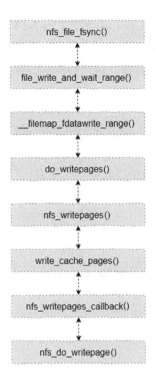

图 5-14　nfs_file_fsync()函数的主线流程

这里 nfs_do_writepage()函数用于将一个缓存页发送到服务端，具体实现如代码 5-9 所示。其中，主要功能由 nfs_page_async_flush()函数完成。这里比较重要的参数是 pgio，在该参数中有页数据传输相关的函数指针，关于该参数类型的详细定义请参考内核源代码。

代码 5-9　nfs_do_writepage()函数的实现

net/sunrpc/nfs3proc.c	
649	static int nfs_do_writepage(struct page *page, struct writeback_control *wbc,
650	struct nfs_pageio_descriptor *pgio)
651	{
652	int ret;
653	
654	nfs_pageio_cond_complete(pgio, page_index(page));
655	ret = nfs_page_async_flush(pgio, page);
656	if (ret == -EAGAIN) {
657	redirty_page_for_writepage(wbc, page);
658	ret = AOP_WRITEPAGE_ACTIVATE;
659	}
660	return ret;
661	}

nfs_page_async_flush()函数的主线流程如图 5-14 所示。nfs_generic_pg_pgios()函数就是 pgio 初始化的函数指针，其在 nfs_pageio_doio()函数中被调用。该主线流程最终调用 nfs_initiate_pgio()函数，该函数完成 PRC 消息和参数的封装后，调用 RPC 服务的 API 函数完成请求。

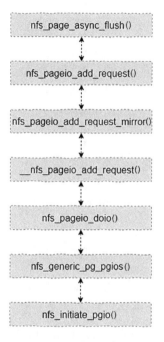

图 5-15　nfs_page_async_flush()函数的主线流程

当 nfs_initiate_pgio()函数调用 rpc_run_task()函数之后，整个流程就进入 RPC 服务内部，也就是进入 RPC 服务状态机的流程。

图 5-16 所示为 NFS 写数据的整体流程。服务端向 RPC 注册了各种回调函数，当接收到客户端的请求时会调用具体的回调函数进行处理。本实例将调用 nfsd3_proc_write()函数，该函数最后调用 VFS 层的写数据函数，而 VFS 层的写数据函数则调用具体文件系统（如 Ext4）的函数完成最终的写数据操作。

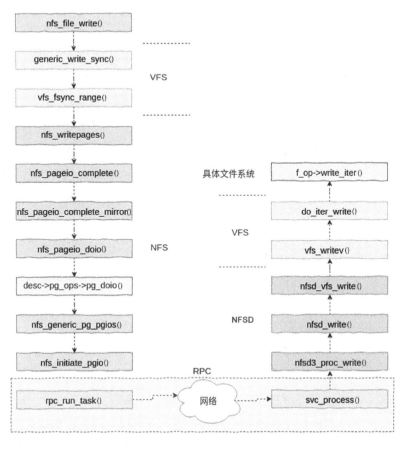

图 5-16　NFS 写数据的整体流程

5.6.4.4　NFS 协议文件锁实现分析

通过前文已知 NFSv3 及之前版本有独立的锁协议，而 NFSv4 之后则通过自有协议实现锁相关的特性。内核实现的 NFS、NFSv2、NFSv3 和 NFSv4 相关内容都在 nfs 目录中实现，只不过通过不同的函数指针来调用不同版本的锁功能。对于服务端来说，文件锁相关的功能在 lockd 目录中。

对于 NFS 文件系统来说，在调用锁的 API 时会首先经过 VFS 层，然后进入 NFS 相关的处理逻辑。图 5-17 所示为 NFS 协议文件锁的流程。

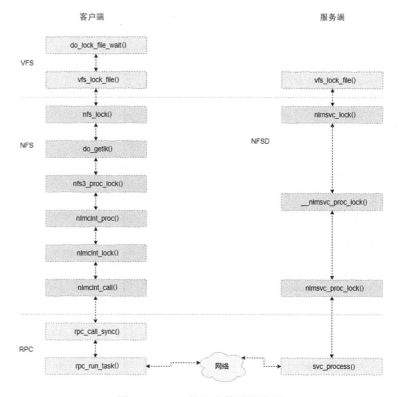

图 5-17　NFS 协议文件锁的流程

　　本节以NFSv3对应的文件锁协议为例介绍一下内核代码是如何实现文件锁的。文件锁的实现与 NFS 协议的读写等操作类似，其主要原理是将客户端的请求传送到服务端。由于 NFSv3 协议中的文件没有状态，因此在服务端需要一个专门的锁服务来记录这些状态。

　　对于客户端的流程来说，当用户调用锁相关 API 时会先触发 VFS 层中的 vfs_lock_file()函数，而该函数则会调用具体文件系统的实现，本实例为 NFS 注册的函数，也就是 nfs_lock()函数，如代码 5-10 所示。

代码 5-10　nfs_lock()函数的实现

fs/nfs/file.c	
773	int nfs_lock(struct file *filp, int cmd, struct file_lock *fl)
774	{
	// 删除部分代码
798	if (IS_GETLK(cmd))
799	ret = do_getlk(filp, cmd, fl, is_local);
800	else if (fl->fl_type == F_UNLCK)
801	ret = do_unlk(filp, cmd, fl, is_local);

802	else
803	ret = do_setlk(filp, cmd, fl, is_local);
804	out_err:
805	return ret;
806	}

从上述代码可以看出，nfs_lock()函数针对加锁、解锁等有不同的流程。对于加锁来说是调用 do_getlk()函数来实现的。接下来则是通过层层调用，最终调用 RPC 的 API。

服务端锁服务的主要作用是记录文件的加锁情况。在 NFSv3 协议中，每个文件的加锁情况是通过 nlm_block 数据结构来记录的。同时为了记录文件系统中所有文件的加锁情况，在锁服务中有一个全局变量 nlm_blocked 来记录所有的 nlm_block 信息。

当有来自客户端的加锁请求时，锁服务通过调用 nlmsvc_lookup_block()函数从全局变量 nlm_blocked 中查找 nlm_block 实例，该实例记录着文件锁的情况。然后从该实例中获取锁相关的信息，以该信息作为参数调用 VFS 中的 vfs_lock_file()函数来完成加锁的操作，这与本地文件系统加锁就没有什么差异了。

由此可以看出，对于网络锁来说，本质上要通过 nlm_block 数据结构将文件锁维护起来，这样在后续加锁、解锁时能够查到该信息即可。

5.7　NFS 服务端及实例解析

由于 NFS 本身是一个开放协议，无论是 Windows 还是 Linux，NFS 服务端有很多具体实现。Linux 本身就有一个原生的 NFS 服务端软件。Windows 也有许多 NFS 服务端软件，如 ProNFS 等，不过很多是商业的，我们无法看到其源代码。

想要深入学习 NFS，还得依赖于 Linux 的开源项目。目前，比较流行的有原生 NFS 服务端软件 NFSD 和 NFS-Ganesha。本节以 Linux 内核中原生 NFS 服务端软件为例进行介绍。

5.7.1　NFSD

在 Linux 中，有一个 NFS 服务端，该服务端由内核态的模块和用户态的守护进程构成。其中，内核态模块负责数据处理，而用户态守护进程则负责内核态的配置管理等功能。由于核心功能在内核态实现，因此与 Linux 中的本地文件系统有很好的兼容性，性能也比较好。

由于网络锁和挂载等协议与 NFS 协议不统一，因此都有独立的服务来处理相关的逻辑，这样整个 NFS 服务略显繁杂。但是到 NFSv4 协议之后，NFS 协议将网络锁协议和挂载协议都融入其中，因此具体实现也简洁了。

前文已经简要地描述了 NFS 协议在 Linux 内核中的层次结构。本节详细介绍一下服务端的软件架构。NFSD 的软件架构并不复杂，其整体架构如图 5-18 所示。

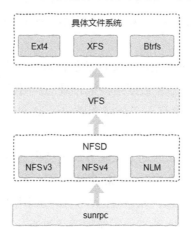

图 5-18 NFSD 的整体架构

从图 5-18 可以看出，当 RPC 服务收到来自客户端的请求时，它会对请求进行分发，由具体的程序（如 NFS 或 NLM）来完成相关请求。其中请求的分发依据是数据包中的程序 ID 和例程 ID，根据这两个信息就可以找到具体的函数指针。

如果相关请求涉及文件操作，那么在例程中会直接调用 VFS 的接口（如读数据）进行下一步的处理。而 VFS 则根据导出的目录信息调用本地文件系统（如 Ext4 和 XFS 等）的接口实现具体的操作。

在内核中实现了所有的 NFS 协议，如 NFSv3、NFSv4、MOUNT 和 NLM 等。由于从 RPC 服务到协议程序的流程是一样的，限于篇幅我们并不会对每种协议都做介绍。本节主要以 NFSv3 协议为例介绍一下从网络收到消息到最终完成协议层处理的整个流程。如果大家熟悉了这个流程，再按照此流程来理解其他流程将非常容易。

首先，我们分析一下 NFSD 的启动过程，该过程主要完成函数指针集向 RPC 服务注册的过程。以处理 NFS 协议的服务端为例，关键是启动了一个线程池。该内核线程池不断地接收网络消息，译码之后调用注册的回调函数进行具体命令的处理。代码 5-11 是 NFS 服务的主函数，函数指针的注册和线程池的创建都在其中实现。

代码 5-11 NFS 服务的主函数

net/nfsd/nfssvc.c

```
740    int
741    nfsd_svc(int nrservs, struct net *net, const struct cred *cred)
742    {
743        int     error;
744        bool    nfsd_up_before;
745        struct nfsd_net *nn = net_generic(net, nfsd_net_id);
746
747        mutex_lock(&nfsd_mutex);
748        dprintk("nfsd: creating service\n");
749
750        nrservs = max(nrservs, 0);
751        nrservs = min(nrservs, NFSD_MAXSERVS);
752        error = 0;
753
754        if (nrservs == 0 && nn->nfsd_serv == NULL)
755            goto out;
756
757        strlcpy(nn->nfsd_name, utsname()->nodename,
758            sizeof(nn->nfsd_name));
759
760        error = nfsd_create_serv(net);            // 在 nfsd_create_serv()函数内部实现函数指针的注册
761        if (error)
762            goto out;
763
764        nfsd_up_before = nn->nfsd_net_up;
765
766        error = nfsd_startup_net(nrservs, net, cred);    // 启动网络
767        if (error)
768            goto out_destroy;
769        error = nn->nfsd_serv->sv_ops->svo_setup(nn->nfsd_serv,
770            NULL, nrservs);                      // 启动线程池
    // 删除部分代码
786    }
```

使用 nfsd_svc()函数主要完成三件事，分别是注册函数指针、启动网络和启动线程池。其中，注册函数指针会完成 NFS 协议中的函数指针（nfsd_program）和服务端的任务处理函数指针（nfsd_thread_sv_ops）的注册；启动线程池调用的函数是 svc_set_num_threads()，该函数是 RPC 服务的接口，它会以任务处理函数作为线程函数来启动线程池。

然后，我们看一下注册函数指针的函数实现，如代码 5-12 所示。

代码 5-12 nfsd_create_serv()函数的实现

net/nfsd/nfssvc.c

```
609    int nfsd_create_serv(struct net *net)
610    {
```

```
611         int error;
612         struct nfsd_net *nn = net_generic(net, nfsd_net_id);
613
614         WARN_ON(!mutex_is_locked(&nfsd_mutex));
615         if (nn->nfsd_serv) {
616             svc_get(nn->nfsd_serv);
617             return 0;
618         }
619         if (nfsd_max_blksize == 0)
620             nfsd_max_blksize = nfsd_get_default_max_blksize();
621         nfsd_reset_versions(nn);
622         nn->nfsd_serv = svc_create_pooled(&nfsd_program, nfsd_max_blksize,
623                         &nfsd_thread_sv_ops); // 注册函数指针
624         if (nn->nfsd_serv == NULL)
625             return -ENOMEM;
626
627         nn->nfsd_serv->sv_maxconn = nn->max_connections;
628         error = svc_bind(nn->nfsd_serv, net);
629         if (error < 0) {
630             svc_destroy(nn->nfsd_serv);
631             return error;
632         }
        // 删除部分代码
645     }
```

其中，nfsd_program 和 nfsd_thread_sv_ops 分别是协议函数指针集实例和服务函数指针集实例。这两个函数指针集的定义如代码 5-13 和代码 5-14 所示。

代码 5-13　nfsd_program 协议函数指针集的定义

net/nfsd/nfssvc.c

```
135     struct svc_program          nfsd_program = {
136     #if defined(CONFIG_NFSD_V2_ACL) || defined(CONFIG_NFSD_V3_ACL)
137         .pg_next        = &nfsd_acl_program,
138     #endif
139         .pg_prog        = NFS_PROGRAM,          // 程序号
140         .pg_nvers       = NFSD_NRVERS,
141         .pg_vers        = nfsd_version,         // 保存所有 NFS 版本的信息
142         .pg_name        = "nfsd",               // 程序名称
143         .pg_class       = "nfsd",               // 认证类
144         .pg_stats       = &nfsd_svcstats,
145         .pg_authenticate = &svc_set_client,     // 导出认证
146         .pg_init_request = nfsd_init_request,
147         .pg_rpcbind_set  = nfsd_rpcbind_set,
148     };
```

在代码 5-13 中，nfsd_program 协议函数指针集由全局变量 nfsd_version 定义，该全局变量中包含多个版本（NFSv2、NFSv3、NFSv4）的 NFS 函数指针。关于这部分代码逻辑比较简单，请大家自行阅读相关代码，本节不再赘述。

在代码 5-14 中，nfsd_thread_sv_ops 服务函数指针集主要包括用于处理消息的线程函数 nfsd() 和启动线程池的 svc_set_num_threads() 函数等。

代码 5-14　nfsd_thread_sv_ops 服务函数指针集的定义

net/nfsd/nfssvc.c

```
596    static const struct svc_serv_ops nfsd_thread_sv_ops = {
597        .svo_shutdown           = nfsd_last_thread,
598        .svo_function           = nfsd,
599        .svo_enqueue_xprt       = svc_xprt_do_enqueue,
600        .svo_setup              = svc_set_num_threads,
601        .svo_module             = THIS_MODULE,
602    };
```

通过上面分析，我们能够对 NFSD 有一个整体的认识。NFSD 通过线程函数 nfsd() 调用 RPC 的接口接收和处理消息，而 RPC 服务则根据解析的消息将消息分发给注册的函数指针。虽然大家对 NFSD 有了一个整体的认识，但如果不阅读代码则可能还是比较模糊。为了让大家更加清晰地了解处理流程，下面以写数据为例分析一下整个处理流程。

在 nfsd() 函数中，分别调用 RPC 服务的 svc_recv() 函数和 svc_process() 函数来接收和处理数据。接收数据部分逻辑比较简单，请大家自行阅读代码，这里重点介绍一下处理数据的实现。

svc_process() 接口函数最终调用 svc_process_common() 函数来完成实际的处理流程，如代码 5-15 所示。这里展示的代码并非该函数的全部代码，而是删减了部分非关键代码后的主要处理逻辑。

代码 5-15　svc_process_common() 函数的实现

net/nfsd/nfssvc.c

```
1271    static int
1272    svc_process_common(struct svc_rqst *rqstp, struct kvec *argv, struct kvec *resv)
1273    {
            //删除部分代码
1310        rqstp->rq_prog = prog = svc_getnl(argv);        // 程序号
1311        rqstp->rq_vers = svc_getnl(argv);               // 版本号
1312        rqstp->rq_proc = svc_getnl(argv);               // 例程号
1313        // 根据程序 ID（prog）找到具体的程序指针，对于 NFS 来说就是 nfsd_program
1314        for (progp = serv->sv_program; progp; progp = progp->pg_next)
1315            if (prog == progp->pg_prog)
1316                break;
            // 删除认证相关的代码
            // 完成请求的初始化，对于 NFS 来说是 nfsd_init_request() 函数，该函数根据接收到的数据包的数据完成对 rqstp 的初始化，包括例程（如 read()、write() 等例程函数）和参数等
1352        rpc_stat = progp->pg_init_request(rqstp, progp, &process);
1353        switch (rpc_stat) {
1354        case rpc_success:
```

```
1355              break;
1356          case rpc_prog_unavail:
1357              goto err_bad_prog;
1358          case rpc_prog_mismatch:
1359              goto err_bad_vers;
1360          case rpc_proc_unavail:
1361              goto err_bad_proc;
1362          }
1363
1364          procp = rqstp->rq_procinfo;
1365          // Should this check go into the dispatcher?
1366          if (!procp || !procp->pc_func)
1367              goto err_bad_proc;
1368
1369          // 完成语法检查
1370          serv->sv_stats->rpccnt++;
1371          trace_svc_process(rqstp, progp->pg_name);
1372
1373          // 构建回复头
1374          statp = resv->iov_base +resv->iov_len;
1375          svc_putnl(resv, RPC_SUCCESS);
1376
1377
1378
1379
1380          if (procp->pc_xdrressize)
1381              svc_reserve_auth(rqstp, procp->pc_xdrressize<<2);
1382
1383          // 调用处理请求的函数
1384          if (!process.dispatch ) {            // 请求处理
1385              if (!svc_generic_dispatch(rqstp, statp))
1386                  goto release_dropit;
1387              if (*statp == rpc_garbage_args)
1388                  goto err_garbage;
1389              auth_stat = svc_get_autherr(rqstp, statp);
1390              if (auth_stat != rpc_auth_ok)
1391                  goto err_release_bad_auth;
1392          } else {
1393              dprintk("svc: calling dispatcher\n");
1394              if (!process.dispatch(rqstp, statp))
1395                  goto release_dropit;       // 释放应答信息
1396          }
              // 删除部分代码
1485      }
```

　　请求初始化的流程并不复杂，主要是根据请求数据包中的数据完成对请求结构体的初始化，核心是完成函数指针的初始化（第1352行）。完成初始化后就可以调用 svc_generic_dispatch()函数进行请求处理（第1385行），该函数包含两部分功能：

一部分是对数据包进行译码，主要解析 NFS 需要的参数（第 1188 行～第 1192 行）；另一部分是调用对应的函数指针进行进一步处理（第 1194 行）。svc_generic_dispatch() 函数的实现如代码 5-16 所示。

代码 5-16　svc_generic_dispatch()函数的实现

net/sunrpc/svc.c

```
1177    static int
1178    svc_generic_dispatch(struct svc_rqst *rqstp, __be32 *statp)
1179    {
1180        struct kvec *argv = &rqstp->rq_arg.head[0];
1181        struct kvec *resv = &rqstp->rq_res.head[0];
1182        const struct svc_procedure *procp = rqstp->rq_procinfo;
1183
1184
1185
1186
1187
1188        if (procp->pc_decode &&
1189            !procp->pc_decode(rqstp, argv->iov_base)) {    // 对二进制数据进行译码
1190            *statp = rpc_garbage_args;
1191            return 1;
1192        }
1193        // 调用注册的函数指针进行处理，如 nfsd3_proc_write 等
1194        *statp = procp->pc_func(rqstp);
1195
1196        if (*statp == rpc_drop_reply ||
1197            test_bit(RQ_DROPME, &rqstp->rq_flags))
1198            return 0;
1199
1200        if (test_bit(RQ_AUTHERR, &rqstp->rq_flags))
1201            return 1;
1202
1203        if (*statp != rpc_success)
1204            return 1;
1205
1206
1207        if (procp->pc_encode &&
1208            !procp->pc_encode(rqstp, resv->iov_base + resv->iov_len)) {
1209            dprintk("svc: failed to encode reply\n");
1210            // serv->sv_stats->rpcsystemerr++;
1211            *statp = rpc_system_err;
1212        }
1213        return 1;
1214    }
```

在 svc_generic_dispatch()函数中调用的函数指针正是服务启动时注册的，并在请求解析时在代码 5-15 中完成了初始化。返回 svc_generic_dispatch()函数中就可以

使用调用的函数指针进行相关处理。

当调用到具体的函数指针（如 nfsd3_proc_write）时就进入了具体的流程，这部分逻辑相对比较简单。以读/写为例，相关函数通常调用 VFS 的文件访问接口来完成具体的操作。

上述逻辑实际上已经比较清晰了，但是由于很多地方使用了函数指针，所以给大家的感觉不够直观。为了让大家能够更加清晰地理解 NFS 服务端处理请求的流程，下面以写数据为例给出整个函数调用流程，如图 5-19 所示。

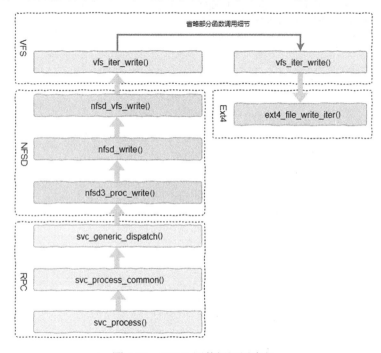

图 5-19　NFSD 写数据调用流程

通过图 5-19 可以看清楚写数据的处理流程及各个模块的函数。需要注意的是，图 5-19 只罗列了关键的函数，并非所有函数。

对于协议其他函数的处理，在 RPC 模块的流程是一样的，差异在 NFSD 模块中，主要是 NFSD 模块中被调用的函数指针有所不同。

5.7.2　NFS-Ganesha

NFS-Ganesha 是一个用户态的 NFS 服务端，提供了与操作系统内核 NFSD 相同的功能。NFS-Ganesha 具有在用户态实现、多协议支持和后端多存储类型支持 3 个特点。由于在用户态实现这个特点，因此很多其他特性的实现也比较方便。同时由于在用户态实现，读/写会出现内核态与用户态拷贝的情况，因此性能相对 NFSD 要差一些。

NFS-Ganesha 的整体架构（见图 5-20）与内核 NFSD 的整体架构类似，也是通过守护进程和函数指针的方式实现请求的分发处理。NFS-Ganesha 没有实现自己的 RPC 库，而是使用了 TI-RPC。

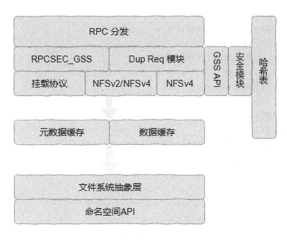

图 5-20 NFS-Ganesha 的整体架构

由于基于第三方 RPC 库，因此 NFS-Ganesha 只需要将关键的函数指针注册到该 RPC 库即可。这样，当客户端有请求时，RPC 库会自动找到对应的函数指针进行处理，这部分逻辑将会比较简单。

我们重点看一下 NFS-Ganesha 初始化的过程，如代码 5-17 所示。通过阅读代码可以知道，nfs_Init_svc()函数的主要功能是 RPC 模块的初始化（第 1262 行）和函数指针的注册（第 1324 行以下）。其中，函数指针的注册又包含 XPRT 的创建（第 1324 行）和具体函数注册两部分逻辑。

代码 5-17 nfs_Init_svc()函数

src/MainNFSD/nfs_rpc_dispacher_thread.c	
1214	void nfs_Init_svc(void)
	{
	// 删除部分代码
1239	
1240	svc_params.disconnect_cb = NULL;
1241	svc_params.alloc_cb = alloc_nfs_request;
1242	svc_params.free_cb = free_nfs_request;
1243	svc_params.flags = SVC_INIT_EPOLL; // 使用 EPOLLmgmt.事件管理机制
1244	svc_params.flags |= SVC_INIT_NOREG_XPRTS; // 不调用 xprt_register
1245	svc_params.max_connections = nfs_param.core_param.rpc.max_connections;

```
1246    svc_params.max_events = 1024;                      // 事件队列的长度
1247    svc_params.ioq_send_max =
1248        nfs_param.core_param.rpc.max_send_buffer_size;
1249    svc_params.channels = N_EVENT_CHAN;
1250    svc_params.idle_timeout = nfs_param.core_param.rpc.idle_timeout_s;
1251    svc_params.ioq_thrd_min = nfs_param.core_param.rpc.ioq_thrd_min;
1252    svc_params.ioq_thrd_max = nfs_param.core_param.rpc.ioq_thrd_max;
1253
1254    svc_params.gss_ctx_hash_partitions =
1255        nfs_param.core_param.rpc.gss.ctx_hash_partitions;
1256    svc_params.gss_max_ctx =
1257        nfs_param.core_param.rpc.gss.max_ctx;
1258    svc_params.gss_max_gc =
1259        nfs_param.core_param.rpc.gss.max_gc;
1260
1261    // 调用 TI-RPC 的初始化函数，完成 RPC 模块的初始化
1262    if (!svc_init(&svc_params))
1263        LogFatal(COMPONENT_INIT, "SVC initialization failed");
1264
1265    for (ix = 0; ix < EVCHAN_SIZE; ++ix ) {
1266        rpc_evchan[ix].chan_id = 0;
1267        code = svc_rqst_new_evchan(&rpc_evchan[ix].chan_id,
1268                    NULL
1269                    SVC_RQST_FLAG_NONE);
1270        if (code)
1271            LogFatal(COMPONENT_DISPATCH,
1272                "Cannot create TI-RPC event channel (%d, %d)",
1273                ix, code);
1274
1275    }


        // 删除部分代码
        // 为 RPC 分配 UDP 和 TCP 套接字
1313
1314    Allocate_sockets();
1315
1316    if ((NFS_options & CORE_OPTION_ALL_NFS_VERS ) != 0 ) {
1317
1318        Bind_sockets();
1319
1320
1321        unregister_rpc();
1322
1323
1324        Create_SVCXPRTs();      // 创建 XPRT，完成 XPRT 的初始化
1325    }


        //删除部分代码
1354    #ifdef RPCBIND
1355        /*
```

1356	* 在 NFS_V3 和 NFS_V4 上为 UDP 和 TCP 执行
1357	* 所有 RPC 注册。需要注意的是，V4 服务器不需要
1358	* 在 rpcbind 上注册，因此，如果注册失败，则不会让启动失败
1359	*/
1360	#ifdef _USE_NFS3
1361	if (NFS_options & CORE_OPTION_NFSV3) {
1362	Register_program(P_NFS, NFS_V3);　// 注册函数指针
1363	Register_program(P_MNT, MOUNT_V1);
1364	Register_program(P_MNT, MOUNT_V3);
1365	#ifdef _USE_NLM
1366	if (nfs_param.core_param.enable_NLM)
1367	Register_program(P_NLM, NLM4_VERS);
1368	#endif
1369	#ifdef USE_NFSACL3
1370	if (nfs_param.core_param.enable_NFSACL)
1371	Register_program(P_NFSACL, NFSACL_V3);
1372	#endif
1373	}
1374	#endif
1375	
1376	// NFS_V4 版本的注册是可选的
1377	if (NFS_options & CORE_OPTION_NFSV4)
1378	_Register_program(P_NFS, NFS_V4);
1379	
1380	#ifdef _USE_RQUOTA
1381	if (nfs_param.core_param.enable_RQUOTA &&
1382	(NFS_options & CORE_OPTION_ALL_NFS_VERS)) {
1383	Register_program(P_RQUOTA, RQUOTAVERS);
1384	Register_program(P_RQUOTA, EXT_RQUOTAVERS);
1385	}
1386	#endif
1387	#endif
1388	}

使用 Create_SVCXPRTs()函数创建 XPRT，其内部完成了对不同 XPRT 的创建和初始化。以 TCP 协议为例，在 Create_tcp()函数中主要完成对全局变量 tcp_xprt 的初始化。在全局变量初始化中最重要的是将不同协议分发函数（如 nfs_rpc_valid_NFS()）赋值给 XPRT，如代码 5-18 所示。

代码 5-18　Create_SVCXPRTs()函数的实现

src/MainNFSD/nfs_rpc_dispatcher_thread.c	
573	void Create_SVCXPRTs(void)
574	{
575	protos p;
576	
577	LogFullDebug(COMPONENT_DISPATCH, "Allocation of the SVCXPRT");
578	for (p = P_NFS; p < P_COUNT; p++)
579	if (nfs_protocol_enabled(p)) {

580	Create_udp(p);
581	Create_tcp(p);
582	}
583	#ifdef RPC_VSOCK
584	if (vsock)
585	Create_tcp(P_NFS_VSOCK);
586	#endif
587	#ifdef _USE_NFS_RDMA
588	if (rdma)
589	Create_RDMA(P_NFS_RDMA);
590	#endif
591	}

函数指针的注册是通过 Register_program()函数完成的,该函数最终调用了 TI-RPC 中的 svc_reg()函数来将 XPRT(比如 tcp_xprt)注册到 RPC 服务中。这样,当有请求时,RPC 服务就可以根据解析的请求来调用前面注册的函数指针(如 nfs_rpc_valid_NFS)。以 Register_program()函数为入口,后续根据消息中的参数来调用具体的处理函数来完成相关的处理,以创建文件为例,调用的函数为 nfs3_create()。

NFS-Ganesha 还实现对各种后端存储的支持,包括 Ceph、GlusterFS 和 GPFS 等文件系统。而对多种文件系统的支持是通过文件系统抽象层(FSAL)的模块来实现的。

下面重点介绍一下 NFS-Ganesha 的 FSAL 模块,该模块类似于 Linux 内核中的虚拟文件系统(VFS),它为协议处理函数提供了一个抽象层接口。所有协议的处理都调用该层面的接口,然后 FSAL 的接口根据配置信息来调用具体后端的接口。这里具体后端是为 Ceph 和 GlusterFS 等实现的操作接口,可以将其与 VFS 中的具体文件系统相对应。图 5-21 所示为 Ganesha 源代码中 FSAL 与不同后端的目录结构。

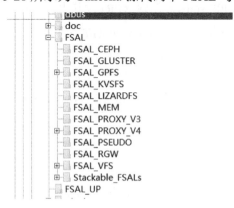

图 5-21　Ganesha 源代码中 FSAL 与不同后端的目录结构

由于 NFS-Ganesha 中的接口繁多，而逻辑又极其相似，因此这里就不再详细介绍每个接口的逻辑细节。下面以为 Ceph 为例介绍协议处理函数、FSAL 函数、后端函数和 Ceph 文件系统 API 函数之间的对应关系。

表 5-6 列出了最主要的几个函数，大家可以将该表对照源代码阅读，这样可以非常快速地厘清 NFS-Ganesha 各个模块的关系。由于其他函数大同小异，所以此处并没有罗列全部函数。

表 5-6　NFS-Ganesha 各层 API 对应举例

NFSv3 协议	FSAL	FSAL_CEPH	Ceph API
nfs3_create()	fsal_open2()	ceph_fsal_open2()	ceph_ll_open()
nfs3_mkdir()	fsal_create()	ceph_fsal_mkdir()	ceph_ll_mkdir()
nfs3_lookup()	fsal_lookup()	ceph_fsal_lookup()	ceph_ll_lookup()
nfs3_read()	-	ceph_fsal_read2()	ceph_ll_read()
nfs3_write()	-	ceph_fsal_write2()	ceph_ll_write()
nfs3_remove()	fsal_remove()	ceph_fsal_unlink()	ceph_ll_unlink（文件） ceph_ll_rmdir（目录）

以写数据的接口为例，回调函数 nfs_rpc_valid_NFS() 会调用 nfs3_write()，而该函数则会通过 fsal_obj_handle 对象中注册的函数进行进一步的处理。对于 Ceph 来说，注册的函数为 ceph_fsal_write2()，该函数会调用 Ceph API 库中的 ceph_ll_write() 函数完成写数据的操作。

fsal_obj_handle 对象的实例则是各个后端通过自己的 create_handle() 函数来创建的。以 Ceph 为例，create_handle() 函数是在 FSAL_CEPH/export.c 中实现的，该函数通过调用 construct_handle 来完成 fsal_obj_handle 的分配和初始化。

关于其他处理流程与写数据流程并没有太大的差异，大家可以参考写数据的流程进行理解。至此，我们也完成了本章所有内容的介绍。

第**6**章

提供横向扩展的分布式文件系统

前文已经对网络文件系统进行了深入的介绍，并且对一些开源的网络文件系统的代码实现进行了解析。同时，我们发现常规的网络文件系统最大的缺点是服务端无法实现横向扩展。这个缺点对大型互联网应用来说几乎是不可容忍的。

本章将介绍一下在互联网领域应用非常广泛的分布式文件系统。分布式文件系统最大的特点是服务端通过计算机集群实现，可以实现横向扩展，存储端的存储容量和性能可以通过横向扩展的方式实现近似线性的提升。

6.1 什么是分布式文件系统

分布式文件系统（Distributed File System，简称 DFS）是网络文件系统的延伸，其关键点在于存储端可以灵活地横向扩展。也就是可以通过增加设备（主要是服务器）数量的方法来扩充存储系统的容量和性能。同时，分布式文件系统还要对客户端提供统一的视图。也就是说，虽然分布式文件系统服务由多个节点构成，但客户端并不感知。在客户端来看就好像只有一个节点提供服务，而且是一个统一的分布式文件系统。

在分布式文件系统中，最出名的就是谷歌的 GFS。除此之外，还有很多开源的分布式文件系统，比较有名且应用比较广泛的分布式文件系统有 HDFS、GlusterFS、CephFS、MooseFS 和 FastDFS 等。

分布式文件系统的具体实现有很多方法，不同的文件系统通常用来解决不同的问题，在架构上也有差异。虽然分布式文件系统有很多差异，但是有很多共性的技术点。本章将介绍一下分布式文件系统通用的关键技术点，并且结合实例介绍一下实现细节。

6.2 分布式文件系统与网络文件系统的异同

在有些情况下，NFS 等网络文件系统也被称为分布式文件系统。但是在本书中，分布式文件系统是指服务端可以横向扩展的文件系统。也就是说，分布式文件系统最大的特点是可以通过增加节点的方式增加文件系统的容量，提升性能。

当然，分布式文件系统与网络文件系统也有很多相同的地方。比如，分布式文件系统也分为客户端的文件系统和服务端的服务程序。同时，由于客户端与服务端分离，分布式文件系统也要实现网络文件系统中类似 RPC 的协议。

另外，分布式文件系统由于其数据被存储在多个节点上，因此还有其他特点。包括但不限于以下几点。

（1）支持按照既定策略在多个节点上放置数据。

（2）可以保证在出现硬件故障时，仍然可以访问数据。

（3）可以保证在出现硬件故障时，不丢失数据。

（4）可以在硬件故障恢复时，保证数据的同步。

（5）可以保证多个节点访问的数据一致性。

由于分布式文件系统需要客户端与多个服务端交互，并且需要实现服务端的容错，通常来说，分布式文件系统都会实现私有协议，而不是使用 NFS 等通用协议。

6.3 常见分布式文件系统

分布式文件系统的具体实现方法有很多，其实早在互联网兴盛之前就有一些分布式文件系统，如 Lustre 等。早期分布式文件系统更多应用在超算领域。

随着互联网技术的发展，特别是谷歌的 GFS 论文的发表，分布式文件系统又得到进一步的发展。目前，很多分布式文件系统是参考谷歌发布的关于 GFS 的论文实现的。比如，大数据领域中的 HDFS 及一些开源的分布式文件系统 FastDFS 和 CephFS 等。

在开源分布式文件系统方面，比较知名的项目有大数据领域的 HDFS 和通用的 CephFS 和 GlusterFS 等。这几个开源项目在实际生产中使用得相对比较多一些。接下来将对常见的分布式文件系统进行简要的介绍。

6.3.1 GFS

GFS 是谷歌的一个分布式文件系统，该分布式文件系统因论文 *The Google File System*[12]广为世人所知。GFS 并没有实现标准的文件接口，也就是其实现的接口并不与 POSIX 兼容。但包含创建、删除、打开、关闭和读/写等基本接口。

GFS 集群节点包括两个基本角色：一个是 master，该角色的节点负责文件系统级元数据管理；另一个是 chunkserver，该角色的节点通常有很多个，用于存储实际的数据。GFS 对于文件的管理是在 master 完成的，而数据的实际读/写则可以直接与 chunkserver 交互，避免 master 成为性能瓶颈。

GFS 在实现时做了很多假设，如硬件为普通商用服务器、文件大小在数百兆甚至更大及负载以顺序大块读者为主等。其中，对于文件大小的假设尤为重要。基于该假设，GFS 默认将文件切割为 64MB 大小的逻辑块（chunk），每个 chunk 生成一个 64 位的句柄，由 master 进行管理。

这里需要重点强调的是，每个 chunk 生命周期和定位是由 master 管理的，但是 chunk 的数据则是存储在 chunkserver 的。正是这种架构，当客户端获得 chunk 的位置和访问权限后可以直接与 chunkserver 交互，而不需要 master 参与，进而避免了 master 成为瓶颈。

图 6-1 所示为 GFS 架构示意图。

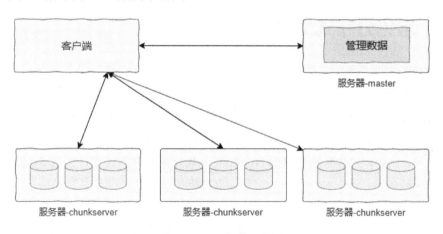

图 6-1　GFS 架构示意图

除了 GFS，还有很多类似架构的分布式文件系统。比如，在大数据领域中的 HDFS，它是专用于 Hadoop 大数据存储的分布式文件系统。其架构与 GFS 的架构类似，包含一个用于管理元数据的节点和多个存储数据的节点，分别为 namenode

和 datanode。

HDFS 主要用来进行大文件的处理，它将文件按照固定大小切割，然后存储到数据节点。同时为了保证数据的可靠性，这些数据被放到多个不同的数据节点。文件被切割的大小和同时放置数据节点的数量（副本数）是可配置的。

虽然 HDFS 是针对大文件设计的，但是也可以处理小文件。只不过对于小于切割单元的文件不进行切割。另外，HDFS 对小文件也做了一些优化，如 HAR 和 SequenceFile 等方案，但 HDFS 终究不是特意为小文件设计的，因此在性能方面还有些欠缺。

除此之外，还有很多模仿 GFS 的开源分布式文件系统，如 FastDFS、MooseFS 和 BFS 等。但大多数开源项目只实现了文件系统最基本的语义，严格来说不能称为分布式文件系统，更像是对象存储。

6.3.2　CephFS

有必要单独介绍一下 CephFS 的原因是 CephFS 不仅实现了文件系统的所有语义，而且实现了元数据服务的多活横向扩展[13]。

CephFS 的架构与 GFS 的架构没有太大差别，其突出的特点是在架构方面将 GFS 的单活 master 节点扩展为多活节点。不仅可以元数据多活，而且可以根据元数据节点的负载情况实现负载的动态均衡。这样，CephFS 不仅可以通过增加节点来实现元数据的横向扩展，还可以调整节点负载，最大限度地使用各个节点的 CPU 资源。

同时，CephFS 实现了对 POSIX 语言的兼容，在客户端完成了内核态和用户态两个文件系统实现。当用户挂载 CephFS 后，使用该文件系统可以与使用本地文件系统一样方便。

6.3.3　GlusterFS

GlusterFS 是一个非常有历史的分布式文件系统，其最大的特点是没有中心节点。也就是 GlusterFS 并没有一个专门的元数据节点来管理整个文件系统的元数据。

GlusterFS 抽象出卷（Volume）的概念，需要注意的是，这里的卷与 Linux LVM 中的卷并非同一个概念。这里的卷是对文件系统的一个抽象，表示一个文件系统实例。当我们在集群端创建一个卷时，其实是创建了一个文件系统实例。

GlusterFS 有多种不同类型的卷，如副本卷、条带卷和分布式卷等。正是通过这些卷特性的组合，GlusterFS 实现了数据可靠性和横向扩展的能力。

6.4 分布式文件系统的横向扩展架构

前文介绍了分布式文件系统概念、架构和实例等内容。从前文介绍中我们发现，对于存储集群端主要有两种类型的架构模式：一种是以 GFS 为代表的有中心控制节点的分布式架构（以下简称为"中心架构"），另一种是对等的分布式架构（以下简称为"对等架构"），也就是没有中心控制节点的架构。本节将介绍一下这两种架构的模式。

6.4.1 中心架构

中心架构是指在存储集群中有一个或多个中心节点，中心节点维护整个文件系统的元数据，为客户端提供统一的命名空间。在实际生产环境中，中心节点通常是多于一个的，其主要目的是保证系统的可用性和可靠性。

在中心架构中，集群节点的角色分为两种：一种是前文所述的中心节点，又被称为控制节点或元数据节点，这种类型的节点只存储文件系统的元数据信息；另一种是数据节点，这种类型的节点用于存储文件系统的用户数据。

图 6-2 所示为中心架构示意图，在该示意图中包含 1 个控制节点和 3 个数据节点。当客户端创建一个文件时，首先会访问控制节点，控制节点会进行元数据的相关处理，然后给客户端应答。客户端得到应答后与数据节点交互，在数据节点完成数据访问。

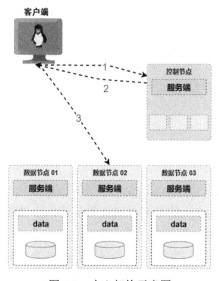

图 6-2　中心架构示意图

在分布式文件系统中，控制节点除了存储元数据还有很多其他功能，如对于访问权限的检查、文件锁的特性和文件的扩展属性。

图 6-2 只是简单地描述了一下中心架构的访问流程，实际流程要复杂一些，还要有一些细节需要处理。在具体的实现方面，不同的文件系统会有差异，这个我们在后面分析具体文件系统时再深入了解。

为了保证文件系统的可用性和可靠性，控制节点通常不止一个。比如，GFS 的控制节点是主备的方式，其中一个作为主节点对外提供服务。在主节点出现故障的情况下，业务会切换到备节点[12]。由于中心架构的控制节点同一时间只有一个节点对外提供服务，因此也称为单活控制节点。

单活控制节点有一个明显的缺点就是元数据管理将成为性能瓶颈。因此有些分布式文件系统实现了控制节点的横向扩展，也就是多活控制节点。比较有名的就是 CephFS[14]，CephFS 包含多个活动的控制节点（MDS），通过动态子树的方式实现元数据的分布式管理和负载均衡。

6.4.2　对等架构

对等架构是没有中心节点的架构，集群中并没有一个特定的节点负责文件系统元数据的管理。在集群中所有节点既是元数据节点，也是数据节点。在实际实现中，其实并不进行角色的划分，只是作为一个普通的存储节点。

由于在对等架构中没有中心节点，因此主要需要解决两个问题：一个是在客户端需要一种位置计算算法来计算数据应该存储的位置；另一个是需要将元数据存储在各个存储节点，在某些情况下需要客户端来汇总。

这里的客户端可以是代理层。位置计算算法的基本逻辑是根据请求的特征来计算数据具体应该放到哪个节点。请求特征可以是文件名称或数据偏移等具备唯一性的字符串，不同文件系统的实现略有所不同。

在类似算法中常用的一种算法为一致性哈希算法（Consistent Hashing）。一致性哈希算法建立了文件特征值与存储节点的映射关系。当客户端访问文件时，根据特征值可以计算出一个数值，然后根据这个数值可以从哈希环上找到对应的设备，如图 6-3 所示。

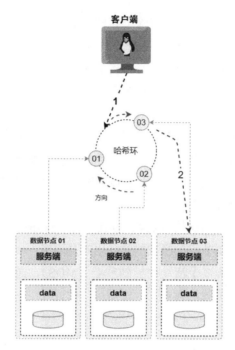

图 6-3　基于计算位置的数据布局架构示意图

在图 6-3 中，当客户端访问某一个数据时，首先根据请求特征值的位置按照顺时针规则确定为数据节点 03。然后，客户端会直接与数据节点 03 交互，实现数据访问。

6.5　分布式文件系统的关键技术

分布式文件系统本身也是文件系统，因此它与本地文件系统和网络文件系统等具备一些公共技术。除此之外，鉴于其分布式的特点，还涉及一些分布式的技术。本节将介绍一下分布式文件系统相关的关键技术。

6.5.1　分布式数据布局

在介绍本地文件系统时我们已经介绍过文件系统数据布局的相关内容，主要介绍了数据在磁盘上是如何进行存储和管理的。分布式文件系统的数据布局关注的不是数据在磁盘的布局，而是数据在存储集群各个节点的放置问题。

在分布式文件系统中，数据布局解决的主要问题是性能和负载均衡的问题。其解决方案就是通过多个节点来均摊客户端的负载，也就是实现存储集群的横向扩展。因此，在分布式文件系统中，不仅要解决数据量的均衡问题，还要解决负载的均衡问题。

6.5.1.1　基于动态监测的数据布局

基于动态监测的数据布局是指通过监测存储集群各个节点的负载、存储容量和网络带宽等系统信息来决定新数据放置的位置。另外，集群节点之间还要有一些心跳信息，这样当有数据节点故障的情况下，控制节点可以及时发现，保证在决策时剔除。

由于需要汇总各个节点的信息进行决策，因此基于动态监测的数据布局通常需要一个中心节点。中心节点负责汇总各种信息并进行决策，并且会记录数据的位置信息等元数据信息。使用类似技术的分布式文件系统有 BFS 等。

图 6-4 所示为基于动态监测的数据布局架构示意图，展示了写入数据的基本流程。在这种数据布局中，数据节点会定时地将存储容量、节点负载和网络带宽等汇报给控制节点。当客户端需要写入数据时，客户端首先与控制节点交互（步骤 1）；控制节点根据汇总的信息计算出新数据的位置，然后反馈给客户端（步骤 2）；客户端根据位置信息，直接与对应的数据节点交互（步骤 3）。

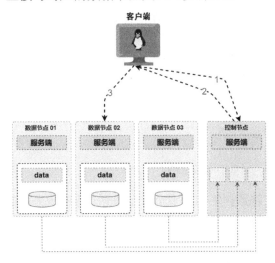

图 6-4　基于动态监测的数据布局架构示意图

6.5.1.2　基于计算位置的数据布局

基于计算位置的数据布局是一种固定的数据分配方式。在该架构中通过一个算法来计算文件或数据存储的具体位置。当客户端要访问某个文件时，请求在客户端或经过的某个代理节点计算出数据的具体位置，然后将请求路由到该节点进行处理。

图 6-3 所示为基于计算位置的数据布局架构示意图。当客户端访问集群数据时，首先计算出数据的位置（哪个节点），然后与该节点交互。

读到这里，大家可能觉得 6.5 节中的架构与 6.4 节中的架构有所重复。其实两者并没有绝对的关系。前面架构侧重于集群节点的角色，区分点在于集群中是否有控制节点。这里数据布局架构则侧重于数据的放置方式，与架构无关。

以 CephFS 存储为例，其架构是中心架构，元数据由 MDS 来管理。但是其数据布局则是基于计算位置的。在 CephFS 中，通过 inode ID 和数据的逻辑偏移来计算数据具体的位置。对于 GlusterFS 来说，其本身无中心架构，但是数据也是通过计算位置来放置的。所以，架构与数据布局并没有绝对的关联，这一点需要注意。

6.5.2 分布式数据可靠性（Reliability）

分布式数据的可靠性是指在出现组件故障的情况下依然能够能提供正常服务的能力。对于本节来说，数据的可靠性限定在出现故障的情况下存储系统仍然能够提供完整数据的能力。

在传统存储系统中，通常采用 RAID 技术来保证存储数据的可靠性。RAID 技术通过一个或多个冗余的磁盘来保证在出现磁盘故障的情况下不会导致数据的丢失，并仍然对外提供数据访问的能力。

对于分布式文件系统来说，由于数据会分散在多个节点上，因此在出现故障的情景下会变得更加复杂。很多组件出现故障后都会导致无法访问数据，如磁盘故障、服务器故障、网卡故障和交换机故障等。因此，在分布式文件系统中，数据的可靠性是必须要考虑的内容。

6.5.2.1 复制技术（Replication）

复制技术是通过将数据复制到多个节点的方式来实现系统的高可靠。由于同一份数据会被复制到多个节点，这样同一个数据就存在多个副本，因此也称为多副本技术，这样当出现节点故障时就不会影响数据的完整性和可访问性。

多副本技术有两种不同的模式：一种是基于主节点的多副本技术；另一种是无主节点的多副本技术。基于主节点的多副本技术是指在副本节点中有一个节点是主节点，所有的数据请求先经过主节点，如图 6-5 所示。对于一个写数据请求，客户端将请求发送到主节点，主节点将数据复制到从节点，再给客户端应答。

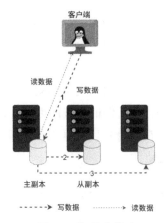

图 6-5　主节点模式

对于无主节点的副本模式，在集群端并没有一个主节点，副本逻辑在客户端或代理层完成。当客户端发送一个写数据请求时，客户端会根据策略自行（或者通过代理层）找到副本服务器，并将多个副本发送到副本服务器上。

如图 6-6 所示，当客户端向存储器写数据时，同时将数据写入 3 个节点中，而读数据时则从其中两个节点读取。当然，这个读/写策略是可以根据业务需求调整的，主要视业务对数据一致性和性能等因素的要求而定。

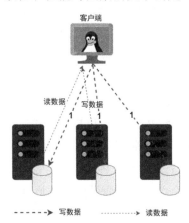

图 6-6　无中心节点的多副本机制

在无中心多副本技术中通常需要一定的策略来保证数据一致性的，目前主要是通过 Quorum 一致性协议来保证的。该协议通过规定副本数量、写成功副本数量和读数据副本数量等来保证数据一致性，具体见参考文献中的资料[15]。

多副本技术的基本原理非常简单，难点在于工程实现。在一个大规模分布式系统中随时会出现网络、磁盘或服务器故障，而这些部件的故障会导致一个副本集中的某些副本是不完整的。除了要考虑数据完整性的问题，还要考虑性能、数据恢复和数据一致性等问题。然而，性能和数据一致性等问题的解决往往存在一定的矛盾，很难满足所有的要求。

如果要求强一致性，那么就需要数据同步到副本集的所有节点，而此时延时会增大，对系统的性能产生影响。为了保证系统的性能，最好能够让写操作完成一个副本的写数据后就返回，然后在后台实现数据同步。但是，这种处理方式在读数据时就有可能存在一致性的问题。

6.5.2.2 纠删码技术（Erasure Code）

副本技术存在多个数据副本，因此需要消耗很多额外的存储空间。以 3 个副本为例，需要额外消耗 2 倍的存储空间来保证数据的可靠性。也就是说，有 67%的存储空间是被无效占用的，有效存储空间大概是 33%。

副本技术在性能和可靠性方面优势明显，但成本明显比较高。为了降低存储的成本，很多公司采用纠删码技术来保证数据的可靠性。现在，很多分布式存储都支持纠删码技术，如 Ceph、HDFS 和 Azure。

纠删码是一种通过校验数据来保证数据可靠性的技术，也就是该技术通过保存额外的一个或多个校验块来提供数据冗余。与副本技术不同，这种数据冗余技术不能通过简单复制来恢复数据，而是经过计算来得到丢失的数据。纠删码可以节省空间的原理是校验块通常只占用户数据的 50%左右，存储数据的有效率可以达到66%，甚至更高。

传统磁盘阵列的 RAID 技术可以认为是纠删码的一个特例，如 RAID5 可以通过一个校验块来提供一份冗余，RAID6 可以提供两份冗余。而在分布式存储中通常使用的是 RS（Reed-Solomon）纠删码算法，这种算法可以提供更大的冗余数据量，如微软的 Azure 可以提供 4 个冗余数据块，谷歌的 GFS 可以提供 3 个冗余数据块。

下面以 RS 纠删码为例介绍一下纠删码的基本原理。限于篇幅，本节不会介绍太多实现细节，如果想要知道更多关于纠删码的细节则可以见参考文献中的资料[16][17]。

在描述一个使用纠删码的存储系统时通过采用 RS(n,m)的方式。其中，RS 表示纠删码算法，而 n 表示用户数据的块数，m 表示校验数据的块数。如果将这些数据块分散在 $n+m$ 个独立的存储设备上（如磁盘），那么在该系统中最多可以容忍 m 个设备故障。以谷歌的 GFS Ⅱ 存储为例，其采用的是 RS(6,3)，因此可以容忍最多 3个磁盘故障。

RS 纠删码的基本原理是采用矩阵运算，将 n 个数据转换为 $n+m$ 个数据进行存储。其核心是找到一个生成矩阵（Generator Matrix），通过该矩阵与原始数据的运算可以得到最终要存储的数据，如图 6-7 所示。

对于编码过程理解是相对简单的，由于生成矩阵上部是对角线为 1 的单元矩阵，因此在与原始数据乘法的计算结果得到的依然是原始数据。而下部的 $m×n$ 的子矩阵与原始数据计算得到的结果则为校验数据。

在图 6-7 的生成矩阵中，要求该生成矩阵的任意 $n×n$ 的子矩阵是可逆的。这里的关键就是如何构建下部 $m×n$ 的矩阵，保证生成矩阵任意 $n×n$ 子矩阵可逆的特性。上述 $m×n$ 子矩阵并不需要我们自己构造，数学家在这方面已经做了很多工作，常见的有范德蒙德（Vandermonde）和柯西（Cauchy）两种矩阵。

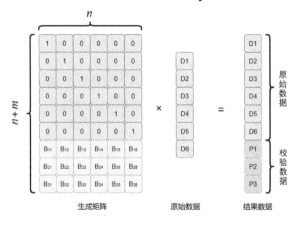

图 6-7　RS 纠删码运算原理

以范德蒙德矩阵为例[18]，本实例中 3 行的范德蒙德矩阵的格式如图 6-8 所示。

$$\begin{bmatrix} 1 & 1 & 1 & 1 & 1 & 1 \\ a_1^1 & a_2^1 & a_3^1 & a_4^1 & a_5^1 & a_6^1 \\ a_1^2 & a_2^2 & a_3^2 & a_4^2 & a_5^2 & a_6^2 \end{bmatrix}$$

图 6-8　范德蒙德矩阵的格式

数据恢复过程就是利用生成矩阵和剩余可用数据来计算原始数据的过程。由于生成矩阵的任意一个 $n×n$ 矩阵都是可逆的，因此当出现任何小于 m 个设备故障的情况下，我们仍然能够从生成矩阵中找到对应的一个 $n×n$ 的子矩阵 $\boldsymbol{B}'$，该子矩阵与原始数据的乘积为结果数据的子集 R'。

$$B' × D = R'$$

两边同时乘以 B'^{-1}：

$$B'^{-1} \times B' \times D = B'^{-1} \times R'$$

于是可以得到如下等式：

$$D = B'^{-1} \times R'$$

由于逆矩阵 B' 可以根据生成矩阵计算得到，结果数据子集 R' 是已知的，因此我们可以根据两者计算出原始数据集 D。

6.5.3　分布式数据一致性（Consistency）

在分布式文件系统中，由于同一个数据块被放置在不同的节点上，我们无法保证多个节点的数据时时刻刻是相同的，因此会出现一致性的问题。这里的一致性包括两个方面：一个方面是各个节点数据的一致性问题；另一个方面是从客户端访问角度一致性的问题。

在分布式文件系统中，我们经常会遇到各个节点间数据的不一致性。这主要是因为在由成千上万个组件（包括服务器、交换机和硬盘等）构成的存储系统中，组件出现故障是非常常见的。

如图 6-9 所示，由于网络或服务器等故障，服务器 02 无法被访问。当客户端更新文件系统中的数据时，就会导致服务器 02 的数据无法更新，从而导致服务器 02 与集群其他节点数据的不一致。在这种情况下，如果服务器 02 恢复了访问性，当客户端访问该服务器时就会访问旧的数据。这就出现了数据不一致的情况，可能会对业务产生影响。

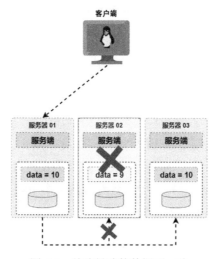

图 6-9　故障导致的数据不一致

除了故障，还有其他原因会导致各个服务器之间存在数据不一致的情况。比如，当客户端 A 向存储系统写入数据，但其中某个节点（副本 3 所在节点）由于网络延迟导致更新延迟。导致副本 3 所在节点的数据更新比较晚，那么在更新之前 3 个节点的数据就存在不一致的情况，如图 6-10 所示。

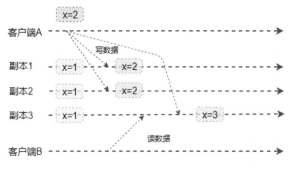

图 6-10　网络延迟导致的数据不一致

在时间窗口中，如果有一个客户端 B 从延迟节点读取数据，那么读到的就是更新之前的数据。由于存储系统对于客户端来说是个黑盒，这种读取数据与写入数据不一致的情况会让使用者感到困惑，从客户端角度来说就是客户端访问不一致。

通常来说，我们是无法保证各个节点上数据是完全一致的，只能保证客户端访问的一致性。为了保证客户端访问数据的一致性，通常需要对存储系统进行特殊的设计，从而在系统层面保证数据的一致性。这里的一致性最常见的包括强一致性和最终一致性两种。

强一致性是指当数据的写入操作反馈给客户端后，任何对该数据的读操作都会读到刚刚写入的数据。

最终一致性是指数据的一个写入操作，如果没有新的写入操作的情况下，该写入的数据会最终同步到所有副本节点上，但中间会有时间窗口。

6.5.4　设备故障与容错（Fault Tolerance）

在分布式文件系统中必须要解决设备故障的问题。这是因为在大规模分布式文件系统中设备的总量达到数万个甚至数十万个，设备发生故障就会成为常态。如何保证经常出现故障的计算机集群能够不间断地对外处理请求，同时又不丢失数据自然是头等重要的事情。

设备的故障分为两种类型：一种是暂时故障；另一种是永久故障。暂时故障是指短时间可以恢复的故障，如服务器重启、网线松动或交换机掉电等。永久故障是指设备下线，且永远不会恢复，如硬盘损坏等。

为了应对系统随时出现的故障，分布式文件系统在设计时必须要考虑容错处理。主要包括两个方面的内容：一个方面是在出现故障时系统能够及时发现故障；另一个方面是发现故障时，系统仍然可以无损地提供服务，并且存储的数据不会丢失。

为了能够发现设备故障，分布式文件系统应该具备故障检测能力，如检测磁盘、通信链路或服务的故障等。针对不同的设备，通常有不同的检测方法，如针对服务器宕机或通信链路故障，通常采用网络心跳的方法。如果在规定时间内没有收到发送端的心跳包，则可以判定服务器出现了宕机或网络故障。对于磁盘来说，通常通过读/写访问的方式来检测磁盘故障。

除了上述故障实时检测的方法，还有一种故障预测的方法。故障预测可以预知设备故障，然后有计划地将该设备下线，避免突然下线导致的性能等问题。以磁盘为例，有些公司将 SMART 技术和深度学习技术结合来预测磁盘的故障[19]，在预测故障的前提下可以提前处理数据，避免因为故障导致出现更严重的问题。

为了保证组件在出现故障的情况下系统仍然能够对外提供无损的服务，分布式文件系统使用了部件冗余。比如，谷歌的 GFS 会将同一份数据放置到不同的数据节点，在出现磁盘故障甚至节点故障的情况下，仍然能够通过其他节点提供服务。Ceph 的 CRUSH 算法，不仅可以保证数据的冗余，而且考虑了故障域的因素。它可以将数据放置在不同的节点、机柜、机房，甚至数据中心。这样，就可以通过不同的故障域来应对不同级别的故障。

6.6　分布式文件系统实例之 CephFS

Ceph 本身实现了对块存储、对象存储和文件系统等多种存储形态的支持。Ceph 对前两者的支持非常成熟，但对文件系统的支持略有欠缺，主要是稳定性欠佳。

Ceph 的作者 Sage 本来想实现一个非常高大上的分布式文件系统，但由于想要支持的特性太多，而功能又过于复杂，因此文件系统一直不够稳定。直到 2016 年，CephFS 在禁用了很多特性的情况下宣布可以将其应用在生产环境中。

6.6.1　搭建一个 CephFS 分布式文件系统

在创建 CephFS 分布式文件系统之前，先部署一个 Ceph 集群。关于 Ceph 集群的安装部署不在本书的讲解范围内，本书不再赘述，见参考文献中的资料[20][21]。

基于已有的 Ceph 集群，通过两个主要步骤就可以提供文件系统服务，一个是安装和启动 MDS 服务，该服务是文件系统的元数据管理服务；另一个是创建存储数据的存储池资源。先在 gfs1 节点部署 MDS 服务，命令如下：

```
ceph-deploy mds create gfs1
```

对于 CephFS，需要创建两个存储池来存储数据，一个存储池用于存储文件系统的元数据，另一个存储池用于存储用户数据。创建存储池的步骤如下：

```
ceph osd pool create fs_data 256
ceph osd pool create fs_metadata 256
ceph fs new cephfs fs_metadata fs_data
```

然后就可以使用该文件系统。以内核态文件系统为例，其挂载方法与其他文件系统很类似。

```
mount -t ceph 192.168.1.100:6789:/ /mnt/cephfs -o name=admin,secret=secretID
```

其中，secretID 是一个安全密钥，在启用安全认证的情况下需要该选项，如果部署 Ceph 时没有启用安全认证则不需要该选项。以作者部署的测试环境为例，secretID 的实际值为 AQDNnfBcuLkBERAAeNj60b+tlY/t31NSScIRhg==，这个值在不同的环境中通常是不同的，这一点需要注意。我们可以通过如下命令得到该信息：

```
ceph auth get client.admin
```

当执行上述命令后可以得到如下信息，其中，key 的值就是上文中需要的 secretID。

```
exported keyring for client.admin
[client.admin]
        key = AQC8r/NcAPmgHBAAxjP9/knwdXjBVnE4zXIqmg==
        caps mds = "allow *"
        caps mgr = "allow *"
        caps mon = "allow *"
        caps osd = "allow *"
```

如果一切正常，那么在客户端就可以使用该文件系统了。CephFS 的使用与本地文件系统并无任何差别，换句话说，用户不会感觉到该文件系统是 Ceph 集群提供的。

6.6.2　CephFS 分布式文件系统架构简析

Ceph 提供了块、对象和文件等多种存储形式，实现了统一存储。Ceph 的文件系统是基于 RADOS 集群的，也就是说 CephFS 对用户呈现的是文件系统，而在其内部则是基于对象来存储数据的。

CephFS 是分布式文件系统，这个分布式从两个方面理解，一个方面是底层存储数据依赖的是 RADOS 集群；另一个方面是其架构是 C/S（客户端/服务端）架构，文件系统的使用是在客户端，客户端与服务端通过网络通信进行数据交互，类似 NFS。

如图 6-11 所示，客户端通过网络的方式连接到 CephFS 集群，CephFS 集群的文件系统映射到客户端，呈现出一个本地的目录树。从用户的角度来看，这个映射是透明的。

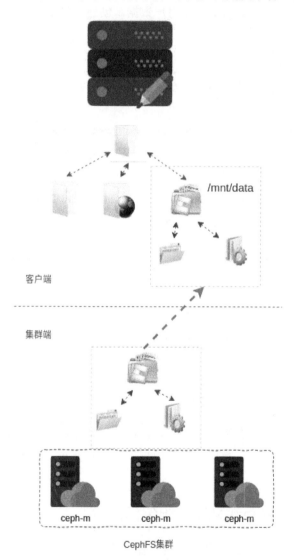

图 6-11　客户端访问存储集群原理示意图

对于 CephFS 集群来说，数据并非以目录树的形式存储。在 CephFS 集群中，数据是以对象的形式存储的，也就是文件系统的所有数据都是以对象的形态平铺在存储池中的。文件数据的访问最终也会转换为 RADOS 对象的访问。

由于 CephFS 本身是基于其对象存储 RADOS 的，因此 RADOS 的组件在 CephFS 中都是需要的。RADOS 的核心组件包括两部分：一部分是 Monitor（简称 MON）集群；另一部分是 OSD 集群。由于本书主要聚焦文件系统的内容，因此关于 RADOS 相关的内容不再赘述，见参考文献中的资料[21][22][23]。

Ceph 文件系统是在 RADOS 集群的基础上增加了 MDS 组件集群，如图 6-12 所示。这里的 MDS（Meta Data Server，元数据服务）负责文件系统元数据的管理。根据 CephFS 的组件组成，我们可以知道 CephFS 是一个有中心节点的分布式文件系统。

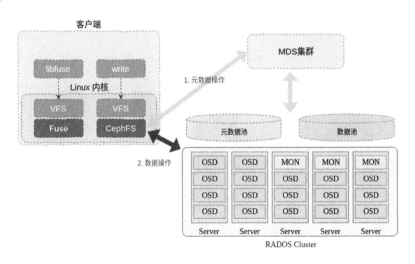

图 6-12　CephFS 的主要流程

对于客户端来说，访问 Ceph 文件系统的流程大致分为两个子流程：一个是通过 MDS 访问集群文件系统的元数据；另一个流程是客户端对数据的访问（读/写），该流程是客户端直接与 RADOS 集群交互的。

Ceph 文件系统架构的一个特点是尽量减少对 MDS 的访问。我们知道本地文件系统的元数据中包含文件数据的位置信息，但是在 Ceph 中却与众不同。Ceph 文件系统中文件的元数据并不包含数据的位置信息，而是通过计算的方式获得。也就是说，CephFS 采用的是基于计算位置的数据布局方式。

由于客户端对文件数据的访问直接与数据节点（OSD）交互，因此 Ceph 对于文件数据的存取并不需要经过元数据节点，而是直接与 RADOS 集群交互。当然，由于文件的变化会引起文件大小和时间戳等信息的变化是需要在 MDS 更新的，有些元数据的访问是不可避免的。

以 CephFS 的默认配置为例，Ceph 文件系统中的文件会被以 4MB 为粒度切割为大小相等的逻辑块。如图 6-13 所示，元数据是文件的属性数据，其内容由 MDS 集群来处理；用户数据则按照切割后的粒度，以对象的形式存储在 OSD 集群中。我们将切割后的数据称为逻辑块，每个逻辑块以 inode ID 和逻辑偏移为核心信息，以一定的规则命名。因此，客户端可以根据规则直接在客户端生成对象的名称，而不需要与 MDS 过多交互。由于确定了对象名称，而且也确定了文件系统的数据池，于是客户端就可以直接进行数据读/写/操作，并将逻辑块以对象的形式存储在 RADOS 集群中。

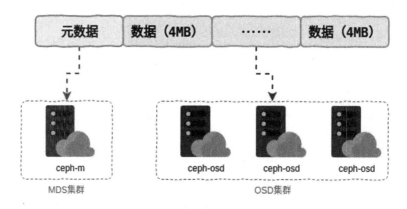

图 6-13　集群对文件数据的存储

读者可能会疑惑，文件的大小是不确定的，对象是如何生成的呢？实际上 CephFS 中的文件对应的对象是按需生成的。也就是只有写数据的区域才有对应的对象，而空洞部分则是没有对象的。

6.6.3　CephFS 客户端架构

CephFS 的客户端有多种实现方式，一种是基于 Linux 内核中客户端的实现，还有一种是基于 Fuse 框架（更多细节请参考 7.1.1）的实现。虽然是两种不同的实现方式，但是没有本质的区别。

由于基于 Fuse 框架的实现封装了很多细节，整体逻辑还是比较简单的，因此本节不对该实现进行介绍。本节主要介绍一下 CephFS 基于 Linux 内核中客户端的实现。

内核客户端是基于 VFS 实现的，因此其整体架构与其他 Linux 文件系统的整体架构非常相似。如图 6-14 所示，CephFS 与 VFS、Ext4 和 NFS 的关系。可以看出 CephFS 是一个和 NFS 与 Ext4 非常类似的文件系统。

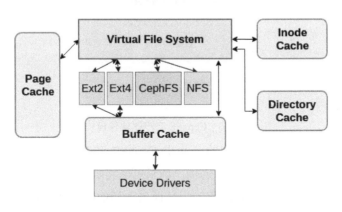

图 6-14　CephFS 与 VFS、Ext4 和 NFS 的关系

与 Ext4 等本地文件系统相比，CephFS 的差异点在于它是通过网络将数据存储在 RADOS 集群的。如图 6-15 所示，当 CephFS 的数据需要持久化时，可以通过网络模块将数据发送到 MDS 或 RADOS 集群进行处理。

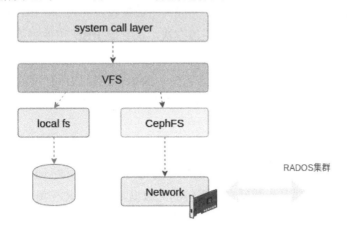

图 6-15　CephFS 与本地文件系统的对比

如果按照 CephFS 的逻辑架构来划分，CephFS 可以分为如图 6-16 所示的 4 层。其中，最上面是接口层，这一层是注册到 VFS 的函数指针。用户态的读/写函数最终会调用该层的对应函数 API，而该层的函数会优先与缓存交换。

图 6-16 CephFS 客户端软件模块

页缓存是所有文件系统公用的，并非 CephFS 独享。我们暂且将页缓存归为 CephFS 客户端的一层。以写数据为例，请求可能将数据写入缓存后就返回了。而缓存数据的刷写并不一定实时同步，而是根据适当的时机通过数据读/写层的接口将数据发送出去。

然后是数据读/写层，数据读/写层实现的是对请求数据与后端交互的逻辑。对于传统文件系统来说是对磁盘的读/写，对于 CephFS 来说是通过网络对集群的读/写。

消息层位于最下面，消息层主要完成网络数据收发的功能。该模块在 Linux 内核的网络模块中，不仅 CephFS 使用该模块，块存储 RBD 也使用该模块网络收发的功能。

关于客户端的内容这里介绍的比较少，大家看完后估计有可能还是云里雾里的。大家先不用着急，我们在后面对代码解析部分会详细地介绍各层的细节。

6.6.4 CephFS 集群端架构

通过前文我们了解到，CephFS 的集群端分为 MDS 集群和 RADOS 集群两部分。其中，MDS 集群负责管理文件系统的元数据，而 RADOS 集群负责管理数据。RADOS 是公共部分，本书不做介绍，我们主要聚焦在 MDS 组件的架构上。

CephFS 的作者 Sage 有一个想法，就是将 MDS 做成一个可以随意横向扩展的集群。Sage 使用动态子树分区（Dynamic Subtree Partitioning）[14]的方式将不同的子目录根据负载情况分布在不同的 MDS 上。从理论上来说，MDS 可以横向扩展到数百个，因此整个文件系统的承载能力可谓非常强劲。但是由于其太复杂，目前仍未在实际生产环境中使用，在生产环境中使用更多的还是 MDS 主备模式。

虽然 CephFS 想实现的功能非常复杂，但是其软件架构并不复杂，模块之间的逻辑也比较清晰。图 6-17 列出了 MDS 的主要模块。

图 6-17　MDS 的主要模块

服务模块负责处理文件相关的操作，如创建文件、删除文件、重命名和设置获取扩展属性等。每一个操作都有一个具体的函数相对应，如 NFS 协议中的例程函数。

缓存模块实现对关键元数据的缓存，通过将热点数据缓存到内存中以提升元数据访问的性能。在 CephFS 中被缓存的元数据包括 inode 和 dentry 等内容。

锁模块负责分布式锁相关的特性。对分布式文件系统而言，被多个客户端同时访问是很正常的，因此实现一种锁机制必不可少。

负载均衡模块是多活 MDS 的实现，负责在 MDS 多活场景实现元数据的负载均衡。

通信与消息分发模块负责消息的收发。并且该模块在收到客户端的消息后会转发给 MDS 的不同模块进行处理，如服务模块和锁模块等。以文件相关操作为例，从消息模块接收消息后，其分发到服务模块的顺序如图 6-18 所示。

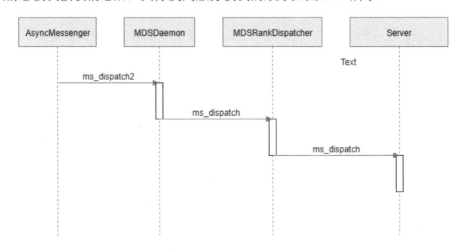

图 6-18　消息处理顺序

在具体实现层面中，CephFS 通过以下 3 个数据结构来表示文件系统中的文件和目录等信息。这些数据结构的关系如图 6-19 所示。这些数据结构都是内存中的数据结构，而且 CephFS 也将该数据结构用作缓存内容。

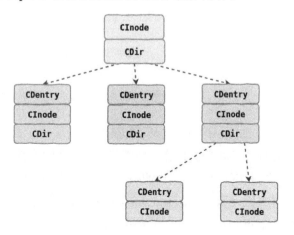

图 6-19　CephFS 服务端数据组织相关数据结构

可以看到这里主要有 3 个数据结构来维护文件的目录树关系，分别是 CInode、CDentry 和 CDir。下面介绍一下这些数据结构的作用。

1. CInode 数据结构

CInode 包含了文件的元数据，这个跟 Linux 内核中的 inode 类似，每个文件都有一个 CInode 数据结构对应。该数据结构包含文件大小和拥有者等信息。

2. CDentry 数据结构

CDentry 是一个黏合层，它建立了 inode 与文件名或目录名之间的关系。一个 CDentry 只可以连接一个 CInode。但是一个 CInode 可以被多个 CDentry 连接。这是因为连接的存在，同一个文件的多个连接名称是不同的，因此需要多个 CDentry 数据结构。

3. CDir 数据结构

CDir 用于目录属性的 inode，它用于在目录下建立与 CDentry 的连接。如果某个目录有分片，那么一个 CInode 是可以有多个 CDir 的。

其中，CDir 存在一个与 CDentry 一对多的关系，表示目录中的文件或子目录关系。CInode 与 CDentry 则是文件的元数据信息与文件名的对应关系。

总而言之，在 CephFS 的集群端通过 CInode、CDir 和 CDentry 等数据结构来组织了文件系统的层级结构。

6.6.5　CephFS 数据组织简析

在本地文件系统中，通常文件系统管理的是一个线性空间。但是 CephFS 有些差异，因为其底层是 RADOS 对象集群，其提供的是一个对象的集合。因此，虽然 CephFS 对外呈现的是一个层级结构的文件系统，但是底层数据则是以对象的方式存储的。

6.6.5.1　数据组织格式

我们在创建文件系统时其实是创建了两个对象存储池。CephFS 的数据和元数据也是以对象的形式存储在该存储池中的，那么 CephFS 是如何实现层级结构与对象之间的转换呢？

我们在前面介绍本地文件系统时知道，文件系统主要实现了对整个磁盘（块设备）空间管理和文件/目录的数据管理。可以将上述管理概述如下。

（1）磁盘空间管理：主要是负责磁盘空间的申请和释放，通过某种方式标识哪些空间是被占用的。

（2）文件数据管理：主要建立文件逻辑地址与数据存储位置的关系，能够访问指定文件位置的数据。

（3）目录数据管理：目录作为一种特殊的文件，其内容是格式化的，保存着文件名与 inode ID 之间的对应关系。

由于 CephFS 基于对象来存储数据，因此其实现方式略有不同，接下来介绍一下 CephFS 是如何管理这些内容的。

1．对于整个存储空间的管理

因为 CephFS 是基于对象存储数据的，其空间的使用基于命名对象，而不是硬盘那样的线性空间。也就是说，当 Ceph 文件系统需要新的存储空间时，只需要向 RADOS 集群申请，即可创建一个对象。对于对象的创建及数据的管理，都是由 RADOS 管理的，因此不存 Ceph 文件系统管理整个存储空间的问题。

2．对于文件的数据管理

对于文件的数据管理，目前使用比较多的是索引方式。CephFS 对文件的数据管理也是采用索引方式，但 CephFS 并没有索引块的概念，它采用一种基于计算的方式来获得索引关系。CephFS 计算规则很简单，就是将文件拆分为固定大小的数据块（默认为 4MB），然后给每个数据块一个名字。最终，以这个名字作为对象的名称进行存储。

由于存储池是扁平的，因此要求对象名称的唯一性。CephFS 的做法是通过 inode ID 和逻辑偏移的方式来标记该数据块。这里的偏移是按照固定大小拆分后的索引，而非逻辑地址偏移，如图 6-20 所示。

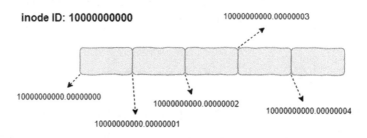

图 6-20　文件的数据管理

在图 6-20 中，文件按照逻辑地址被拆分为 4MB 的逻辑块。其中 0～4MB 的数据位于第 1 个逻辑块，也就是名称为 10000000000.00000000 的对象中，其他地址的数据以此类推。因此，当访问某个地址的数据时，可以很容易地知道对象名称并进行访问。

3. 对于目录的数据管理

在本地文件系统相关介绍中我们知道目录是一种特殊的文件，只是其中的数据有特定的格式，这种格式内容是文件名与 inode ID 呈现一一对应关系。由于 inode ID 确定后，inode 的内容和数据都可以确定，因此本质上来说通过这种方式就建立了目录与其中文件的对应关系。

在 CephFS 中，目录的实现方式略有不同，它并没有将目录中的文件名等信息存储在目录对象的数据中，而是存储在目录对象的元数据中。在 CephFS 中，目录中的文件组织（目录项）是以 omap（Key-Value）的形式存储的。换句话说，每个目录会以自己 inode ID 作为名称在元数据存储池创建一个对象，而目录中的文件（子目录）等数据则是以该对象的 omap 的形式（文件名-inode 对）存在的，而非对象数据的形式，如图 6-21 所示。

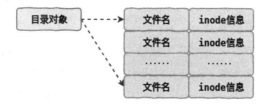

图 6-21　CephFS 客户端模块

本质上，CephFS 的这种方式主要借助了 KV 数据库（如 LevelDB 或 RocksDB 等）的能力。这种目录数据组织方式并非是 CephFS 独有的，很多分布式文件系统都有类似的实现。

6.6.5.2　数据实例分析

我们在前面对主要的数据组织与管理方式进行了介绍，大家可能还会觉得有些抽象，不太容易理解。下面结合实例介绍一下文件系统的数据是如何存储在对象中的。

首先，在创建一个 Ceph 文件系统后，其实元数据存储池已经有很多对象了。这主要包括根目录和一些管理数据所对应的对象，如图 6-22 所示。其中，根目录对应的对象为 1.00000000，这是因为 CephFS 约定了根目录的 inode ID 是 1。

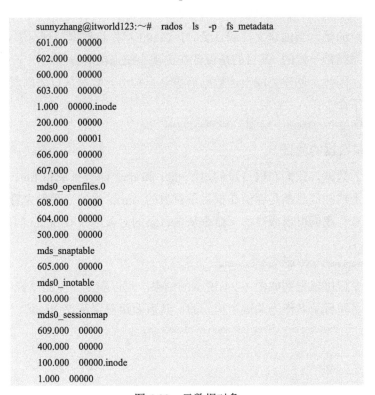

图 6-22　元数据对象

为了分析 CephFS 数据的放置情况，我们需要在根目录创建如下目录和文件（括号中的内容是十六进制形式的 inode ID）。其中，file1、file2 和 file3 分别存储 6 字节的 1、2 和 3。file4 和 file5 存储 12MB 的全 0 数据。文件和目录的结构如

图 6-23 所示。

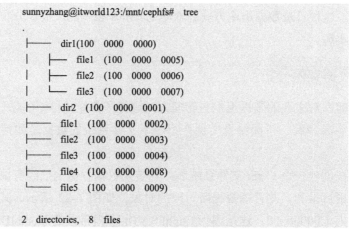

图 6-23　文件和目录的结构

　　需要注意的是，当创建文件或目录时，CephFS 先将数据写到日志，这个逻辑跟本地文件系统是一致的，其目的是保证在出现系统崩溃等异常情况下文件系统数据的一致性。因此，创建完成上述数据后需要强制将元数据从日志刷新到存储池。需要执行如下命令：

```
ceph daemon /var/run/ceph/ceph-mds.gfs1.asok flush journal
```

1. 目录数据的验证

　　由构造的数据，我们在根目录创建了 dir1 和 dir2 两个目录和 file1～file5 共 5 个文件。由于这些信息都是存储在根目录对象的 omap 中的，我们先看一看 omap 的"键"信息。我们可以通过如下命令从根目录的对象中获取 omap 的所有"键"信息。

```
rados listomapkeys 1.00000000 -p fs_metadata
```

　　执行命令后可以得到如图 6-24 所示的结果，可以看到这里的"键"就是我们创建的文件名和目录名作为关键字构成的，其后面跟着字符"_head"。

```
root@gfs1:~# rados listomapkeys 1.00000000 -p fs_metadata
dir1_head
dir2_head
file1_head
file2_head
file3_head
file4_head
file5_head
```

图 6-24　目录数据的存储

　　这里面的 omap 是以"键"的形式存在的，Value 对应的为 inode 信息，如图 6-25

所示为 file1 对应的元数据（inode）信息，这些信息包括该文件关键的元数据信息，如 inode ID、用户 ID、组 ID 和创建时间等。

```
file1_head
value (462 bytes) :
00000000  02 00 00 00 00 00 00 00  49 0f 06 a3 01 00 00 02  |........I.......|
00000010  00 00 00 00 01 00 00 00  00 00 00 1c 7c 85 5f 78  |............|._x|
00000020  9d 66 33 a4 81 00 00 00  00 00 00 00 00 00 00 01  |.f3.............|
00000030  00 00 00 00 00 00 00 00  00 00 00 02 02 18 00 00  |................|
00000040  00 00 00 00 40 00 01 00  00 00 00 00 40 00 01 00  |....@.......@...|
00000050  00 00 00 00 00 00 00 00  00 00 07 00 00 00 00 00  |................|
00000060  00 00 01 00 00 00 ff ff  ff ff ff ff ff ff 00 00  |................|
00000070  00 00 00 00 00 00 00 00  00 00 1c 7c 85 5f 78 9d  |...........|._x.|
00000080  66 33 1c 7c 85 5f 78 9d  66 33 00 00 00 00 00 00  |f3.|._x.f3......|
00000090  00 00 03 02 28 00 00 00  00 00 00 00 00 00 00 00  |....(...........|
000000a0  00 00 00 00 00 00 00 00  00 00 00 00 00 00 00 00  |................|
```

图 6-25　file1 对应的元数据（inode）信息

如果想要进一步了解 inode 的详细内容，则可以通过阅读 inode 序列化的代码得到，如代码 6-1 所示（该结构体的部分代码）。该代码的开始部分与图 6-25 中第 10 个字节（0f）对应，前面部分是在其他类中序列化的。

代码 6-1　CephFS 中的 inode_t 数据结构

Mds/mdstypes.h	
633	template<template<typename> class Allocator>
634	void inode_t<Allocator>::encode(ceph::buffer::list &bl, uint64_t features) const
635	{
636	ENCODE_START(15, 6, bl);
637	
638	encode(ino, bl);
639	encode(rdev, bl);
640	encode(ctime, bl);
641	
642	encode(mode, bl);
643	encode(uid, bl);
644	encode(gid, bl);
645	
646	encode(nlink, bl);
647	{
648	
649	bool anchored = 0;
650	encode(anchored, bl);
651	}
652	
653	encode(dir_layout, bl);
654	encode(layout, bl, features);
655	encode(size, bl);
656	encode(truncate_seq, bl);
657	encode(truncate_size, bl);

658	encode(truncate_from, bl);
659	encode(truncate_pending, bl);
660	encode(mtime, bl);

从上述代码中可以看出，在 CephFS 中对数据的持久化是需要经过一个编码的过程的。而从磁盘读取数据后也是要有解码之后才会实例化到结构体的成员中。这里需要明白 inode 等结构体的成员是如何保存的。

在 Ceph 文件系统中，文件的元数据存储在 MDS 集群中，而数据则是直接与 OSD 集群交互的。以默认配置为例。由于原则确定，当客户端通过 MDS 创建文件后，客户端可以直接根据请求在文件中逻辑位置确定数据所对应的对象名称。

2．文件的验证

前文已述，文件数据对应的对象名称为文件的 inode ID 与逻辑偏移的组合，这样就可以根据该对象名称实现数据的读/写。

以 file4 为例，我们在其中写入 12MB 的全 0 数据，因此该文件对应着 3 个对象。通过前文我们知道 inode ID 为 1099511627784（0x10000000008）。查看一下数据存储池中的对象，如图 6-26 所示。

```
root@gfsl:/mnt/cephfs# rados ls -p fs_data |grep 10000000008
10000000008.00000001
10000000008.00000000
10000000008.00000002
```

图 6-26　文件数据对应的对象

通过图 6-26 可以看到，与该文件相关的对象列表，其前半部分为 inode ID，后半部分是文件以 4MB 为单位的逻辑偏移。

6.6.6　CephFS 文件创建流程解析

CephFS 的流程分析略显复杂，主要包括客户端和集群端两部分的代码。而且客户端的代码在 Linux 内核中，依赖 VFS 框架的代码。当然，如果大家有了前面本地文件系统的基础，就容易理解 CephFS 的客户端代码。

6.6.6.1　客户端代码解析

对于创建文件来说，该请求仍然需要经过 VFS 的各种逻辑，差异在于调用的函数指针有所不同。对于创建文件来说，其核心代码在 lookup_open()函数中。如果用户在调用 open()函数时使用了 O_CREAT 选项，且 lookup_open()函数在执行第 3074 行代码时没有查到要打开的文件，此时就会执行第 3096 行代码，也就是调用具体文件系统（CephFS）的创建函数。可以看出这里调用的是目录函数指针集的 create()函数指针，如代码 6-2 所示。

代码 6-2　lookup_open()函数

fs/namei.c path_openat->open_last_lookups->lookup_open

```
3003    static struct dentry *lookup_open(struct nameidata *nd, struct file *file,
                            const struct open_flags *op,
                            bool got_write)
        {
            // 删除部分代码
3073        if (d_in_lookup(dentry)) {
3074            struct dentry *res = dir_inode->i_op->lookup(dir_inode, dentry,
3075                                    nd->flags);        // 查找目的文件
3076            d_lookup_done(dentry);
3077            if (unlikely(res)) {
3078                if (IS_ERR(res)) {
3079                    error = PTR_ERR(res);
3080                    goto out_dput;
3081                }
3082                dput(dentry);
3083                dentry = res;
3084            }
3085        }
3086
3087
3088        if (!dentry->d_inode && (open_flag & O_CREAT)) {    // 如果有创建选项
3089            file->f_mode |= FMODE_CREATED;
3090            audit_inode_child(dir_inode, dentry, AUDIT_TYPE_CHILD_CREATE);
3091
3092            if (!dir_inode->i_op->create) {
3093                error = -EACCES;
3094                goto out_dput;
3095            }
3096            error = dir_inode->i_op->create(dir_inode, dentry, mode,
3097                            open_flag & O_EXCL);
3098            if (error)
3099                goto out_dput;
3100        }
3101        if (unlikely(create_error) && !dentry->d_inode) {
3102            error = create_error;
3103            goto out_dput;
3104        }
3105        return dentry;
3106
3107    out_dput:
3108        dput(dentry);
3109        return ERR_PTR(error);
3110    }
```

　　对于 CephFS 文件系统来说，其目录函数指针集如代码 6-3 所示。而 create 指针对应的函数为 ceph_create()。也就是说，CephFS 文件系统客户端创建文件的代码逻辑在 ceph_create()函数中实现。

代码 6-3　ceph_dir_iops()函数

fs/ceph/dir.c	
1949	const struct inode_operations ceph_dir_iops = {
1950	.lookup = ceph_lookup,
1951	.permission = ceph_permission,
1952	.getattr = ceph_getattr,
1953	.setattr = ceph_setattr,
1954	.listxattr = ceph_listxattr,
1955	.get_acl = ceph_get_acl,
1956	.set_acl = ceph_set_acl,
1957	.mknod = ceph_mknod,
1958	.symlink = ceph_symlink,
1959	.mkdir = ceph_mkdir,
1960	.link = ceph_link,
1961	.unlink = ceph_unlink,
1962	.rmdir = ceph_unlink,
1963	.rename = ceph_rename,
1964	.create = ceph_create,　　// 创建文件的函数指针
1965	.atomic_open = ceph_atomic_open,
1966	};

　　然后进一步分析，其实 ceph_create()函数没做什么事情，主要是调用了 ceph_mknod()函数。创建文件的主要逻辑也是在 ceph_mknod()函数中实现的。

代码 6-4　ceph_mknod()函数

fs/ceph/dir.cceph_create->ceph_mknod	
832	static int ceph_mknod(struct inode *dir, struct dentry *dentry,
833	umode_t mode, dev_t rdev)
834	{
835	struct ceph_fs_client *fsc = ceph_sb_to_client(dir->i_sb);
836	struct ceph_mds_client *mdsc = fsc->mdsc;
837	struct ceph_mds_request *req;
838	struct ceph_acl_sec_ctx as_ctx = {};
839	int err;
840	
841	if (ceph_snap(dir) != CEPH_NOSNAP)
842	return -EROFS;
843	
844	if (ceph_quota_is_max_files_exceeded(dir)) {
845	err = -EDQUOT;
846	goto out;
847	}
848	
849	err = ceph_pre_init_acls(dir, &mode, &as_ctx);

850	if (err < 0)
851	goto out;
852	err = ceph_security_init_secctx(dentry, mode, &as_ctx);
853	if (err < 0)
854	goto out;
855	
856	dout("mknod in dir %p dentry %p mode 0%ho rdev %d\n",
857	dir, dentry, mode, rdev);
858	req = ceph_mdsc_create_request(mdsc, CEPH_MDS_OP_MKNOD, USE_AUTH_MDS);　// 创建一
	个请求结构体
859	if (IS_ERR(req)）{
860	err = PTR_ERR(req);
861	goto out;
862	}
863	req->r_dentry = dget(dentry);
864	req->r_num_caps = 2;
865	req->r_parent = dir;
866	set_bit(CEPH_MDS_R_PARENT_LOCKED, &req->r_req_flags);
867	req->r_args.mknod.mode = cpu_to_le32(mode);
868	req->r_args.mknod.rdev = cpu_to_le32(rdev);
869	req->r_dentry_drop = CEPH_CAP_FILE_SHARED	CEPH_CAP_AUTH_EXCL;
870	req->r_dentry_unless = CEPH_CAP_FILE_EXCL;
871	if (as_ctx.pagelist）{
872	req->r_pagelist = as_ctx.pagelist;
873	as_ctx.pagelist = NULL;
874	}
875	err = ceph_mdsc_do_request(mdsc, dir, req);//发送请求
876	if (!err && !req->r_reply_info.head->is_dentry)
877	err = ceph_handle_notrace_create(dir, dentry);
878	ceph_mdsc_put_request(req);
879	out:
880	if (!err)
881	ceph_init_inode_acls(d_inode(dentry), &as_ctx);
882	else
883	d_drop(dentry);
884	ceph_release_acl_sec_ctx(&as_ctx);
885	return err;
886	}

第 858 行代码用于创建一个请求结构体,这个结构体用于描述一个请求,请求的类型为 CEPH_MDS_OP_MKNOD。接下来是关键信息的填充工作,包括文件的模式、父目录等内容。第 875 行代码调用 ceph_mdsc_do_request()函数将请求发送到 MDS 处理。后续的消息发送逻辑并不复杂,本节不再赘述。

6.6.6.2　集群端代码解析

当客户端发送消息后,MDS 服务的消息接收模块就会收到该消息。然后该模块将消息分发给 MDS 守护进程模块，最后会被路由到服务模块（整个过程见图 6-18）。服务模块负责 CephFS 中文件相关的操作，自然创建文件也在其中（第 2204 行～第 2209 行，如代码 6-5 所示。

代码 6-5　dispatch_client_request()函数

```
mds/server.cc
2097    void Server::dispatch_client_request(MDRequestRef& mdr)
2098    {
2099      // 删除部分代码
2100      switch (req->get_op()) {
2101      case CEPH_MDS_OP_LOOKUPHASH:
2102      case CEPH_MDS_OP_LOOKUPINO:
2103        handle_client_lookup_ino(mdr, false, false);
2104        break;
2105      case CEPH_MDS_OP_LOOKUPPARENT:
2106        handle_client_lookup_ino(mdr, true, false);
2107        break;
2108      case CEPH_MDS_OP_LOOKUPNAME:
2109        handle_client_lookup_ino(mdr, false, true);
2110        break;
          // 删除文件查找等分支

2203
2204      case CEPH_MDS_OP_CREATE:// 创建文件的实现逻辑
2205        if (mdr->has_completed)
2206          handle_client_open(mdr);
2207        else
2208          handle_client_openc(mdr);
2209        break;
2210
2211      case CEPH_MDS_OP_OPEN:
2212        handle_client_open(mdr);
2213        break;
2214
2215
2216
2217      case CEPH_MDS_OP_MKNOD:
2218        handle_client_mknod(mdr);
2219        break;
2220      case CEPH_MDS_OP_LINK:
2221        handle_client_link(mdr);
2222        break;
2223      case CEPH_MDS_OP_UNLINK:
2224      case CEPH_MDS_OP_RMDIR:
2225        handle_client_unlink(mdr);
2226        break;
          // 删除其他分支
```

2252	default:
2253	dout(1）<< " unknown client op " << req->get_op(）<< dendl;
2254	respond_to_request(mdr, -EOPNOTSUPP);
2255	}
2256	}

通过上面代码可以看到，每一个命令都有一个对应的函数进行处理。其实可以理解 CephFS 实现了一个自定义的 RPC。对于创建文件则是调用 handle_client_mknod()函数来完成服务端的工作的，如代码 6-6 所示。

代码 6-6　handle_client_mknod()函数

mds/server.cc	
5524	void Server::handle_client_mknod(MDRequestRef& mdr)
5525	{
5526	MClientRequest *req = mdr->client_request;
5527	client_t client = mdr->get_client();
5528	set<SimpleLock*> rdlocks, wrlocks, xlocks;
5529	file_layout_t *dir_layout = NULL;
5530	CDentry *dn = rdlock_path_xlock_dentry(mdr, 0, rdlocks, wrlocks, xlocks, false,
5531	false, false,
5532	&dir_layout);
5533	if (!dn）return;
5534	if (mdr->snapid != CEPH_NOSNAP）{
5535	respond_to_request(mdr, -EROFS);
5536	return;
5537	}
5538	CInode *diri = dn->get_dir()->get_inode();
5539	rdlocks.insert(&diri->authlock);
5540	if (!mds->locker->acquire_locks(mdr, rdlocks, wrlocks, xlocks))
5541	return;
5542	// 查看该用户对目录的权限
5543	if (!check_access(mdr, diri, MAY_WRITE))
5544	return;
5545	// 检查分片空间
5546	if (!check_fragment_space(mdr, dn->get_dir()))
5547	return;
5548	
5549	unsigned mode = req->head.args.mknod.mode;
5550	if ((mode & S_IFMT）== 0)
5551	mode |= S_IFREG;
5552	
5553	
5554	file_layout_t layout;
5555	if (dir_layout && S_ISREG(mode))
5556	layout = *dir_layout;
5557	else
5558	layout = mdcache->default_file_layout;
5559	
5560	CInode *newi = prepare_new_inode(mdr, dn->get_dir(), inodeno_t(req->head.ino),

5561	mode, &layout); // 创建一个 inode 节点
5562	assert(newi);
5563	
5564	dn->push_projected_linkage(newi);
5565	
5566	newi->inode.rdev = req->head.args.mknod.rdev;
5567	newi->inode.version = dn->pre_dirty();
5568	newi->inode.rstat.rfiles = 1;
5569	if (layout.pool_id != mdcache->default_file_layout.pool_id)
5570	newi->inode.add_old_pool(mdcache->default_file_layout.pool_id);
5571	newi->inode.update_backtrace();
5572	
5573	snapid_t follows = mdcache->get_global_snaprealm()->get_newest_seq();
5574	SnapRealm *realm = dn->get_dir()->inode->find_snaprealm();
5575	assert(follows >= realm->get_newest_seq());
5576	
5577	
5578	// 如果客户端通过 MKNOD 创建了一个常规文件，则会向该文件写入数据（如正在导出 NFS）
5579	if (S_ISREG(newi->inode.mode)) {
5580	// 在文件上创建一个 Capability 实例
5581	int cmode = CEPH_FILE_MODE_RDWR;
5582	Capability *cap = mds->locker->issue_new_caps(newi, cmode, mdr->session,
5583	realm, req->is_replay());
5584	if (cap) {
5585	cap->set_wanted(0);
5586	
5587	
5588	newi->filelock.set_state(LOCK_EXCL);
5589	newi->authlock.set_state(LOCK_EXCL);
5590	newi->xattrlock.set_state(LOCK_EXCL);
5591	
5592	dout(15) << " setting a client_range too, since this is a regular file" << dendl;
5593	newi->inode.client_ranges[client].range.first = 0;
5594	newi->inode.client_ranges[client].range.last =
5595	newi->inode.get_layout_size_increment();
5596	newi->inode.client_ranges[client].follows = follows;
5597	cap->mark_clientwriteable();
5598	}
5599	}
5600	
5601	assert(dn->first == follows + 1);
5602	newi->first = dn->first;
5603	
5604	dout(10) << "mknod mode " << newi->inode.mode << " rdev " << newi->inode.rdev
5605	<< dendl;
5606	
5607	
5608	mdr->ls = mdlog->get_current_segment();
5609	EUpdate *le = new EUpdate(mdlog, "mknod"); // 日志相关逻辑

```
5610        mdlog->start_entry(le);
5611        le->metablob.add_client_req(req->get_reqid(), req->get_oldest_client_tid());
5612        journal_allocated_inos(mdr, &le->metablob);
5613
5614        mdcache->predirty_journal_parents(mdr, &le->metablob, newi, dn->get_dir(),
5615                    PREDIRTY_PRIMARY|PREDIRTY_DIR, 1);
5616        le->metablob.add_primary_dentry(dn, newi, true, true, true);
5617
5618        journal_and_reply(mdr, newi, dn, le, new C_MDS_mknod_finish(this, mdr,
5619   dn, newi));                               // 提交事务
5620        mds->balancer->maybe_fragment(dn->get_dir(), false);
5621   }
```

在 handle_client_mknod()函数中，前面是一些加锁和检查类的实现（第 5540
行～第 5550 行）；然后是创建一个新的 inode，并进行基本信息的初始化工作（第
5560 行～第 5570 行）；最后启动一个事务，将数据写入日志中（第 5609 行～第
5618 行）。完成日志落盘后就可以给客户端返回处理结果。

需要注意的是，上述文件虽然创建成功了，并且落盘到日志中，但是真正的
inode 创建则并不一定完成。目前，inode 只是被添加到缓存中，只有缓存刷写时
inode 才会被真正创建。

6.6.7　CephFS 写数据流程解析

CephFS 文件系统相关的流程很多，限于篇幅，不可能逐一介绍。除了上节介
绍的创建文件的流程，本节再介绍一下写数据的流程。该流程的典型特点是不需要
与 MDS 交互，数据读/写与 OSD 直接交互。

6.6.7.1　客户端代码解析

应用程序的写操作经过 VFS 会由 CephFS 的代码逻辑处理。以同步写为例，
CephFS 客户端写数据的主线流程如图 6-27 所示。在该流程中，ceph_write_iter()是
CephFS 注册到 VFS 的函数，也是 CephFS 写数据流程的起点。最后，CephFS 调用
ceph_con_send()函数将数据通过网络发送到服务端进行处理。

整个主线的代码逻辑主要是将 VFS 发送的 I/O 请求转换为 CephFS 的请求
ceph_osd_request，然后通过网络发送出去。根据 VFS 请求的 inode ID 和偏移等信
息计算出在 CephFS 集群中对应的对象名称，并选择 OSD。

需要说明的是，如果 VFS 的写请求数据比较大，超出了一个对象的大小，那
么将会被拆分。然后以拆分后的数据为单位进行请求的转换和发送。

在请求发送之前先要创建CephFS请求，该过程由函数 ceph_osdc_new_request()

完成。该函数除完成请求的创建外，主要的工作是进行关键信息的初始化。其中，最主要的是调用 calc_layout()函数，根据 VFS 请求的偏移和大小计算出对应的对象编号，以及在对象中的偏移和将要写入的数据长度等信息。然后根据计算得到的信息完成 CephFS 请求的初始化。

完成 CephFS 请求的初始化后，调用发送请求的接口完成消息的发送。在图 6-27 的发送流程中，比较复杂的是__submit_request()函数，该函数会调用 calc_target()函数完成 OSD 计算和选择的过程。

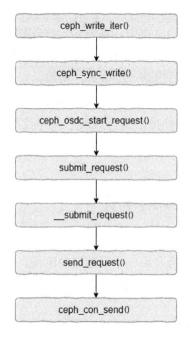

图 6-27   CephFS 客户端写数据的主线流程

最后，调用 ceph_con_send()函数，该函数其实并不是真正地发送网络数据包，而是将请求放到一个队列中。真正的数据发送是由 CephFS 的网络模块负责的，位于内核代码的 net/ceph 目录下面。这部分内容与 CephFS 文件系统无关，本节不再赘述。

6.6.7.2　集群端代码解析

对于写数据流程，在 CephFS 集群端其实 MDS 并不参与什么工作。因为在客户端已经根据写请求的偏移等信息计算出了应该由哪个 OSD 来处理该写请求。因此，此时写请求就是客户端与对应的 OSD 直接交互的过程。

关于 OSD 如何接收写数据请求，大家可以参考《Ceph 源码分析》[24]中的第 6
章内容，该书对对象数据的读/写流程进行了非常详细的分析。

6.7　分布式系统实例之 GlusterFS

GlusterFS 是一个非常著名和典型的开源分布式文件系统，该开源分布式文件
系统与 GFS、CephFS 最大的区别是没有专属的元数据节点，也就是 GlusterFS 采用
的是无中心架构。本节将深入地介绍一下 GlusterFS 的相关内容。

关于 GlusterFS 有一些特殊的概念，我们这里做一下简单的介绍。了解这些概
念有助于我们对 GlusterFS 架构及后续代码的理解。

（1）卷（Volume）：在 GlusterFS 中，卷是一个逻辑的存储单元，与 NFS 导出
目录类似。GlusterFS 通过逻辑的卷来实现分布式的特性，如数据分布、数据副本和
数据分片等。另外，需要注意区分 Linux 中 LVM 的卷概念。

（2）存储块（Brick）：存储块是服务端最基本的存储单元，通常在服务端对应
着一个目录。

（3）转换器（Translator）：转换器是 GlusterFS 的基本功能单元，每个转换器实
现一个小特性，GlusterFS 通过不同的转换器堆叠的方式实现复杂的功能和特性。

6.7.1　GlusterFS 的安装与使用

为了方便大家学习，我们先介绍一下如何安装部署该分布式存储。当然，这里
安装的系统只是为了方便大家学习，并不可以用于生产环境。如果想要用于生产环
境，则大家需要进行严格的规划，并且对安全问题进行处理。

6.7.1.1　安装环境说明

在安装之前，先说明一下需要的资源。如图 6-28 所示，构建一个包含两个节
点的 GlusterFS 集群，同时有另外一个客户端实现对文件系统的访问。如果没法找
到这些资源，则可以用其中一个服务端兼做客户端。

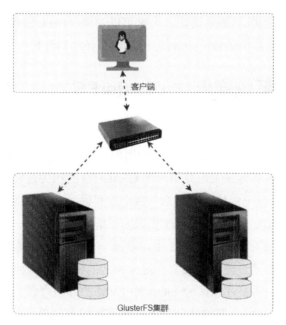

图 6-28　GlusterFS 集群拓扑

为了方便后续安装，列出 GlusterFS 集群各个节点的配置信息，如表 6-1 所示。在该表中我们主要关注每个节点的主机名、IP 地址和需要的磁盘资源。列出这些信息主要是为了后续方便描述，大家在具体安装时可以适当调整。

表 6-1　GlusterFS 集群各个节点的配置信息

节 点 名 称	IP 地址	主 机 名	磁　　盘	描　　述
gfs01	192.168.2.117	gfs1	/dev/sdd	集群节点
gfs02	192.168.2.115	gfs2	/dev/sdd	集群节点
client	192.168.2.113	client	无	客户端

一般很难准备这么多物理服务器。得益于虚拟化技术，我们可以通过虚拟机来模拟。目前，市面上的虚拟机软件比较多，如 VirtualBox、VMWare 等。关于虚拟机的安装与配置的内容不在本书范围内，请参考相关书籍或自行上网查找。

由于是测试环境，因此我们可以将系统的防火墙关闭，这样可以避免很多安装问题。下面介绍一下环境的基本设置流程，具体操作命令不做介绍，大家可以自行上网检索相关配置命令。

（1）关闭防火墙。

（2）配置主机名。

（3）格式化磁盘。为了简单起见，我们可以不对磁盘进行分区，而是直接对整个磁盘进行格式化。

（4）设置自动挂载。由于 GlusterFS 服务是守护进程，随系统自动启动。为了保证 GlusterFS 在运行时可以访问存储资源，因此这里需要设置随系统启动自动挂载。

6.7.1.2　安装 GlusterFS

接下来介绍一下 GlusterFS 在 Ubuntu 18.04 Server 版本的安装过程。由于 GlusterFS 已经有 Ubuntu 18.04 Server 配套的发行包，因此安装还是比较简单的。下面介绍一下如何安装 GlusterFS 集群端的软件包。

（1）先添加 GlusterFS 的 PPA 库，命令如下：

```
sudo apt-get install software-properties-common
sudo add-apt-repository ppa:gluster/glusterfs-5
```

（2）更新系统，命令如下：

```
apt update
```

（3）安装服务端软件包，命令如下：

```
apt install glusterfs-server
```

两个服务端的节点都有执行上述命令。如果系统没有报错，服务端的软件就安装成功了。

客户端的安装与集群端的安装没有太大差别，差别在于安装的软件包不同。首先添加 PPA 库和更新系统（参考集群端安装），然后安装软件包，命令如下：

```
apt install glusterfs-client
```

6.7.1.3　系统配置与使用

完成集群端的软件安装之后，我们就可以配置集群。GlusterFS 的配置也是比较简单的。下面介绍一下配置步骤。

1．创建集群

创建集群用于将多个节点构建为一个存储集群。本实例一共有两个节点，因此只需要执行一条命令即可。这里在 gfs2 节点执行如下命令：

```
gluster peer probe gfs1
```

创建成功后可以通过命令查看一下状态，如图 6-29 所示。

```
root@gfs2:~# gluster peer status
Number of Peers: 1

Hostname: gfs1
Uuid: fabad51b-d126-4e9b-821b-815bc3c0a391
State: Peer in Cluster (Connected)
```

图 6-29　GlusterFS 集群的状态

如果集群的节点数量多于两个，那么需要将 gfs1 逐次替换为其他节点。其原理也就是建立集群中各个节点的联系。

2. 创建逻辑卷

集群创建成功后就可以创建文件系统了，也就是创建一个逻辑卷。本实例是创建一个副本卷，命令如下：

```
gluster volume create rep_vol replica 2 \
gfs1:/mnt/gluster/rv1\
gfs2:/mnt/gluster/rv1
```

在上述命令中，rep_vol 表示逻辑卷的名称，replica 表示副本卷，数字 2 表示副本卷的数量。接下来的两行命令是两个服务器上的资源（brick），分别表示服务器的主机名和路径。后续写入的数据会存储在该路径下。

逻辑卷创建成功后需要执行如下命令来启动该逻辑卷：

```
gluster volume start rep_vol
```

然后可以通过命令查看该逻辑卷的信息或状态。以查看信息为例，其相关命令和获得的信息如图 6-30 所示。

```
root@gfs2:~# gluster volume info rep_vol

Volume Name: rep_vol
Type: Replicate
Volume ID: 83cccbb7-e348-43bd-a4dc-ccaccabb1d84
Status: Started
Snapshot Count: 0
Number of Bricks: 1 x 2 = 2
Transport-type: tcp
Bricks:
Brick1: gfs1:/mnt/gluster/rv1
Brick2: gfs2:/mnt/gluster/rv1
Options Reconfigured:
transport.address-family: inet
nfs.disable: on
performance.client-io-threads: off
```

图 6-30　GlusterFS 逻辑卷的信息

也可以通过命令来获取逻辑卷的状态，具体命令及获得的状态实例如图 6-31 所示。通过图 6-31 可以看出，其中，包括监听端口和在线状态等信息。

```
root@gfs2:~# gluster volume status rep_vol
Status of volume: rep_vol
Gluster process                         TCP Port  RDMA Port  Online  Pid
------------------------------------------------------------------------
Brick gfs1:/mnt/gluster/rv1             49152     0          Y       5421
Brick gfs2:/mnt/gluster/rv1             49152     0          Y       2420
Self-heal Daemon on localhost           N/A       N/A        Y       2402
Self-heal Daemon on gfs1                N/A       N/A        Y       5402


Task Status of Volume rep_vol
------------------------------------------------------------------------
There are no active volume tasks
```

图 6-31　GlusterFS 逻辑卷的状态

3．在客户端挂载 GlusterFS 分布式文件系统

如果逻辑卷运行正常，那么可以在客户端挂载该逻辑卷。执行如下命令后，在 /mnt/glusterfs 目录中的内容就是逻辑卷根目录的内容：

```
mkdir -p /mnt/glusterfs
mount -t glusterfs gfs1:/rep_vol /mnt/gfsclient/
```

至此，创建了一个完整的 GlusterFS 环境，我们可以以此环境为基础来完成后续 GlusterFS 相关内容的学习。如果大家想了解更多的安装细节及生产环境的配置内容，可以参考 GlusterFS 的官网。

6.7.2　GlusterFS 整体架构简析

GlusterFS 属于无中心节点架构的分布式文件系统。对于 GlusterFS 来说，无中心架构是指服务端（也就是存储集群）并没有一个或多个专门的元数据服务器来维护整个文件系统的元数据。那么在没有元数据服务器的情况下，GlusterFS 如何进行整个文件系统集群的数据管理？而整个存储系统又如何对外提供统一的命名空间？

在 GlusterFS 中，整个文件系统的元数据是借助本地文件系统来实现的。比如，在客户端创建一个文件，文件的管理是在本地文件系统完成的。对于 GlusterFS 来说，并没有一个特殊的地方来对这个文件进行管理。

在 GlusterFS 中，整个存储系统对外提供的统一命名空间是由服务端的配置信息和客户端的软件来完成的。其中，服务端卷配置信息描述了组成一个卷的所有存储块及其关系，而客户端的软件则负责将各个存储块的内容聚合，然后将结果展示

给用户。

在软件实现层面，GlusterFS 分为客户端和服务端两部分软件。GlusterFS 的大部分特性都是在客户端实现的，如数据副本、数据条带化、数据分布和 I/O 缓存等。在客户端的这些特性采用堆叠的方式实现，也就是一个特性在另外一个特性的上面来实现。

采用堆叠的方式实现这些特性使得 GlusterFS 的代码逻辑非常清晰，降低了阅读成本。其实这种分层结构也并非 GlusterFS 的原创，很多软件都采用类似的架构模式，如协议栈、Linux 的块设备栈和 Windows 的 I/O 栈等。

在 GlusterFS 中，实现堆叠的基本组件称为转换器（Translator，简称 xlator）。转换器实现了一些基本特性，而通过不同转换器的组合形成了 GlusterFS 所具备的特性。图 6-32 所示为 GlusterFS 的整体架构。其中，主要功能都是在客户端实现的，如 I/O 缓存、预读、数据条带化和数据副本等。另外，用于实现客户端与服务端之间通信的模块也是通过转换器实现的。

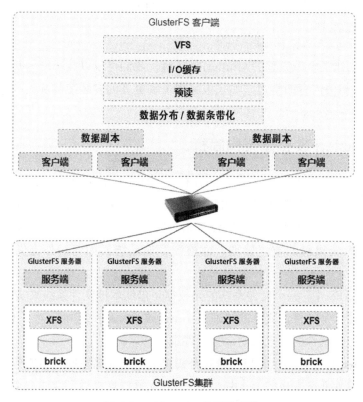

图 6-32　GlusterFS 的整体架构

在 GlusterFS 的整体架构中, 服务端实现得相对简单, 其入口是服务端（Server）转换器, 该转换器用于实现网络通信。然后是资源管理和磁盘访问等相关的转换器。

客户端的转换器实现得要复杂一些, 而且多个转换器之间通过堆叠可以实现丰富的特性。以图 6-32 为例, 底层是网络客户端转换器, 实现与服务端的通信。再往上是分布式数据副本和数据分布/数据条带化转换器, 两者结合可以实现一个复合卷, 这样可以满足性能和数据可靠性的要求。再往上, 还有预读和 I/O 缓存等转换器, 实现了文件系统在某些场景下加速的功能。

6.7.3 转换器与转换器树

在 GlusterFS 中最为重要的就是转换器（为了匹配代码, 容易理解, 本书使用 xlator 来代替转换器）了。如前文所述, GlusterFS 的所有特性都是通过 xlator 实现的。前文在介绍 GlusterFS 的整体架构时就已经介绍过 xlator 的内容。对应的实现代码在 xlators 目录中, 图 6-33 是 xlators 目录结构, 该目录下的子目录是对 xlator 的分类。而每个分类下面又有一个或多个 xlator。以 cluster 为例, 其下是涉及集群相关的 xlator, 如副本卷、分布式卷和纠删码卷的具体实现都在其中。

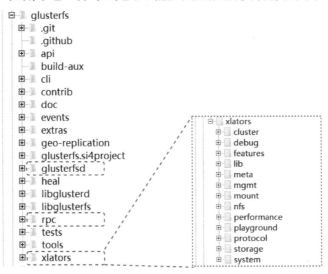

图 6-33 xlators 目录结构

无论是在客户端还是服务端, 在进程启动之后都会初始化一个 xlator 树, 存储的特性正是通过这个树来实现的。以客户端为例, 如代码 6-7 所示为 GlusterFS 客户端卷的配置信息。配置信息分为若干段, 每段由 volume 关键字开头, end-volume 结尾。这里虽然以 volume 作为关键字, 其实是一个 xlator 实例, 我们可以将其理解为具备某个 xlator 特性的逻辑卷。而不同的逻辑卷堆叠到一起形成用户使用的卷，这种堆叠关系也就是 xlator 树。

在每段的配置信息中有两个内容是比较关键的，一个是类型（type），另一个是子卷（subvolumes）。其中，类型表示该逻辑卷所对应的 xlator，如第 2 行代码所示，它对应着 xlators 目录下面的 xlator 的子路径。子卷则是该逻辑卷下层的逻辑卷，如果没有子卷字段，则表示该逻辑卷已经是 xlator 树的叶子节点，如 rep_vol-client-0 和 rep_vol-client-1。

代码 6-7   GlusterFS 客户端卷的配置信息

```
1    volume rep_vol-client-0
2        type protocol/client
3        // 删除一些选项
4        option transport-type tcp
5        option remote-subvolume /mnt/gluster/rv1
6        option remote-host gfs1
7        option ping-timeout 42
8    end-volume
9
10   volume rep_vol-client-1
11       type protocol/client
12       // 删除一些选项
13       option transport-type tcp
14       option remote-subvolume /mnt/gluster/rv1
15       option remote-host gfs2
16       option ping-timeout 42
17   end-volume
18
19   volume rep_vol-replicate-0
20       type cluster/replicate
21       option use-compound-fops off
22       option afr-pending-xattr rep_vol-client-0,rep_vol-client-1
23       subvolumes rep_vol-client-0 rep_vol-client-1
24   end-volume
25
26   volume rep_vol-dht
27       type cluster/distribute
28       option lock-migration off
29       subvolumes rep_vol-replicate-0
30   end-volume
31
32   volume rep_vol
33       type debug/io-stats
34       option count-fop-hits off
35       option latency-measurement off
36       option log-level INFO
37       subvolumes rep_vol-dht
```

38	end-volume

如果我们按照卷与子卷的关系看一下代码 6-7 就会发现，xlator 树的关系与配置文件各个段的关系是倒置的。也就是树根是最下面的一个配置段，而配置最上面的内容是树的叶子节点。

在服务端的每个存储块都会有一个配置信息，该配置信息也是一棵 xlator 树。代码 6-8 所示为一个服务节点简化后的配置信息。可以看到，其树根是 server，它是 RPC 的服务端，然后依次向下，最后是 posix。这个其实就是访问文件系统的 xlator。

代码 6-8　一个服务节点简化后的配置信息

```
1    volume rep_vol-posix
2        type storage/posix
3        option shared-brick-count 0
4        option volume-id 83cccbb7-e348-43bd-a4dc-ccaccabb1d84
5        option directory /mnt/gluster/rv1
6    end-volume
7
8    volume rep_vol-io-threads
9        type performance/io-threads
10       subvolumes rep_vol-posix
11   end-volume
12
13   volume /mnt/gluster/rv1
14       type performance/decompounder
15       subvolumes rep_vol-io-threads
16   end-volume
17
18   volume rep_vol-server
19       type protocol/server
20       // 删除部分选项
21       option auth-path /mnt/gluster/rv1
22       option auth.login.f8a8b…d9a797.password b3e7…300534
23       option auth.login./mnt/gluster/rv1.allow f8a8b…d9a797
24       option transport.address-family inet
25       option transport-type tcp
26       subvolumes /mnt/gluster/rv1
27   end-volume
```

前文从配置文件方面介绍了 GlusterFS 是如何组织和构建一个 xlator 树的。那么从代码实现层面又是什么样的呢？各层 xlator 之间的请求又是怎么传递的呢？接下来介绍相关的内容。

在 GlusterFS 中，xlator 是通过一个名为 xlator 的结构体来表示的。如代码 6-9 所示，在该结构体中包含子卷列表和父卷列表（第 777 行～第 778 行），正是这两个成员使得 xlator 可以构建一棵树。

xlator 结构体有两个比较重要的成员是 fops 和 cbks，这两个成员分别是操作函数集和回调函数集。操作函数集对应文件操作，从 Fuse 触发的文件操作基本上通过调用下一级 xlator 对应的函数来逐层传递，最后通过网络发送到服务端。

代码 6-9 xlator 结构体的定义

libglusterfs/src/glusterfs/xlator.h	
770	struct _xlator {
771	
772	char *name;
773	char *type;
774	char *instance_name;
775	xlator_t *next;
776	xlator_t *prev;
777	xlator_list_t *parents;
778	xlator_list_t *children;
779	dict_t *options;
780	
781	
782	void *dlhandle;
783	struct xlator_fops *fops; // 操作函数集
784	struct xlator_cbks *cbks; // 回调函数集
785	struct xlator_dumpops *dumpops;
786	struct list_head volume_options; // 卷选项链表
787	
788	void (*fini)(xlator_t *this); // 用于实现对当前 xlator 的反初始化
789	int32_t (*init)(xlator_t *this); // 用于实现对当前 xlator 的初始化
790	int32_t (*reconfigure)(xlator_t *this, dict_t *options);
791	int32_t (*mem_acct_init)(xlator_t *this);
792	int32_t (*dump_metrics)(xlator_t *this, int fd);
793	
794	event_notify_fn_t notify;
	// 删除部分代码
870	}

当系统完成初始化后，xlator 树已经构建。xlator 之间通过 children 成员和 parents 成员构建了各级节点的关系。父节点可以通过 children 成员知道当前节点的下一级节点的 xlator，子节点通过 parents 成员可以知道其父节点。

在 GlusterFS 中定义了两个宏来实现上一级节点到下一级节点的调用和反向调用，它们分别是 STACK_WIND 和 STACK_UNWIND。另外，在调用下一级函数之前都会分配一个结构体 call_frame_t 的空间，被称为帧。帧用于存储下一级 xlator 需要的关键信息，如回调函数、xlator 指针、上一级帧和其他信息。

代码 6-10 所示为 STACK_WIND_COMMON 的定义，在该宏定义中首先创建一个新的帧并填充必要信息（第 325 行～第 338 行），然后在第 346 行代码中调用下一级 xlator 的函数，并且会将新的帧传递给该函数。可见，通过这种方式实现了请求从上一级 xlator 到下一级 xlator 的发送。

代码 6-10　STACK_WIND_COMMON 的定义

```
libglusterfs/src/glusterfs/stack.h
319  #define STACK_WIND_COMMON(frame, rfn, has_cookie, cky, obj, fn, params... )
320      do {
321          call_frame_t *_new = NULL;
322          xlator_t *old_THIS = NULL;
323          typeof(fn ) next_xl_fn = fn;
324
325          _new = mem_get0(frame->root->pool->frame_mem_pool);
326          if (!_new ) {
327              break;
328          }
329          typeof(fn##_cbk ) tmp_cbk = rfn;
330          _new->root = frame->root;
331          _new->this = obj;
332          _new->ret = (ret_fn_t)tmp_cbk;      // 上一级的回调函数，任务完成时调用
333          _new->parent = frame;               // 上一级的帧
334
335          _new->cookie = ((has_cookie == 1 ) ? (void *)(cky ) : (void *)_new);
336          _new->wind_from = __FUNCTION__;
337          _new->wind_to = #fn;
338          _new->unwind_to = #rfn;
339
340          fn##_cbk = rfn;
341          old_THIS = THIS;
342          THIS = obj;
343
344          _new->op = get_fop_index_from_fn((_new->this), (fn));
345
346          next_xl_fn(_new, obj, params);      // 调用下一级函数
347          THIS = old_THIS;
348      } while (0)
```

由于在 STACK_WIND_COMMON 宏定义中进行帧初始化时会注册一个回调函数（第 332 行）。当底层的 xlator 完成任务需要通知上一级时，通过调用 STACK_UNWIND 实现。而该宏定义本质上是通过这里注册的回调函数来通知上一级的。

6.7.4　GlusterFS 数据分布与可靠性

对于分布式文件系统来说，最关键的是实现横向扩展和数据的可靠性。

GlusterFS 通过 3 种 xlator 来实现上述特性，并且可以将上述特性进行堆叠，进而实现更加复杂的特性。

6.7.4.1 数据的副本

数据的可靠性是任何存储系统要解决的问题。在 Ceph 中通过副本技术和纠删码技术来保证数据的可靠性。在 GlusterFS 中也包含副本和纠删码两种数据冗余技术，本节以副本技术为例进行介绍。

在 GlusterFS 中是通过卷来实现数据的组织和管理的，卷表示一个存储单元，在该单元中的所有数据采用了相同的数据处理算法。而且卷也是 GlusterFS 集群导出文件系统目录的单元，客户端通过挂载该卷来实现一个目录的挂载。

GlusterFS 的副本技术通过副本卷（Replication Volume）实现。一个副本卷可以由一个或多个存储块组成。当由多个存储块组成时，这个卷就包含多个副本，多个存储块中的数据是相同的。图 6-34 所示为具有两个副本的副本卷示意图，可以看出，当在客户端写入一个文件时，客户端的软件会将数据分发到两个不同的服务器，并存储相同的数据。

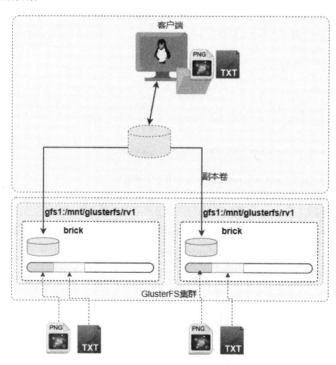

图 6-34　具有两个副本的副本卷示意图

6.7.4.2　数据的分布/分片

副本卷可以实现数据的保护，数据的分布则通过另外一种类型的卷实现，这就是分布式卷（Distributed Volume）。数据的分布/分片是 GlusterFS 对一个数据集放置在集群多个节点的方法。

如图 6-35 所示，对于有两个存储块的分布式卷，当客户端写入两个文件时，这两个文件通常会被存储在两个不同的物理节点上。当然，这依赖于分布算法的计算结果，如果只有两个文件则可能会被放置在同一个节点。但是，当客户端写入比较多的文件时，通常这两个存储块上的文件数量是均衡的。

在实际生产环境中，承载分布卷的存储块要更多一些，而且通常与业务的负载相关。如果业务的负载非常大，则存储块的数量有可能达到几十个。

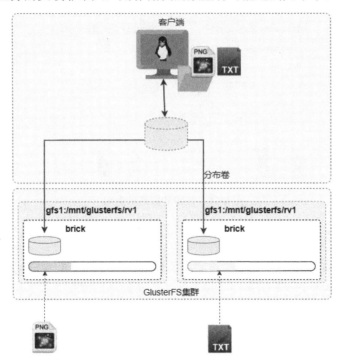

图 6-35　分布卷原理示意图

6.7.4.3　数据的条带化

条带化处理是 GlusterFS 对单个数据对象（也就是文件）进行分布式处理的技术。对于客户端的一个文件，客户端会将其拆分成指定大小的数据块分别写入不同的节点。数据的条带化是通过条带卷（Stripe Volume）实现的。如图 6-36 所示，当客户端写入一个文件时，该文件的一部分被写入节点 gfs1，另一部分被写入节点 gfs2。当然，这里只是一个示意图，实际情况要比较复杂。

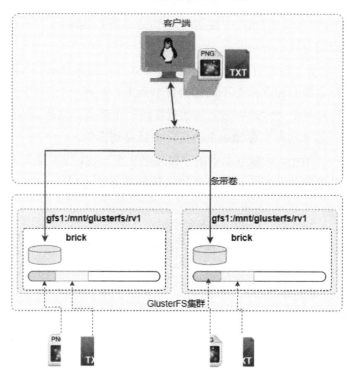

图 6-36　条带卷原理示意图

6.7.4.4　副本与分片的堆叠

前文介绍的 3 种不同类型的卷解决了分布式中常见的 3 种问题，但有其局限性。比如，在分布式文件系统中，我们既希望数据是高可靠的，又希望可以横向扩展。但是似乎上述 3 种类型的卷都无法同时搞定。

在 GlusterFS 中可以实现上述特性的堆叠，如将分布卷和副本卷堆叠。也就是先基于存储块创建副本卷，再将多个副本卷创建为一个分布卷，如图 6-37 所示。此时最终的卷既具有分布卷的特性，可以将数据按照哈希算法分散存储；又具有副本卷的特性，将一份数据同时存储两个或两个以上数据副本。

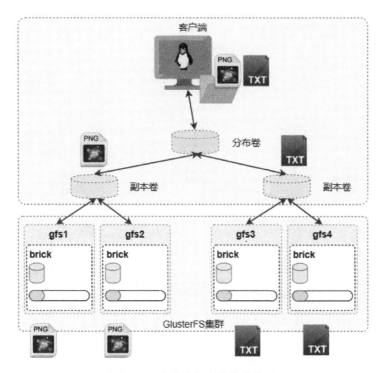

图 6-37　分布卷与副本卷的堆叠

通过这种方式的堆叠，可以在保证数据可靠性的前提下实现集群的横向扩展，也就是通过多个物理节点来为用户提供更大的容量和更高的性能。

6.7.4.5　副本与条带的堆叠

在 GlusterFS 中，不仅可以将分布卷与副本卷堆叠，而且还可以将条带卷与副本卷堆叠。图 6-38 所示为条带卷与副本卷堆叠。在该类型的卷中，当客户端写入一个文件时，会按照分片大小写入不同的副本卷中，然后副本卷进一步将数据分别写入不同的存储块中。当然，这里展示的只是一个示意图，实际条带数量根据配置情况而定。

这种堆叠卷通过副本来保证集群数据的可靠性。通过条带解决大文件访问的性能问题，对大文件进行访问时会被分散到集群的多个节点上，通过多个节点来承载大文件的访问。

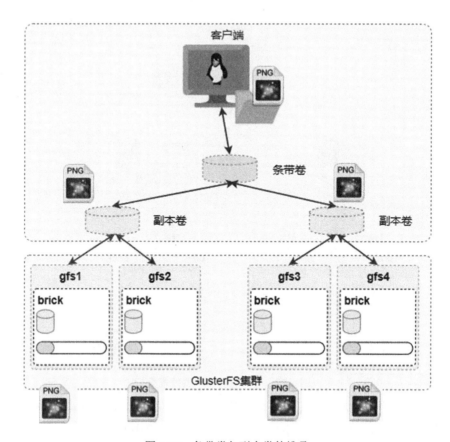

图 6-38　条带卷与副本卷的堆叠

本节主要从系统的可靠性和性能方面对 GlusterFS 的特性进行了介绍。其实
GlusterFS 还有非常多的特性，如客户端的缓存、缓存预读和压缩等，这些特性都是
通过转换器的方式实现的。由于内容众多，很难逐一介绍，大家可以自行阅读 xlators
目录下的相关代码。

6.7.5　GlusterFS 客户端架构与 I/O 流程

GlusterFS 是一个客户端的分布式文件系统，其功能特性大多在客户端实现。
这些特性包括 I/O 缓存、预读、数据副本、数据分片和数据条带化等。

GlusterFS 的客户端文件系统没有在内核态实现，而是借助 Fuse 在用户态实现。
Fuse 是 Linux 中的一个框架，通过该框架隐藏了 Linux 内核 VFS 复杂的架构，提
供了在用户态实现的文件系统接口。图 6-39 所示为基于 Fuse 的 GlusterFS 客户端
的架构。

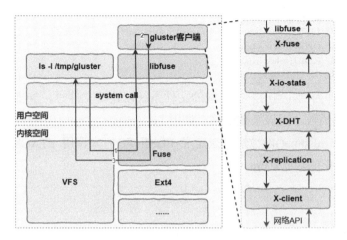

图 6-39 基于 Fuse 的 GlusterFS 客户端的架构

在图 6-39 中，GlusterFS 客户端的实现在 gluster 客户端模块中。图中的右侧是对客户端的细节描述，其特性通过 xlator 堆叠的方式实现。这里是以前文介绍的卷配置为例构建的，包括 X-fuse（fuse Xlator）、X-io-stats、X-DHT 和 X-client 等。其中，X-fuse 是基于 libfuse 实现的用户态文件系统，而 X-client 则是与服务端通信的网络客户端模块。其他模块都是实现的文件系统的具体特性，如 X_DHT 是分布卷的实现，而 X_replication 则是副本卷的实现。

GlusterFS 并没有特别复杂的架构，其 I/O 栈主要是由多个 xlator 堆叠起来的一个栈。上层 xlator 对下层 xlator 的调用方式已经在 6.7.3 节中做过介绍，本节不再赘述。本节主要以创建文件为例介绍一下处理流程。

客户端会调用 Fuse 的 API 将文件处理的 API 注册给 Fuse。在 GlusterFS 中，注册的 API 是一个名为 fuse_std_ops 的全局变量，如代码 6-11 所示。当客户端挂载文件系统后，挂载点中的访问会触发这里注册的某一个函数指针。

代码 6-11 fuse_std_ops 全局变量的定义

xlator/mount/fuse/src/fuse-bridge.c
6544   static fuse_handler_t *fuse_std_ops[FUSE_OP_HIGH] = {
6545   [FUSE_LOOKUP] = fuse_lookup,
6546   [FUSE_FORGET] = fuse_forget,
6547   [FUSE_GETATTR] = fuse_getattr,
6548   [FUSE_SETATTR] = fuse_setattr,
6549   [FUSE_READLINK] = fuse_readlink,
6550   [FUSE_SYMLINK] = fuse_symlink,
6551   [FUSE_MKNOD] = fuse_mknod,
6552   [FUSE_MKDIR] = fuse_mkdir,
6553   [FUSE_UNLINK] = fuse_unlink,
6554   [FUSE_RMDIR] = fuse_rmdir,

6555	[FUSE_RENAME] = fuse_rename,
6556	[FUSE_LINK] = fuse_link,
6557	[FUSE_OPEN] = fuse_open,
6558	[FUSE_READ] = fuse_readv,
6559	[FUSE_WRITE] = fuse_write,

以创建文件为例，当用户在挂载的文件系统创建新文件时，会触发上述接口中的 fuse_create()函数，而该函数最终会调用 fuse_create_resume()函数，如图 6-40 所示。fuse_create_resume()函数通过宏定义 FUSE_FOP 来调用 STACK_WIND 宏定义，也就会调用下层的 xlator。

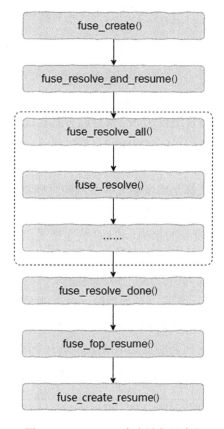

图 6-40 GlusterFS 客户端代码流程

当然，对于客户端来说，最终会调用 client xlator，该 xlator 会将消息发送到集群端的 server xlator。

6.7.6 GlusterFS 服务端架构与 I/O 流程

服务端与客户端类似，也没有复杂的软件架构，其核心是服务器启动时会根据存储块的配置构建一个 xlator 树,其中 server xlator 是入口层的 xlator,负责与客户端通信。其实 server 就是向 RPC 注册了一个函数指针集,该函数指针集为全局变量 glusterfs3_3_fop_actors,大家可以自行看一下这个变量。

对于创建文件操作来说,当 server 收到客户端发来的创建文件的消息后会调用 server3_3_create()函数,而该函数经过层层调用后最终会调用 server_create_resume() 函数,如图 6-41 所示。server_create_resume()函数会调用宏定义 STACK_WIND, 这也就启动了对下一级 xlator 的调用过程。

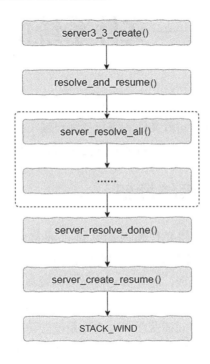

图 6-41 GlusterFS 服务端代码流程

在 6.7.3 节介绍过一个存储块的配置文件,以该配置为例,最后会调用 poxis xlator。该 xlator 的主要作用是对文件系统进行访问,其本质是调用与文件系统相关的 API。对于本实例中的创建文件操作,在 posix 中调用了 posix_create()函数,而该函数最终会调用 open()函数或 openat()函数来创建文件。完成文件创建后,通过反向调用,最终反馈给客户端结果。

至此,我们完成了对 CephFS 和 GlusterFS 等分布式文件系统相关内容的介绍。相信大家通过对上述两种不同类型分布式文件系统原理和代码的学习能够对分布式文件系统有一个比较清晰的理解。

第 7 章

百花争艳——文件系统的其他形态

通过前文的介绍，我们知道文件系统包括客户端（主机端）的文件系统和服务端软件服务。本章分别介绍一下文件系统在这两方面的演化。

7.1 用户态文件系统框架

操作系统为了实现多种文件系统的支持，通常会实现一个虚拟文件系统（VFS），然后具体的文件系统基于 VFS 框架实现。但是，无论是 Linux 还是 Windows，文件系统都必须在内核态实现，这样实现门槛就比较高了。

为了降低文件系统开发的门槛，有些人开发了在用户态实现的文件系统框架。这些框架通常通过钩子的方式捕获用户对文件系统的访问，然后转发到用户态进一步处理。这样，原来在内核态的文件系统逻辑也就可以在用户态实现，普通开发者就可以在用户态开发一个自己的文件系统。

本节介绍一下常用的用户态文件系统框架，包括 Linux 中的 fuse 框架和 Windows 中的 Dokany 框架。

7.1.1 Linux 中的用户态文件系统框架 Fuse

7.1.1.1 Fuse 整体架构简介

在 Linux 中有一个非常有名的用户态文件系统框架，这就是 Fuse 框架。有了 Fuse 框架，我们就可以在用户态开发文件系统的逻辑，而不用关心 Linux 内核的相关内容。从而大大降低了开发文件系统的门槛。

Fuse 与 VFS 及其他文件系统的关系如图 7-1 所示。Fuse 本身包含一个用户态库和一个内核态模块。用户态库为文件系统开发提供了一套接口，内核态模块则实现了一套内核的文件系统，其功能是将文件系统访问请求转发到用户态。

用户态库提供了一套 API，同时还提供了一套接口规范，这套规范实际上是一组函数集合。基于 Fuse 开发文件系统就是实现 Fuse 定义的函数集合的某些或全部函数。然后调用 Fuse 用户态库的 API 将实现的函数注册到内核态模块中。

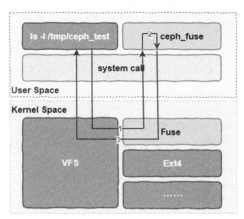

图 7-1　Fuse 与 VFS 及其他文件系统的关系

内核态的模块基于 VFS 实现了一个文件系统，可以与 NFS 或 CephFS 客户端的文件系统对比理解。但不同的是，当用户请求到达该文件系统时，该文件系统不是访问磁盘或通过网络发送请求，而是调用用户态注册的回调函数。

如果大家对 NFS 的流程或 CephFS 的流程熟悉，则比较容易理解 Fuse 的工作原理。与 NFS 类相比，Fuse 将 NFS 中通过网络转化请求换成通过函数调用（严格来说并非简单的函数调用，因为涉及内核态到用户态的转换）来转化请求。

7.1.1.2　具体实现代码解析

接下来从代码实现层面分析一下 Fuse 的实现细节。我们先从开发者角度来看一下如何基于 Fuse 进行开发。

基于 Fuse 开发文件系统入门并不复杂，官方也提供了非常多的实例。以其最简单的 HelloWorld 为例，其实现代码不到 200 行。我们截取其中关键的代码进行分析，如代码 7-1 所示。

代码 7-1　Fuse 实例代码

example/hello.c

```c
55      static void *hello_init(struct fuse_conn_info *conn,
56                      struct fuse_config *cfg)
57      {
58          (void) conn;
59          cfg->kernel_cache = 1;
60          return NULL;
61      }
62      // 获取文件的属性
63      static int hello_getattr(const char *path, struct stat *stbuf,
64                      struct fuse_file_info *fi)
65      {
66          (void) fi;
67          int res = 0;
68
69          memset(stbuf, 0, sizeof(struct stat));
70          if (strcmp(path, "/") == 0) {
71              stbuf->st_mode = S_IFDIR | 0755;
72              stbuf->st_nlink = 2;
73          } else if (strcmp(path+1, options.filename) == 0) {
74              stbuf->st_mode = S_IFREG | 0444;
75              stbuf->st_nlink = 1;
76              stbuf->st_size = strlen(options.contents);
77          } else
78              res = -ENOENT;
79
80          return res;
81      }
82      // 读取目录中的数据
83      static int hello_readdir(const char *path, void *buf, fuse_fill_dir_t filler,
84                      off_t offset, struct fuse_file_info *fi,
85                      enum fuse_readdir_flags flags)
86      {
87          (void) offset;
88          (void) fi;
89          (void) flags;
90
91          if (strcmp(path, "/") != 0)
92              return -ENOENT;
93
94          filler(buf, ".", NULL, 0, 0);
95          filler(buf, "..", NULL, 0, 0);
96          filler(buf, options.filename, NULL, 0, 0);
97
98          return 0;
99      }
100     // 打开文件
101     static int hello_open(const char *path, struct fuse_file_info *fi)
```

```
102   {
103       if (strcmp(path+1, options.filename) != 0)
104           return -ENOENT;
105
106       if ((fi->flags & O_ACCMODE) != O_RDONLY)
107           return -EACCES;
108
109       return 0;
110   }
111   // 从文件读数据的实现可以看出，这里返回的是预存的字符串
112   static int hello_read(const char *path, char *buf, size_t size, off_t offset,
113                   struct fuse_file_info *fi)
114   {
115       size_t len;
116       (void) fi;
117       if(strcmp(path+1, options.filename) != 0)
118           return -ENOENT;
119
120       len = strlen(options.contents);
121       if (offset < len) {
122           if (offset + size > len)
123               size = len - offset;
124           memcpy(buf, options.contents + offset, size);
125       } else
126           size = 0;
127
128       return size;
129   }
130   // 这个全局变量是实现的函数集，这里只实现了几个简单的函数集，如初始化、遍历目录、打开文件和
      读文件等
131   static struct fuse_operations hello_oper = {
132       .init           = hello_init,
133       .getattr    = hello_getattr,
134       .readdir    = hello_readdir,
135       .open        = hello_open,
136       .read        = hello_read,
137   };
138
139   static void show_help(const char *progname)
140   {
141       printf("usage: %s [options] <mountpoint>\n\n", progname);
142       printf("File-system specific options:\n"
143              "    --name=<s>          Name of the \"hello\" file\n"
144              "                        (default: \"hello\")\n"
145              "    --contents=<s>      Contents \"hello\" file\n"
146              "                        (default \"Hello, World!\n\")\n"
147              "\n");
148   }
149
```

```
150    int main(int argc, char *argv[])
151    {
152        int ret;
153        struct fuse_args args = FUSE_ARGS_INIT(argc, argv);
154
155
156
157
158        options.filename = strdup("hello");
159        options.contents = strdup("Hello World!\n");
160
161
162        if (fuse_opt_parse(&args, &options, option_spec, NULL) == -1)
163            return 1;
164
165
166
167
168
169
170        if (options.show_help) {
171            show_help(argv[0]);
172            assert(fuse_opt_add_arg(&args, "--help") == 0);
173            args.argv[0] = (char*) "";
174        }
175
176        ret = fuse_main(args.argc, args.argv, &hello_oper, NULL);     // Fuse 的入口函数
177        fuse_opt_free_args(&args);
178        return ret;
179    }
```

上述代码的主要工作是实现 fuse_operations 定义的函数集（第 131 行），并且调用 fuse_main()函数（第 176 行）将函数集注册到 Fuse 中。而在本实例中，函数集实现得很简单，只实现了遍历目录、打开文件、读文件和获取属性等接口。同时，本实例通过固定数据模拟了一个文件系统，这里所有的数据只不过是使用一个全局变量存储的字符串。

可以看出，这里只调用了 Fuse 的一个函数，也就是 fuse_main()函数。接下来深入讲解 Fuse 的内部，看一看 Fuse 是如何工作的。

先看一下 fuse_main()函数的核心逻辑。我们通过阅读整个调用栈的代码可以发现，关键业务逻辑是在 fuse_session_process_buf_int()函数中实现的。由于篇幅有限，我们截取其中关键代码，如代码 7-2 所示。

代码 7-2　fuse_session_process_buf_int()函数

lib/fuse_lowlevel.c fuse_main-> fuse_main_real-> fuse_loop-> fuse_session_loop ->fuse_session_process_buf_int	
2432	void fuse_session_process_buf_int(struct fuse_session *se,
2433	const struct fuse_buf *buf, struct fuse_chan *ch)
2434	{
2529	if ((buf->flags & FUSE_BUF_IS_FD) && write_header_size < buf->size &&
2530	(in->opcode != FUSE_WRITE || !se->op.write_buf) &&
	in->opcode != FUSE_NOTIFY_REPLY) {
	void *newmbuf;
2543	res = fuse_ll_copy_from_pipe(&tmpbuf, &bufv);　// 从内核中读取请求数据
2544	err = -res;
2545	if (res < 0)
2546	goto reply_err;
2547	
2548	in = mbuf;
	}
2551	inarg = (void *) &in[1];
2552	if (in->opcode == FUSE_WRITE && se->op.write_buf)　// 判断是否为写请求
2553	do_write_buf(req, in->nodeid, inarg, buf);
2554	else if (in->opcode == FUSE_NOTIFY_REPLY)
2555	do_notify_reply(req, in->nodeid, inarg, buf);
2556	else
2557	fuse_ll_ops[in->opcode].func(req, in->nodeid, inarg);　// 其他请求类型，通过函数指针进行处理
	}

　　在上述代码中，首先从内核中读取请求数据（第 2543 行），然后将读取的数据转化为 fuse_in_header 结构体类型。这个结构体又被称为请求头，里面包括操作码、节点 ID、用户 ID 和进程 ID 等信息。

　　接下来针对请求头的内容进行处理，主要实现代码为第 2551 行～第 2557 行。这里主要通过操作码找到 fuse_ll_ops 中预定义的函数，然后进行后续处理。每一个处理函数都会调用在一开始实现并注册的函数。

　　我们再回过头看一看请求头的数据结构。通过代码 7-3 可以看出，比较关键的是第 2 个成员 opcode，它表示请求的类型。正是通过该操作码来确定具体由哪个函数来进行下一步的处理。

代码 7-3　Fuse 请求头的数据结构

include/kernel.h	
690	struct fuse_in_header {
691	uint32_t　　len;
692	uint32_t　　opcode;　// 操作码表示请求的类型
693	uint64_t　　unique;

694	uint64_t	nodeid;
695	uint32_t	uid;
696	uint32_t	gid;
697	uint32_t	pid;
698	uint32_t	padding;
699	};	

通过上文介绍我们基本上清楚了用户态如何从内核态获取请求，并进行相关处理。接下来介绍一下内核态的实现，看一看内核态是如何捕获用户对文件的操作的，并将请求转发到用户态的 Fuse 模块。

通过前文可知，Fuse 的内核态模块其实就是一个客户端文件系统，因此该模块主要是实现 VFS 定义的函数集。以文件相关的函数集为例，具体定义如代码 7-4 所示。

代码 7-4　内核态模块 Fuse 函数指针集

fs/fuse/file.c

```
3398    static const struct file_operations fuse_file_operations      = {
3399        .llseek          = fuse_file_llseek,
3400        .read_iter       = fuse_file_read_iter,
3401        .write_iter      = fuse_file_write_iter,
3402        .mmap            = fuse_file_mmap,
3403        .open            = fuse_open,
3404        .flush           = fuse_flush,
3405        .release         = fuse_release,
3406        .fsync           = fuse_fsync,
3407        .lock            = fuse_file_lock,
3408        .flock           = fuse_file_flock,
3409        .splice_read     = generic_file_splice_read,
3410        .splice_write    = iter_file_splice_write,
3411        .unlocked_ioctl  = fuse_file_ioctl,
3412        .compat_ioctl    = fuse_file_compat_ioctl,
3413        .poll            = fuse_file_poll,
3414        .fallocate       = fuse_file_fallocate,
3415        .copy_file_range = fuse_copy_file_range,
3416    };
```

以打开文件为例，当用户通过 API 打开通过 Fuse 挂载目录中的文件时，会触发 VFS 的函数调用，进而会调用 fuse_open()函数。关于如何通过 VFS 调用 fuse_open()函数，这个逻辑与前文介绍的本地文件系统及 NFS 一致，本节不再赘述。

我们主要看一下 fuse_open()函数的处理逻辑，该函数经过层层调用，最终会调用 queue_request_and_unlock()函数，如图 7-2 所示。fuse_open()函数就是将请求挂接到一个链表中。

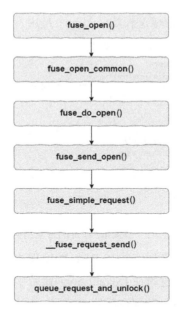

图 7-2　Fuse 打开文件主流程

那么链表的请求是如何被用户态的 Fuse 模块读取的呢？

其主要原理是内核态模块注册了一个混杂设备，设备名称是 Fuse。我们在用户态挂载执行文件系统流程时会打开该设备。因此，通过该设备可以实现与内核态之间的数据交互。

至此，我们对 Fuse 的使用、原理和实现代码进行了比较详细的介绍。当然，限于篇幅，本节以打开文件为例进行介绍，并没有介绍所有流程。不过，其他流程都是类似的，了解了打开文件流程，再通过阅读代码可以很容易地熟悉其他流程。

7.1.2　Windows 中的用户态文件系统框架 Dokany

对于用户来说，提起 Linux 就不能不提 Windows，毕竟 Windows 在服务端也占有一席之地。Windows 也有用户态文件系统框架，如 Dokany 和 WinFsp 等。本节以 Dokany 为例介绍一下 Windows 中的用户态文件系统框架和部分细节。

Dokany 整体架构与 Fuse 整体架构没有本质的区别，我们完全可以参考图 7-1 来理解 Dokany 的架构。说到 Dokany 就不得不提一下 Dokan，其实 Dokany 是一些热心的开发者对 Dokan 进行了封装，增加了兼容 Linux Fuse 的 API，而这个增加了 API 兼容 Linux Fuse 的 API 的项目就是 Dokany。

图 7-3 所示为从 github 下载的 Dokany 项目的目录结构。这里面核心部分包含

两部分,一个是 Windows 内核态模块,另一个是用户态的动态库。另外,实现与 Fuse 兼容接口的代码在目录 dokan_fuse 中。

图 7-3   Dokany 项目的目录结构

对于用户态的模块,其实现方式与 Fuse 的实现方式非常类似,逻辑也比较简单,本节不再赘述。其核心逻辑在 DokanLoop()函数中实现,该函数会从内核获取请求,并且根据请求的类型分发到注册的函数。

对于内核态的模块,如果想要彻底理解,则需要掌握一些 Windows 内核的知识。如果想要深入学习 Windows 内核编程的知识,则可以见参考文献中的资料[25][26]。当然,如果没有 Windows 内核的知识也没关系,也不会对理解内核态模块的逻辑产生太大的影响。

Windows 内核态模块的 I/O 栈是基于分层架构的,Dokany 实现的内核态模块会插入某两层之间。Windows 内核驱动有一个统一的入口,当模块初始化时会调用该函数,类似用户态的 main()函数。对于 Dokany 来说,其函数的实现如代码 7-5 所示,可以看出这里主要注册了一些回调函数。

代码 7-5   Dokany 函数的实现

sys/dokan.c

```
NTSTATUS
DriverEntry(__in PDRIVER_OBJECT DriverObject, __in PUNICODE_STRING RegistryPath)
{
  // 删除部分代码
  DriverObject->DriverUnload = DokanUnload;

  DriverObject->MajorFunction[IRP_MJ_CREATE] = DokanBuildRequest;
  DriverObject->MajorFunction[IRP_MJ_CLOSE] = DokanBuildRequest;
  DriverObject->MajorFunction[IRP_MJ_CLEANUP] = DokanBuildRequest;

  DriverObject->MajorFunction[IRP_MJ_DEVICE_CONTROL] = DokanBuildRequest;
  DriverObject->MajorFunction[IRP_MJ_FILE_SYSTEM_CONTROL] = DokanBuildRequest;
  DriverObject->MajorFunction[IRP_MJ_DIRECTORY_CONTROL] = DokanBuildRequest;
```

```
DriverObject->MajorFunction[IRP_MJ_QUERY_INFORMATION] = DokanBuildRequest;
DriverObject->MajorFunction[IRP_MJ_SET_INFORMATION] = DokanBuildRequest;

DriverObject->MajorFunction[IRP_MJ_QUERY_VOLUME_INFORMATION] =
    DokanBuildRequest;
DriverObject->MajorFunction[IRP_MJ_SET_VOLUME_INFORMATION] =
    DokanBuildRequest;

DriverObject->MajorFunction[IRP_MJ_READ] = DokanBuildRequest;
DriverObject->MajorFunction[IRP_MJ_WRITE] = DokanBuildRequest;
DriverObject->MajorFunction[IRP_MJ_FLUSH_BUFFERS] = DokanBuildRequest;

DriverObject->MajorFunction[IRP_MJ_SHUTDOWN] = DokanBuildRequest;
DriverObject->MajorFunction[IRP_MJ_PNP] = DokanBuildRequest;

DriverObject->MajorFunction[IRP_MJ_LOCK_CONTROL] = DokanBuildRequest;

DriverObject->MajorFunction[IRP_MJ_QUERY_SECURITY] = DokanBuildRequest;
DriverObject->MajorFunction[IRP_MJ_SET_SECURITY] = DokanBuildRequest;

RtlZeroMemory(&FastIoDispatch, sizeof(FAST_IO_DISPATCH));
}
```

　　这里只实现了一个回调函数，也就是 DokanBuildRequest()，该函数没做具体的工作，主要调用 DokanDispatchRequest()函数。而 DokanDispatchRequest()函数在内部实现了对不同请求的分发。

　　以创建文件为例，当请求到达 DokanDispatchRequest()函数时，会被分发到 DokanDispatchCreate()函数来进行处理，而该函数通过如图 7-4 所示的流程将请求插入一个链表中。

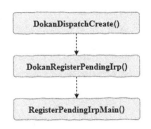

图 7-4　Dokan 创建文件流程

　　本节主要介绍一下 Dokany 的架构和创建文件的流程，很多细节没有进行介绍。如果大家想了解 Dokany 更多的细节，则可以自行阅读源代码，本节不再赘述。

7.2 对象存储与常见实现简析

接下来介绍一下文件系统在服务端的演化。服务端的演化主要是根据应用对存储系统需求转变的。有些应用对文件系统的某些方面有特殊的需求，对另外一些方面则没有任何需求。比如，电商应用，其图片需要存储在文件系统上，它关注的是存储容量、扩展性和性能。但是对是否可以对文件加锁、文件访问权限、扩展属性和层级结构等没有太多要求。

鉴于上述应用的特殊化需求，对象存储出现了。对象存储与分布式文件系统类似，但是其对文件组织和访问语义进行了简化，使得客户端对数据访问更加高效。

7.2.1 从文件系统到对象存储

随着互联网应用的发展，互联网业务对文件系统提出了特殊的需求。于是演化出了管理文件的一种类似文件系统，但又不是文件系统，这就是对象存储系统。本节将介绍一下文件系统与对象存储的渊源，以及常见对象存储的相关内容。

7.2.1.1 从网络文件系统说起

早些时候的企业级架构普遍采用网络文件系统，如 Sun 公司的 NFS 和微软 CIFS 等。关于网络文件系统的原理本书在前面章节已经进行了深入的介绍，这里不再赘述。但是网络文件系统有以下几个缺点。

（1）客户端与存储端交互太多，特别是存在多级目录的情况下。

（2）一次数据访问需要多次访问磁盘。

（3）存储端无法通过横向扩展的方式来提升性能和容量。

虽然分布式文件系统解决了横向扩展的问题，但是由于文件系统层级结构的存在，在主机访问存储端文件时仍然存在多次与存储端交互的问题。而且以文件系统的方式，应用访问数据的整个访问路径是比较长的。以 Web 应用为例，存储系统的访问一般只能通过挂载到 Web 主机的方式访问，无法让用户直接访问。

由于文件系统空间组织的特点，对文件访问时需要比较多次的磁盘访问。以 Ext4 文件系统为例，文件系统将磁盘空间分为两个主要的区域：一个是元数据区，用于存储文件的 inode 等信息；另一个是数据区，用于存储文件的数据，也就是用户数据。

这样，当访问一个文件时，首先需要找到文件对应的 inode，然后根据 inode 信息找到数据的位置，并读取数据。整个过程可能要涉及 2～3 次的磁盘访问。对于互联网应用来说，多次磁盘访问会显著降低性能，影响用户的体验。

7.2.1.2　对象存储解决的问题

由于上述缺点，传统的网络文件系统很难完全满足互联网领域的应用需求。我们列举一个实例，以 Facebook 为例，其每秒钟都有几十万次的照片检索请求。其存储的照片总量每天新增 3.5 亿张，对应的存储增量约为 300TB。如果对应物理设备，则每天大概需要新增上百块硬盘。

许多大型互联网公司都会遇到这种问题。比如，今日头条、淘宝或京东等，在它们的平台上每天也要产生海量的图片资源，并且访问量也是惊人的。这种场景，传统存储很难满足其性能和扩展性的要求。

虽然互联网应用对性能和容量的要求极高，但是对其他特性的要求并不高，甚至可以说基本上没有要求，如对文件内容的修改和文件锁等。由于上述场景存储的主要是图片，而且存储特点是一次存储、多次访问、没有修改、很少删除。所以，文件系统的很多特性都是可以简化的。

针对上述特点，为了解决性能和容量的问题，对象存储应运而生。可以看出对象存储要解决的问题很集中，就是保证横向扩展能力、降低访问延时。而不需要实现文件系统的其他额外特性。

对象存储在数据处理层面的特点是将待处理的数据看作一个整体，无法进行局部修改，这也就是为什么把它称为对象，而不是文件了。目前，大多数对象存储只能创建、删除和读取对象，而不支持修改对象。同时，如果有多个客户端同时创建同一个对象，则存储系统不会保护这些对象，对象的数据以后传输的为准。

但对象存储整体上也不是那么非常简单，很多对象存储在其他方面实现了比较丰富的特性。比如，S3 对象存储可以支持大数据处理、扩展属性和二次处理（如照片的转换，水印）等特性。接下来介绍对象存储着重解决的问题。

1. 客户端与存储端交互次数多的问题

客户端与存储端的交互次数太多是由协议造成的。以 NFSv3 协议为例，如果客户端要读取某个目录下的文件，在打开文件时需要确定父目录和每个祖先目录的存在性。在这种情况下就需要多次向存储系统发送 GETATTR 命令。

对象存储主要通过两种方法解决该问题：一种是数据采用扁平化的方式管理；另一种是采用了新的访问协议。

在对象存储中，所有数据是存储在一个或多个类似文件系统目录的容器中的，这个容器在 S3 中称为桶（bucket），在 Swift 中称为容器（container）。但与文件系统中目录不同的地方是容器是不可以嵌套的，也就是不能在容器中创建子容器。

对象存储的访问通常采用基于 HTTP 协议的 RESTFul 风格的 API 来直接访问，通过一个 URL 就可以直接定位到具体的对象，如在 Swift 中访问对象的格式如图 7-5 所示。

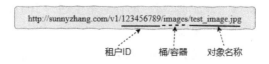

图 7-5　对象存储访问 URL 格式

与文件系统相比，通过这种方式将对存储的多次访问减少为一次。另外，由于基于 HTTP 协议，客户端也可以直接访问对象存储中的对象。显然，通过这种方式不仅可以减少客户端与存储端的交互次数，甚至可以将很多服务器的负载转移到对象存储系统。

2. 多次访问磁盘问题

元数据的访问在海量小文件的场景下，性能影响最为显著[27]，因此，如果能够减少元数据操作，那么可以极大地提升存储系统的性能。目前，有很多存储系统对此进行了优化，如 Haystack 等存储系统。普遍的做法是存储端不采用本地文件系统，或者将多个小文件聚合为一个大文件，并将元数据全部缓存到内存中。

以 Haystack 为例，其核心特点就是存储小文件，如照片。因为照片的大小通常在 10MB 以下，大部分在 KB 级别，如果按照常规每张照片以一个文件的方式存储将会产生大量的元数据。下面看一下 Haystack 是如何解决磁盘访问问题的。

Haystack 的做法非常简单，它将多个小文件作为一个大文件的局部数据，这个局部数据称为 needle。同时，Haystack 构建了一个描述 needle 在大文件中位置的索引文件。由于索引文件比较小，因此可以一次性加载到内存中。

关于 needle 在大文件中的布局如图 7-6 所示。其中，每个 needle 的前半部分是一个固定长度的描述信息，特别是里面有一个描述数据大小的域。这样，即使在没有索引文件的情况下，我们也可以很容易地找到第 1 个 needle，然后计算出后续所有 needle 的位置，进而重构索引文件。

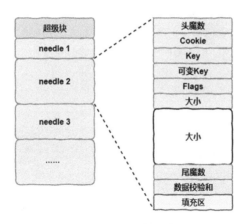

图 7-6　Haystack 数据布局

由于索引数据是存储在内存中的，因此当客户端需要访问数据时，存储节点可以直接从内存中得到数据的位置，并一次从磁盘上读取数据。从而使存储性能得到大幅提升。

3．横向扩展问题

单个节点的处理能力总归是有限的。如果能够通过增加节点数量的方式实现对存储系统的扩容（包括容量和承载能力），那么理论上存储系统的能力可以无限增加，当然实际上会有各种局限。

对象存储中的横向扩展是基础特性。以 OpenStack Swift 为例，该对象存储其实除实现对象存储的基本特性外，其最主要的就是实现了横向扩展。

OpenStack Swift 的横向扩展是通过其前端的 Proxy 组件和数据放置算法实现的。Proxy 组件实现了数据分发的功能，所有请求都要经过 Proxy 组件。在 Proxy 组件内部有数据放置算法和系统拓扑描述，该组件根据上述信息可以确定对象的存储位置。

Proxy 组件最大的特点是可以具备多个实例，每个实例可以安装在一台物理服务器上。由于算法确定，只要每个 Proxy 组件上的信息一致，那么每个 Proxy 组件都可以对请求的数据进行定位，而且结果一致。加上 Proxy 组件可以横向扩展，因此整个系统没有任何性能瓶颈节点。

在实际部署时可以在 Proxy 组件前面部署一个负载均衡器，这样来自客户端的请求经过负载均衡器后会被均匀地分发到 Proxy 节点，而 Proxy 组件经过计算后将请求发送到具体的存储节点进行处理。OpenStack Swift 部署结构如图 7-7 所示。

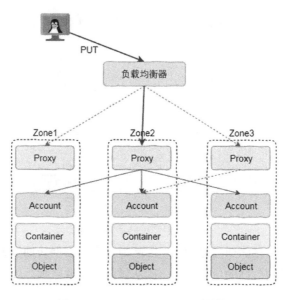

图 7-7　OpenStack Swift 部署结构

在 Proxy 组件中最核心的算法是进行数据放置的一致性哈希算法,该算法实现了将一个对象映射到物理设备的过程。为了保证整个系统的可靠性和可用性,OpenStack Swift 将设备划分为若干等级,如 Zone、Host 和 Disk。通过不同设备的分发,实现故障域的隔离。

一致性哈希算法是对哈希算法的改进。哈希算法是通过对哈希表长度取模的方式来定位的算法。当哈希表长度发生变化时整个映射关键也会发生非常大的变化。

图 7-8 所示为基于一致性哈希算法的数据放置,先要构建一个哈希环,哈希环由 0~32 位整数(或 64 位最大值)构成,每个值为一个槽位。哈希环的初始化是将设备映射到哈希环的某些槽位上。一致性哈希算法的流程大致如下。

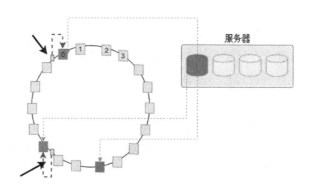

图 7-8　基于一致性哈希算法的数据放置

（1）首先将物理设备映射到哈希环上，建立物理设备与哈希环槽位的映射关系。

（2）当有对象访问时，根据对象名称计算出其哈希值。

（3）哈希值以顺时针的方式映射到哈希环具有物理设备的某个槽位上。

经过上述 3 个流程，对象存储利用一致性哈希算法就可以根据对象名称轻松地找到对应的物理设备，然后与物理设备交互，完成数据的访问操作。按照上述流程，当出现物理节点故障时只会影响落到该节点的数据，而落到其他节点的数据位置并不会发生变化。

在物理设备数量比较少的情况下可能会出现物理设备在哈希环分布不均匀的情况。特别是出现故障时，故障节点的数据会被前移到同一个物理节点，导致该节点负载和数据大增。为了改善上述问题，常用的方法是通过虚节点的方式。比如，为一个物理节点构建 100 个虚节点，然后将虚节点映射到哈希环。由于虚拟节点到哈希环槽位的映射是伪随机的，因此当出现物理节点故障时，故障节点的数据会被不同的物理节点处理，从而分摊了负载。

本节对传统文件系统的缺点进行了分析，并且结合实例对对象存储解决的主要问题进行了简要的分析。

7.2.2　S3 对象存储简析

亚马逊在 2006 年推出了云计算领域的第一款产品 S3（Simple Storage Service，对象存储服务），虽然 S3 不是最早的对象存储产品，却是最出名的对象存储产品。

S3 抛弃了文件系统的层级结构，通过扁平化的方式方便用户使用数据。在 S3 中通过一种桶（bucket）的容器实现了对数据的组织管理。桶的作用类似文件系统的目录，但是桶只能保存对象，不能创建"子桶"。

在公有云环境中，资源都是属于某个租户的，S3 中的桶也是属于某个租户的。于是 S3 中的租户、桶与对象的关系如图 7-9 所示。在 S3 中，默认一个租户最多可以创建 100 个桶。

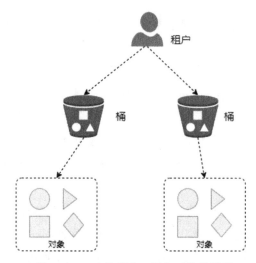

图 7-9   S3 中的租户、桶与对象的关系

对象是存储在桶中的，其存储方式是 Key-Value，也就是一个对象名称对应着对象的数据。在桶中对象的数量是不受限制的，但对象的大小是受限制的，最大可以创建 5TB 的对象。

S3 并不局限在存储数据对象，它现在的功能非常丰富，特别是支持许多附加特性。比如，数据的智能分层、桶数据的跨区复制、访问控制和数据传输等特性。随着云计算的兴起，S3 无疑已经成为对象存储的实时性标准，大多数对象存储实现都兼容 S3 接口。

7.2.3   Haystack 对象存储简析

Haystack 是 Facebook 用来存储照片的存储系统。在其论文发表时，声称该系统已经存储了大约 2600 亿张照片，容量多达 20PB[28]。

Facebook 早期也是用 NAS 设备来存储系统的，但是随着数据规模的增大，传统 NAS 存储已经完全不能胜任其照片业务的需求。随后，Facebook 的工程师分析其业务特点，开发了适合自身的存储系统，也就是 Haystack。

Facebook 开发的 Haystack 存储系统就是用来解决上述问题的。照片服务有一个非常明显的特点就是一次写入、多次读取并且很少删除。对于修改方面，Haystack 先假设很少修改，即使出现修改的情况，在 Haystack 内部也是将原来的照片标记为删除，而将新的照片追加到最后。

在了解了上述假设之后，我们看一下 Haystack 的整体架构，如图 7-10 所示。其中，Haystack 集群组件在灰色方框中，包含目录服务、缓存服务和存储服务 3 个组件。Web 服务和 CDN 不属于 Haystack，CDN 是一个外部服务，Web 服务提供 Web 访问，可以将 Web 服务理解为 Haystack 服务的使用者。

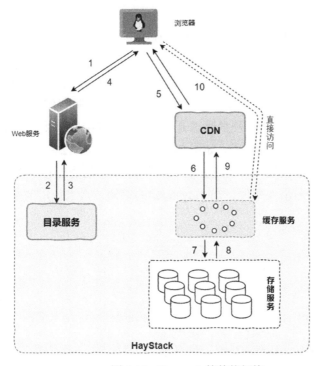

图 7-10 Haystack 的整体架构

在图 7-10 中给出了一个访问的详细流程。当浏览器访问一个页面时，Web 服务会通过目录服务为每个图片构建一个 URL（步骤 1～4）。URL 稍微有点复杂，一个访问 CDN 的 URL 格式如下：

http://<CDN>/<Cache>/<Machine id>/<Logical volume, Photo>

从 URL 格式可以看出，该路径包含 CDN 地址信息、缓存信息、存储节点信息和逻辑卷及图片 ID 信息等内容。

有了 URL 之后，浏览器就可以加载图片了。请求会发送到 CDN 服务，CDN 会对图片进行查找。如果 CDN 没有该图片，CDN 服务会向 URL 中的缓存服务发送获取图片的请求。如果缓存服务依然没有该图片，缓存服务会根据 URL 中的 Machine id 信息将请求转发到具体的存储节点。最后存储节点根据逻辑卷信息和图片 ID 信息找到该图片。

目录服务相当于我们在前面分布式文件系统架构中介绍的控制节点,在目录服务中维护着整个对象存储系统的元数据信息,其主要作用如下。

（1）提供逻辑卷到物理卷的映射。

（2）提供负载均衡，可以实现写操作的跨逻辑卷负载均衡和读操作的跨物理卷负载均衡。

（3）确定请求走 CDN 还是直接发送到缓存服务。

（4）识别某些逻辑卷是否为只读状态。

缓存服务用于缓存热点数据，这样请求就不用访问磁盘，而是直接从缓存读取。

存储服务是一个由普通服务器构成的集群，它们是实际存储持久化数据的节点。存储服务中每个节点上所有硬盘通过 RAID 卡做成 RAID6，然后将该 RAID 划分为比较大的（如 100GB）物理卷，如图 7-11 所示。假设有 12 块 1TB 的硬盘，做成 RAID6 后有 10TB 的空间，可以划分出 100 个 100GB 的物理卷。物理卷实际上是本地文件系统中的一个大文件。在 Haystack 的存储节点上使用的是 XFS 文件系统。

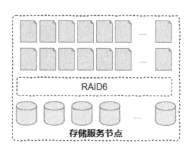

图 7-11　存储服务节点示意图

7.2.3.1　数据可靠性

Haystack 解决了两种级别的组件故障：一种是磁盘级的故障；另一种是节点级的故障。这里节点级故障不局限于节点宕机问题，网线或网卡等故障也有可能引起节点级的故障。

Haystack 从两个方面实现上述故障的解决：一个是在节点内通过 RAID 技术保证磁盘故障下的数据可靠性；另一个是通过节点之间的数据副本来保证节点级故障下的数据可靠性。对于数据副本，Haystack 是通过逻辑卷来实现的。

RAID 技术通过某种算法将多个块设备（如磁盘）抽象为一个块设备来使用。通过 RAID 技术构建的块设备不仅可以基于冗余的方式实现容错，而且可以通过条带化提高性能。关于 RAID 的更多细节本节不再赘述，有兴趣的读者可以见参考文献中的资料[29]。

节点之间的可靠性是通过逻辑卷实现的。逻辑卷由多个物理卷构成，物理卷中存储的内容相同，也就是通过多个物理卷实现多副本。对于逻辑卷中物理卷的选择来说，可以跨节点、机柜甚至数据中心。通过对设备拓扑的识别，可以实现更高级别的容错。

在关于 Haystack 的论文中并没有对逻辑卷做太多的解释，但根据我们对分布式文件系统相关技术的理解，可以做一些推测。在 GlusterFS 中，我们也看到过关于卷的概念，知道副本卷可以实现多副本存储，并保证数据的可靠性。

在 Haystack 中，逻辑卷的作用与 GlusterFS 中副本卷的作用类似。不过在 Haystack 中逻辑卷并不会呈现卷的形态，也就是数据并不经过该卷。在 Haystack 中，卷只是一个逻辑概念，本质上只是目录服务中的一个项目，它建立了与物理卷之间的关系。

为了更加清楚地理解逻辑卷与物理卷之间的关系，假设有一个 3 个节点的集群，每个节点有两个物理卷。假设创建了 3 个逻辑卷，副本数为 2，此时逻辑卷与物理卷之间的对应关系如图 7-12 所示。

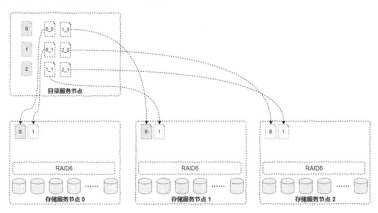

图 7-12　逻辑卷与物理卷之间的对应关系

从图 7-12 中可以看出，每个逻辑卷对应着两个物理卷，为了更加清晰地了解逻辑卷与物理卷的关系，本书列出表 7-1 所示的对应关系。

表 7-1　逻辑卷与物理卷的关系

逻　辑　卷	物　理　卷 0	物　理　卷 1
0	0_0	1_0
1	0_1	2_0
2	1_1	2_1

由于有上述对应关系，当用户上传图片时，Web 服务首先从目录服务查询一个逻辑卷。然后 Web 服务根据该逻辑卷对应的物理卷直接将请求发送到存储服务。

写数据的流程如图 7-13 所示。

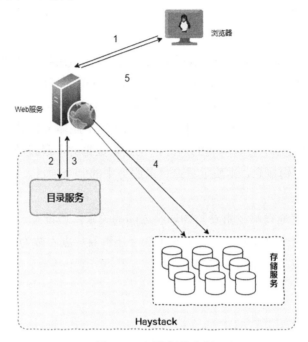

图 7-13　写数据的流程

7.2.3.2　横向扩展

理解了逻辑卷的概念，以及逻辑卷与物理卷之间的对应关系，就容易理解其横向扩展的概念。

由于存储系统的负载和容量由逻辑卷承载，因此扩容其实就是增加逻辑卷数量的过程。又因为逻辑卷是由物理卷构成的，因此扩容其实就是增加节点，并且创建逻辑卷的过程。当创建了新的逻辑卷后，在目录服务中就会有相关的信息。由于新逻辑卷使用率和负载等是最小的，因此写数据会优先分配给它，这也就达到了横向扩展的目的。

Haystack 的整体架构其实与 GFS 的整体架构非常类似，这里目录服务类似 GFS 中的 master 节点，而存储服务则类似 chunkserver。不同之处是 Haystack 目录服务维护的元数据相对比较简单，没有复杂的层级关系。

7.2.3.3　访问性能

对于访问性能方面，Haystack 在多个层面进行了设计，如 CDN 的使用、缓存的使用和本地数据组织等。由于 CDN 和缓存是基础组件，这方面的内容有很多介绍，本节不再赘述，具体见参考文献中的资料[30][31][32]。

Haystack 性能的优化有两个方面：一个方面是目录服务实现对物理卷和逻辑卷的负载均衡；另一个方面是对小文件的聚合处理。

在负载均衡方面，目录服务实时地收集各个存储节点上物理卷的访问热度信息和容量信息。同时，在目录服务中通过平衡搜索树或某种方式快速检索负载最小逻辑卷。这样，当客户端有读/写请求时，目录服务就可以快速找到最优的逻辑卷。

在小文件聚合方面，Haystack 通过一个大文件（物理卷）和一个索引文件来实现。其中，大文件用来存储多个小文件，索引文件则建立了对象关键字与数据在大文件偏移的关系。对象数据在大文件中是依次排列的，如图 7-14 所示。

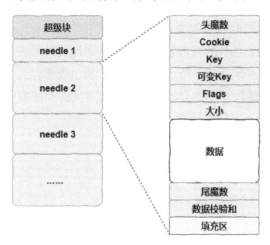

图 7-14　物理卷数据布局

通过图 7-14 可以看出，在 Haystack 中每个对象通过一个 needle 进行表示。每个 needle 的布局如图 7-14 右侧所示。在 needle 中包含关键字、大小和数据等信息，这样通过上述信息可以找到期望的对象。

通过遍历的方式查找对象已经太落后了，也没达到使用 Haystack 想要解决的问题。在 Haystack 中，可以通过索引文件来实现对象查找。索引文件可以一次性地被加载到内存中，因此对象的查找就变成索引文件遍历的过程。

索引文件数据布局如图 7-15 所示，其中，每个 needle 与大文件中的 needle 是一一对应的。这样，根据索引文件中 Key 与偏移的关系就可以确定要查找的对象在大文件的位置。可见，对于读取请求，可以不经过读磁盘而一次性确定对象位置，然后直接从大文件读取数据。

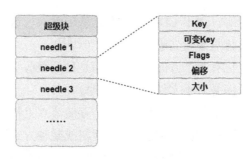

图 7-15　索引文件数据布局

对于索引文件在内存中的表示，我们可以通过平衡搜索树或哈希表实现，这样在内存中的查找也是非常迅速的。

假设小文件平均大小为 1MB，那么一个物理卷大概可以存储 1 万个小文件。这样，对于文件的元数据信息就少得多了。

至此，我们完成了本书所有内容的介绍。从本地文件系统到网络文件系统、分布式文件系统、再到对象存储。每一种存储技术的出现都是为了解决某些问题，而也都有其适用场景。通过本书的介绍，相信大家对文件系统有了一个整体和系统的认识，也希望能够对大家的工作有所帮助。

参考文献

[1] Microsoft 公司. 微软英汉双解计算机百科辞典[M]. 汉扬天地科技发展有限公司，译. 北京：北京希望电子出版社，1999.

[2] 全国科学技术名词审定委员会审定. 计算机科学技术名词（第 3 版）[M]. 北京：科学出版社，2018.

[3] W. Richard Stevens. UNIX 环境高级编程[M]. 尤晋元，译. 北京：机械工业出版社，2000.

[4] O'Neil，et al. The LRU-K Page Replacement Algorithm for Database Disk Buffering[J]. Acm Sigmod Record，1993.

[5] Johnson T，Shasha D. 2Q: A Low Overhead High Performance Buffer Management Replacement Algorithm[C]. PROCEEDINGS OF THE INTERNATIONAL CONFERENCE ON VERY LARGE DATA BASES. Morgan Kaufmann Publishers Inc. 1994.

[6] Jiang S，Zhang X. LIRS：An Efficient Low Inter-reference Recency Set Replacement to Improve Buffer Cache Performance[C]. Proceedings of the International Conference on Measurements and Modeling of Computer Systems，SIGMETRICS 2002，June 15-19，2002，Marina Del Rey，California，USA. ACM，2002.

[7] Lee D，Choi J，Kim J H，et al. LRFU：A Spectrum of Policies that Subsumes the Least Recently Used and Least Frequently Used Policies[J]. Computers IEEE Transactions on，1999，27（1）：134-143.

[8] Megiddo N. ARC：A self-tuning，low overhead Replacement cache[C] USENIX File and Storaqe Technologies Conference（FAST'03），San Francisco，CA. 2003.

[9] A. Sweeney，D. Doucette，W. Hu，C. Anderson，M. Nishimoto，and G. Peck. Scalability in the xfs file system. In ATEC'96:Proceedings of the 1996 annual conference on USENIX Annual Technical Conference，pages 1－1，Berkeley，CA，USA，1996. USENIX Association.

[10] 鸟哥. 鸟哥的 Linux 私房菜：服务器架设篇（第 3 版）[M]. 北京：机械工业出版社，2012.

[11] Evi Nemeth. UNIX/Linux 系统管理技术手册（第 4 版）[M]. 张辉，译. 北京：人民邮电出版社，2016.

[12] Ghemawat S，Gobioff H B，Leung S . The Google file system[J]. ACM SIGOPS Operating Systems Review，2003.

[13] Sage A. Weil，Scott A. Brandt，Ethan L. Miller，Darrell D. E. Long. Ceph：A Scalable，

High-Performance Distributed File System.

[14] S. A. Weil, K. T. Pollack, S. A. Brandt, and E. L. Miller. Dynamic Metadata Management for Petabyte-scale File Systems. In Proceedings of the 2004 ACM/IEEE Conference on Supercomputing （SC '04）. ACM, Nov. 2004.

[15] Mustaque Ahamad, Mostafa H. Ammar, Shun Yan Cheung. Replicated Data Management in Distributed Systems.

[16] 黄建忠，曹强，秦啸. 纠删码存储集群系统设计与优化[M]. 北京：科学出版社，2016.

[17] Huang C，Simitci H，Xu Y，et al. Erasure coding in windows azure storage[C] Proceedings of the 2012 USENIX conference on Annual Technical Conference. USENIX Association，2012.

[18] Gautschi W. On inverses of Vandermonde and confluent Vandermonde matrices III[J]. Numerische Mathematik, 1978，29（4）：445-450.

[19] Murray J F，Hughes G F，Kreutz-Delgado K. Machine Learning Methods for Predicting Failures in Hard Drives: A Multiple-Instance Application[J]. Journal of Machine Learning Research, 2005，6（1）：783-816.

[20] 卡伦·辛格. Ceph 分布式存储学习指南[M]. Ceph 中国社区，译. 北京：机械工业出版社，2017.

[21] Ceph 中国社区. Ceph 分布式存储实战[M]. 北京：机械工业出版社，2016.

[22] 谢型果. Ceph 设计原理与实现[M]. 北京：机械工业出版社，2017.

[23] Sage A. Weil，Andrew W. Leung，Scott A. Brandt，Carlos Maltzahn. RADOS: A Scalable，Reliable Storage Service for Petabyte-scale Storage Clusters.

[24] 常涛. Ceph 源码分析[M]. 北京：机械工业出版社，2016.

[25] 谭文，陈铭霖. Windows 内核编程[M]. 北京：电子工业出版社，2020.

[26] 谭文，陈铭霖. Windows 内核安全与驱动开发[M]. 北京：电子工业出版社，2015.

[27] D. Roselli，J. Lorch, and T. Anderson. A comparisonof file system workloads. In Proceedings of the 2000 USENIX Annual Technical Conference，pages 41－54，June2000.

[28] Beaver，Doug，Kumar，Sanjeev，Li，Harry C，et al. Finding a needle in Haystack: facebook's photo storage[C] Usenix Conference on Operating Systems Design & Implementation. USENIX Association, 2010.

[29] 鲁士文. 存储网络技术及应用[M]. 北京：清华大学出版社，2010.

[30] 雷葆华，孙颖，王峰，等. CDN 技术详解[M]. 北京：电子工业出版社，2012.

[31] 唐宏，陈戈，陈步华，等. 内容分发网络原理与实践[M]. 北京：人民邮电出版社，2018.

[32] Carlson，Josiah L. Redis in Action[J]. Media. johnwiley. com. au，2013.